Springer-Verlag
Berlin Heidelberg GmbH

Hans-Peter Harjes und Roland Walter (Hrsg.)

Die Erde im Visier

Die Geowissenschaften an der Schwelle zum 21. Jahrhundert

Texte:
Horst Rademacher

Redaktion:
Ludwig Stroink

Mit 139 Abbildungen

Springer

Hrsg.:
Prof. Dr. Hans-Peter Harjes
Ruhr-Universität Bochum
Institut für Geophysik
Postfach 102148
44780 Bochum

Hrsg.:
Prof. Dr. Roland Walter
RWTH Aachen
Geologisches Institut
Wüllnerstr. 2
52056 Aachen

Texte:
Horst Rademacher
57 Overhill Road
Orinda, Ca 94563
USA

Redaktion:
Dr. Ludwig Stroink
Ruhr-Universität Bochum
Institut für Geophysik
Postfach 102148
44780 Bochum

Die Deutsche Bibliothek - CIP-Einheitsaufnahme

Die Erde im Visier : Die Geowissenschaften an der Schwelle zum 21. Jahrhundert / Hrsg.:
Hans-Peter Harjes ; Roland Walter. Bearb. von H. Rademacher. Red.: L. Stroink.

ISBN 978-3-642-63611-0   ISBN 978-3-642-58476-3 (eBook)
DOI 10.1007/978-3-642-58476-3

Satz: Büro Stasch, Bayreuth
Umschlaggestaltung: Erich Kirchner, Heidelberg

SPIN: 10643046 32/3136 · 5 4 3 2 1 0 - Gedruckt auf säurefreiem Papier

Vorwort

Die Erde ist ein dynamischer Planet, der seit nahezu fünf Milliarden Jahren einem unaufhörlichen Wandel unterworfen ist. Der Motor dieses ständigen Werdens und Vergehens sind die gewaltigen Kräfte im Erdinneren und in der Atmosphäre, die uns immer erst dann bewußt werden, wenn der Lebensraum des Menschen durch Naturkatastrophen oder Klimakapriolen in Gefahr und damit in die Schlagzeilen der Medien gerät. Daß die gleichen Kräfte, die von uns als so bedrohlich empfunden werden, die Vielfalt unseres Planeten und das Leben selbst erst möglich gemacht haben, wird dabei zumeist übersehen.

Für das weitere Überleben der Menschheit gewinnt das Verständnis um die Dynamik der Erde jedoch zunehmend an Bedeutung. Das gilt nicht nur für die wachsende Anfälligkeit unserer Industriegesellschaften gegen die Urgewalten der Natur. Auch die Ursachenforschung langfristiger Klimaänderungen, die ausreichende Ernährung und Rohstoffversorgung einer rasant anwachsenden Weltbevölkerung und die Entsorgung nicht verwertbarer Reststoffe sind zu einer enormen Herausforderung für Politik und Wissenschaft geworden.

Den Geowissenschaften fällt bei der Lösung der bestehenden Probleme eine zentrale Rolle zu. Mit ihrer Kenntnis um die Struktur und Dynamik unseres Planeten leisten sie, an der Schnittstelle zwischen Natur- und Ingenieurwissenschaften, einen wichtigen Beitrag zu einem besseren Gesamtverständnis des „Blauen Planeten", zu seiner umweltverträglichen Nutzung und zur Entwicklung von Vorhersage- und Vorsorgestrategien.

In dem vorliegenden Buch soll an Hand einiger repräsentativer Beispiele beschrieben werden, welche Rolle die Geowissenschaften in Deutschland in dem internationalen Verbund erdbezogener Forschung spielen. Woran wird in deutschen geowissenschaftlichen Instituten geforscht? Welche Fragen beschäftigen die Geowissenschaftler in unserem Land besonders? Für welche Zweige der Erkundung der Erde fühlen sie sich verantwortlich?

Es ist nicht das Ziel dieses Buches, eine umfassende Darstellung über den Stand der geowissenschaftlichen Forschung zu geben. Vielmehr sollen einige Schlaglichter auf Forschungszweige geworfen werden, in denen deutsche Geowissenschaftler besondere Leistungen vollbringen.

Die Lektüre dieses Buches soll dem Leser Denkanstöße geben, einmal neu über die Erde nachzudenken. Vielleicht wird der eine oder andere Schüler beim Lesen zum Studium eines der geowissenschaftlichen Fächer angeregt. Vielleicht gibt es Lehrern Ideen, wie sie ihre Klassen an die Arbeitsweise der modernen erdbezogenen Forschung heranführen können. Vielleicht stellt auch der eine oder andere Journalist fest, daß es auch aus dem Erdinneren, aus dem Meer oder der Atmosphäre Aufregendes zu berichten gibt.

Das vorliegende Buch entstand auf Initiative der Senatskommission der Deutschen Forschungsgemeinschaft für Geowissenschaftliche Gemeinschaftsforschung, die das Konzept des Buches entwarf und seinen Werdegang begleitete. Im übrigen ist es das Ergebnis wahrer Teamarbeit, zu dessen Gelingen viele Geowissenschaftler mit Rat und Tat beigetragen haben. Um eine zielgruppengerechte Darstellung der Themen zu erreichen, wurde ein ausgewiesener Wissenschaftsjournalist mit der Abfassung der Manuskripte betraut. Diese Aufgabe übernahm Horst Rademacher, Wissenschaftsjournalist der Frankfurter Allgemeinen Zeitung, dem hierfür unser Dank an herausragender Stelle gebührt.

Für die wissenschaftliche Beratung der einzelnen Kapitel sei folgenden Kollegen ausdrücklich gedankt: J. Baumgärtner, Soultz-sous-Fôrets, H. Beiersdorf, Hannover, G. Bohrmann, Kiel, V. Bräuer, Hannover, B. Buttkus, Hannover, Ch. Clauser, Hannover, R. Dickau, Bonn, D. B. Dingwell, München, L. Dresen, Bochum, R. Emmermann, Potsdam, B. Fitzner, Aachen, E. Flüh, Kiel, R. Gatzweiler, Chemnitz, P. Giese, Berlin, P. Herzig, Freiberg, W. Jaritz, Hannover, H. Keppler, Bayreuth, R. Kind, Potsdam, F. Kockel, Hannover, J. Lauterjung, Potsdam, H. Miller, Bremerhaven, H. Oerter, Bremerhaven, C. Reigber, Potsdam, P. Röwer, Berlin, K. Roth, Heidelberg, D. Rubie, Bayreuth, F. Rummel, Bochum, K. Schetelig, Aachen, R. Schick, Stuttgart, H. D. Schulz, Bremen, D. Seidl, Erlangen, F. Seifert, Bayreuth, K.-P. Sengpiel, Hannover, E. Suess, Kiel, G. Teutsch, Tübingen, J. Thiede, Bremerhaven, J. Veizer, Bochum, G. Viohl, Eichstätt, D. H. Welte, Jülich, F. Wenzel, Karlsruhe und W. Ziegler, Frankfurt.

Besonderer Dank gilt Ludwig Stroink, der das Projekt redaktionell betreute, die Auswahl der Abbildungen vornahm und für die Abfassung des Kapitels 12 „Schutz von Kulturdenkmälern" verantwortlich zeichnete.

Für die finanzielle Unterstützung sei der Deutschen Forschungsgemeinschaft herzlichst gedankt.

Hans-Peter Harjes
Roland Walter
im September 1999

Inhalt

Einleitung

Unsere Erde ist nicht nur ein ruheloser Planet, sie weckt auch tiefe Emotionen. Im Streben, das Wesen der Erde zu begreifen, wurden bittere Auseinandersetzungen geführt. Auf dem Weg zur Erkenntnis über dieses Wesen und die Vorgänge auf und im dritten Planeten des Sonnensystems bezahlten Menschen sogar mit dem Leben, nur weil sie die Erde anders verstanden als ihre Zeitgenossen. Die Frage, ob die Erde eine Scheibe oder eine Kugel sei, bewegte schon die alten Griechen. Sie führten darüber aber nicht nur noblen, sokratischen Diskurs, sondern auch hitzige Debatten und persönlichen Streit. Die Inquisition warf Giordano Bruno auf den Scheiterhaufen und erteilte Galileo Galilei lebenslanges Berufsverbot, nur weil sie meinten, im Sonnensystem drehe sich nicht alles um die Erde. „Neptunisten" und „Plutonisten" fochten Ende des 18. Jahrhunderts ihre Debatten über die Entstehung der Gebirge gelegentlich auf dem Paukboden aus, weil sie inhaltlich keinen gemeinsamen Nenner mehr fanden. Alfred Wegener wurde Anfang dieses Jahrhunderts ausgelacht und mit Mißachtung gestraft, als er behauptete, die Erdkruste sei nicht starr und die Kontinente seien beweglich. Fünfzig Jahre später protestierten Umweltschützer vor dem Kapitol in Washington, weil die Supermächte durch ihre Atomwaffentests die Erdatmosphäre mit radioaktiven Isotopen kontaminierten. Die Mitglieder des Club of Rome schockierten Anfang der siebziger Jahre die Welt: Es ist zwar eine Binsenweisheit, daß die im Erdinneren schlummernden Rohstoffe begrenzt sind, allerdings war das nie zuvor so deutlich dargelegt worden wie in dem Buch „Die Grenzen des Wachstums". Auch jetzt scheiden sich wieder einmal die Geister in immer schrilleren Tönen an etwas Irdischem, nämlich daran, ob sich der Mensch mit dem vielen Kohlendioxyd nicht irreversibel in eine neue Warmzeit heizt.

Die erdbezogenen Wissenschaften gehörten stets zu den Schrittmachern gesellschaftlicher Entwicklung. Die aus heutiger Sicht unvollkommenen Weltbilder der antiken Naturbeobachter legten den Grundstein für die hohe Kultur und den ausgedehnten Handel in der mediterranen Welt vor zwei Jahrtausenden. Als vor vierhundert Jahren die Wissenschaftler damit begannen, in den Köpfen ihrer Zeitgenossen der Erde den rechten Platz im Weltraum zuzuweisen, schufen sie erst die gedanklichen Freiräume für das Zeitalter der Aufklärung. Geowissenschaftler erfanden als erste künstliche Erdsatelliten und läuteten damit die Ära der Raumfahrt ein. Umweltschutz und der schonende Umgang mit natürlichen Rohstoffen sind heute Selbstverständlichkeiten in Politik, Wirtschaft und Alltag. Zum Umdenken kam es aber nur, weil die von Erdwissenschaftlern zusammengetragenen Fakten, besser als ideologische Thesen und politische Rhetorik, die Menschen von den Grenzen ihres Daseins auf diesem Planeten überzeugten.

Dabei fällt es den Geowissenschaftlern nicht immer leicht, ihre Meßergebnisse zusammenzutragen. Auf dem „Blauen Planeten", im Laboratorium Erde, gelten nämlich andere Regeln als in Laboratorien, in denen Naturwissenschaftler gewöhnlich arbeiten. So gelingt es Physikern, bei ihren Experimenten alle störenden Einflüsse auszuschließen. Sie pumpen die Luft aus der Versuchskammer ab und arbeiten im Vakuum. Sie halten die Temperatur konstant und blenden mit Faradaykäfigen unerwünschte elektromagnetische Felder aus. Selbst wenn bei einem Versuch die Schwerkraft stört, gibt es den Ausweg in die Schwerelosigkeit eines Weltraumlabors. Von derart idealen Versuchsbedingungen können Geowissenschaftler nur träumen. Will ein Atmosphärenchemiker das Ozon untersuchen, muß er die von der geographischen Breite abhängige Intensität der Sonnenstrahlung in Betracht ziehen, darf er die Temperaturschwankung zwischen Tag und Nacht nicht ausschließen, muß er berücksichtigen, daß die Lufthülle der Erde aus vielen, mit dem Ozon reagierenden Gasen besteht. Es gibt noch Dutzende anderer natürlicher Schwankungsgrößen. Erst wenn der Wissenschaftler all diese natürlichen Vorgänge versteht, kann er z. B. versuchen, den Einfluß „menschengemachter" Gase auf den Ozongehalt der Atmosphäre zu berechnen.

Neben solch mannigfaltigen, oft noch unverstandenen Querverbindungen stellen sich bei der Erforschung der Erde zusätzliche Probleme. Der wissenschaftlich beobachtende Mensch betrat den mehr als vier Milliarden Jahre alten Boden der Erdgeschichte erst vor äußerst kurzer Zeit. Er kann deshalb natürliche Vorgänge mit Zeitkonstanten von Hunderttausenden von Jahren nicht aus Meßreihen herausfiltern, die nur eine Zeitspanne von einigen Jahrzehnten überdecken. Das gilt vor allem für natürliche Klimaschwankungen, aber auch für die Wiederkehrperioden von schweren Erdbeben. Zwar gibt es Verfahren, die dem Geowissenschaftler einen streifenden Blick in die Erdgeschichte gestatten. Das Klima der Vorzeit oder andere Größen lassen sich daraus aber immer nur indirekt ableiten, sind also stets mit Unsicherheiten behaftet.

Weil das Aufspüren von Fakten über den Blauen Planeten oft der Suche nach einer „Nadel im Heuhaufen" gleicht, sind die Geowissenschaften aber auch vielseitig und spannend. Mehr als in anderen Forschungszweigen müssen Wissenschaftler verschiedener Fachdisziplinen eng zusammenarbeiten, wollen sie die Vorgänge auf und in der Erde verstehen. Internationale Kooperation ist selbstverständlich, denn Erdbeben, glühende Vulkanwolken und Luftverschmutzung machen nicht an Ländergrenzen halt. Schließlich sind auch die Theoretiker stärker als in anderen Disziplinen in die experimentelle Forschung eingebunden, sonst ließen sich viele Meßergebnisse überhaupt nicht interpretieren. Und weil die Messungen oft so schwierig und komplex sind, setzen Geowissenschaftler stets die neuesten Meßgeräte und Datenverarbeitungsmethoden ein. Hinzu kommt, daß geowissenschaftliche Feldarbeit oft ein Abenteuer an sich ist. Der Aufbau von Meßgeräten an den aktiven Vulkanen der Hochanden erfordert vom Wissenschaftler nicht nur Fachwissen, sondern auch gute körperliche Kondition. Die Teilnahme an einer Expedition auf das Schelfeis der Antarktis hat trotz Motorschlitten und Funk noch immer etwas vom Hauch der Pioniere. Wenn ein Forschungsschiff bei starkem Wellengang durch einen windgepeitschten Ozean kreuzt, erfordert das Einholen von Meßgeräten Kraft, Geschicklichkeit und Mut.

Wer dieses Buch liest, wird verstehen, warum sich viele Geowissenschaftler in kritischen Fragen, wie der Klimadiskussion, nur leise zu Wort melden. Denn die Meßergebnisse und Beobachtungen der erdbezogenen Forschung bedürfen genauer Auswertung und vorsichtiger Interpretation. Die Geowissenschaftler sind gefordert, solche Analysen zu liefern. Die Gesellschaft tut gut daran, die Ergebnisse zur Kenntnis zu nehmen, denn Vorhersagen und Konzepte zur Zukunft unseres Planeten lassen sich vielfach erst aus dessen geologischer Vergangenheit ableiten.

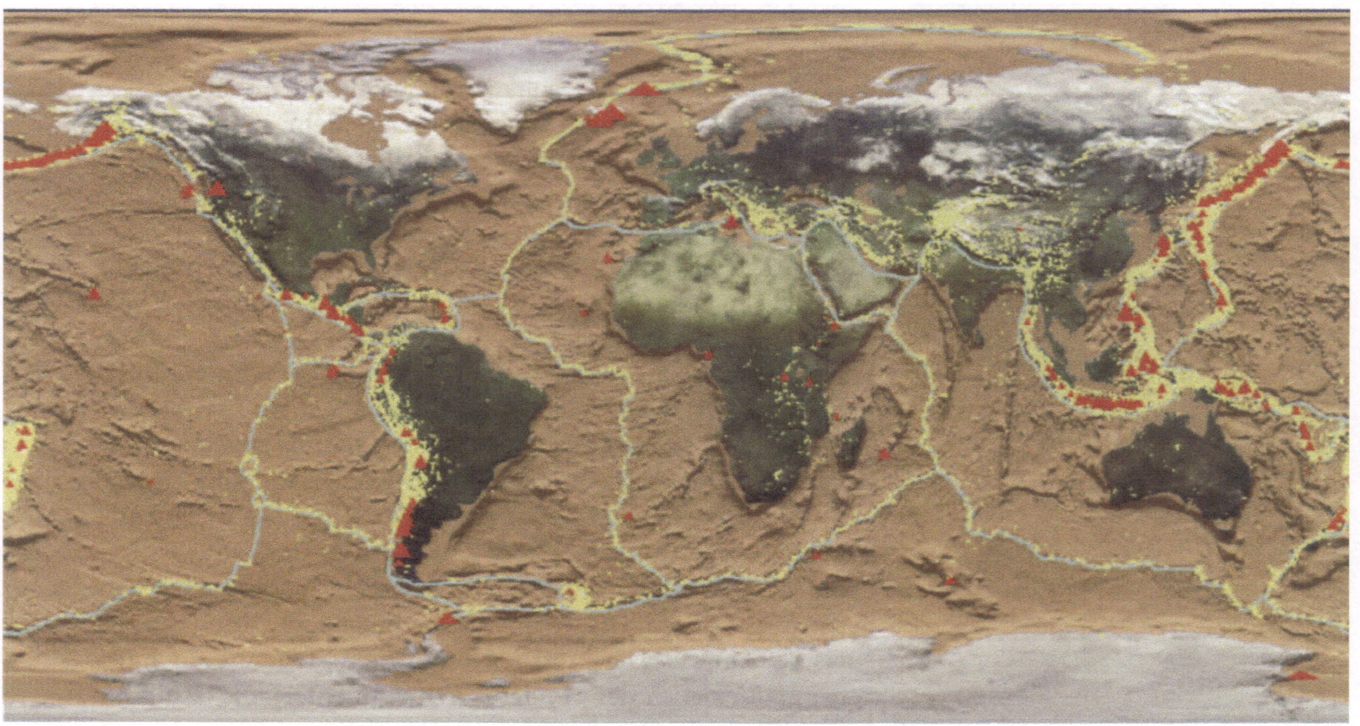

Die Erde ist ein ruheloser Planet. Was uns Erdbewohnern als ewig erscheint – die Gebirge, die Ozeane, die weiten Ebenen auf den Kontinenten – ist in Wirklichkeit genauso vergänglich wie der Mensch selbst. Sogar der solide Fels, auf dem man sich so sicher wähnt, war längst nicht immer hart und fest – und wird es auch nicht bleiben. Er entstand aus Schlamm und Schlick, vielleicht aus Sanddünen oder gar aus glühender Lava. Unaufhörlich nagen heute Wasser, Wind und Frost an dem Gestein; und was die Erosion nicht zerlegt, wandert irgendwann in den glühenden Ofen des Erdinneren und zerschmilzt dort zur Unkenntlichkeit. Wo heute sanfte Hügel die Landschaft bilden, türmten sich vor Jahrmillionen Gebirge höher als die Alpen. Wo heute Ozeane abyssisch regieren, mag es früher Land gegeben haben. Kontinente drifteten Tausende von Kilometern auf der Oberfläche des Globus. Im Laufe der Erdgeschichte verschwanden dabei immer wieder ganze Ökosysteme und mit ihnen unzählige Tier- und Pflanzenarten. In unserer schnelllebigen Zeit nimmt der Mensch die Geschwindigkeit nicht wahr, mit der sich Kontinente verschieben und Gebirge wachsen. Nur gelegentlich, wenn die Erde bebt oder ein Vulkanausbruch ganze Landstriche verwüstet, erinnert der Planet an seine in ihm steckende Kraft. Die Geschichte der Erde ist nicht die Story eines starren, unbeweglichen Körpers. Die Erdgeschichte ist vielmehr ein spannendes Epos, dessen Hauptdarsteller ein dynamischer, sich dauernd verändernder Planet ist. Das Stück spielt auf vielen Bühnen, vom flüssigen Erdkern bis zu den Plasmawolken der Magnetosphäre. Es läuft seit Milliarden Jahren und hat eine alles bestimmende Regieanweisung: Das einzig Dauernde ist die Veränderung.

1 Dynamik des Erdinnern

DIE KRAFT FUNKELNDER DIAMANTEN

Das Gerät ist unscheinbar, kaum größer als eine Handfläche. Es besteht aus zwei Edelstahlrahmen, die mit einigen Metallschrauben zusammengehalten werden. Mit zwei Inbusschlüsseln zieht Hans Keppler die Schrauben auf jeder Seite vorsichtig an. „Jetzt dürften wir wohl den Druck im Erdkern erreicht haben", erklärt er. Ungläubig starrt ihn der Besucher an. Mit diesem kleinen Gerät und mit einem Paar lächerlich wirkender Schraubenschlüssel wolle Keppler simulieren, was 6 000 Kilometer tief unter seinen Füßen im Erdkern vorgeht? In diesem merkwürdigen Apparat könne er doch wohl nicht den gleichen Druck erzeugen, wie ihn das Gewicht mehrerer tausend Kilometer dicker Gesteinsschichten auf das Innerste der Erde ausübt? Natürlich könne er das, sagt der am Bayerischen Geoinstitut in Bayreuth arbeitende Mineraloge zuversichtlich. Solche Versuche mache er nahezu jeden Tag.

Dann gibt Keppler auch das Geheimnis seines einfachen Gerätes preis. In die Metallrahmen sind nämlich zwei Diamanten gespannt. Mit ihren jeweils 0,3 Karat sind sie kaum größer als ein funkelnder Edelstein in einem Verlobungsring. Ihr Schliff und ihre außergewöhnliche Härte machen die Diamanten aber zu einer Presse, in der auch noch die höchsten Drücke erzeugt werden können. Diese vor etwa 40 Jahren in den USA erfundenen Diamantstempelzellen funktionieren nach dem gleichen Prinzip wie eine Heftzwecke. Der Druck, so besagt ein einfaches physikalisches Gesetz, ist nämlich der Quotient aus Kraft und Fläche. Preßt man beispielsweise den eigenen Daumen gegen eine Holzwand, wird es wohl kaum gelingen, ein Loch in die Wand zu drücken. Die Fläche des Daumens ist einfach zu groß. Läßt man dagegen die gleiche Kraft auf die flache Seite einer Heftzwecke wirken, schiebt sich deren angespitztes Ende leicht ins Holz.

So wie die Heftzwecke die Kraft an ihrer Spitze bündelt, fokussieren auch die Diamanten in der Stempelzelle die durch das Anziehen der Schrauben ausgeübte Kraft auf ihre Spitzen. Da die geschliffenen

In einem Diamanten sind Kohlenstoffatome in Form von Tetraedern miteinander verbunden. Diese Anordnung und ihre starken Bindungen geben dem Diamant seine unübertroffene Härte.

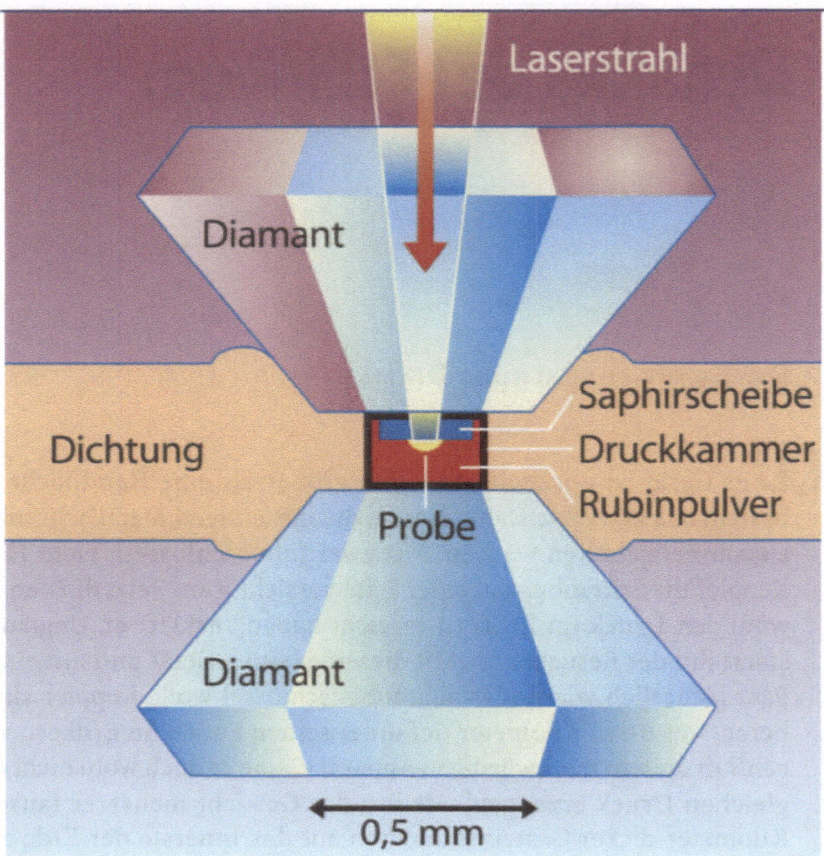

BILD 1.2.
Im Labor erzeugen Mineralogen zwischen den Spitzen zweier Diamanten Drücke wie im tiefen Erdinneren. Ein Laserstrahl (*roter Pfeil*) heizt die Probe (*gelbe Halbkugel in der Mitte*) gleichzeitig auf

Spitzen der Diamanten aber gerade nur etwa ein Dreitausendstel eines Quadratmillimeters groß sind, reicht eine geringe Kraft aus, um zwischen den beiden Edelsteinen einen großen Druck zu erzeugen. Der mit den Diamantstempelzellen erzeugte Rekorddruck läge bei etwa 4,6 Megabar, sagt Keppler. Der Druck im Erdkern wird dagegen auf 3,5 Megabar geschätzt.

Obwohl seine Diamantzellen leistungsfähig genug sind, einen Druck wie im innersten Erdkern zu erzeugen, ist Keppler mehr an der Untersuchung des Erdmantels interessiert. Diese, bis in 2 900 Kilometer Tiefe herabreichende Schicht unterhalb der dünnen Erdkruste, macht nicht nur vom Volumen her mit 82 Prozent den größten Teil der Erde aus. Der Erdmantel ist auch der Motor, der die Oberfläche des Erdballs in ständiger Bewegung hält. Allein auf sich gestellt, käme Keppler als Mineraloge beim Studium dieser Schicht aber nicht viel weiter. Die Dynamik, die chemische Zusammensetzung und der physikalische Zustand des Erdmantels erschließen sich den Geowissenschaftlern nur, wenn Forscher aus vielen Fachgebieten – Geologie, Mineralogie, Geochemie, Seismologie, Petrologie, Thermodynamik – eng zusammenarbeiten.

Den ersten Einblick in die Tiefen der Erde lieferten Seismologen schon sehr früh im 20. Jahrhundert. Damals erkannte man, daß Erdbeben neben der verheerenden Wirkung, die sie an der Erdoberfläche haben können, wichtige Hilfsmittel bei der Erforschung des Erdinneren sind. Das bei einem Beben brechende Gestein strahlt seismische Wellen ab, die den gesamten Erdkörper durchlaufen können. Wäre das Innere der Erde eine homogene Masse, erzeugten die von einem Erdbeben ausgehenden Wellen auf einem Seismographen nur einen einzigen Ausschlag, unabhängig davon, wie weit der Seismograph vom Erdbebenherd entfernt ist. In Wirklichkeit bestehen die Seismogramme einzelner Erdbeben jedoch aus einem komplexen Gemisch verschiedener „Einsätze". Für Seismologen war das ein Zeichen, daß die Erdbebenwellen an Schichtgrenzen innerhalb der Erde gebrochen, reflektiert und gestreut werden.

MIT SEISMISCHEN WELLEN DIE ERDE DURCHLEUCHTEN

Bereits im Jahre 1910 leitete der Göttinger Geophysiker Emil Wiechert erstmals ein Verfahren her, mit dem man aus Aufzeichnungen von Erdbeben – den Seismogrammen – physikalische Parameter des Erdinneren berechnen konnte (siehe auch Kapitel 9). Dazu gehörten beispielsweise materialspezifische Kenngrößen der Gesteine. Vier Jahre später bestimmte Wiecherts Schüler Beno Gutenberg erstmals die genaue Größe des flüssigen Erdkerns und zeigte damit gleichzeitig, daß die Grenze zwischen Erdkern und Erdmantel in 2 900 Kilometern Tiefe liegt. Inzwischen sind die Verfahren zur seismischen Durchleuchtung der Erde erheblich verfeinert worden. Die zahlreichen Aufzeichnungen der mehr als tausend, in allen Teilen der Welt betriebenen Erdbebenstationen und die Auswertung ihrer Daten mit Hilfe der Computertomographie ergeben ein dreidimensionales Bild einiger weiterer physikalischer Parameter des Erdinneren, beispielsweise der Dichte.

Diese modernen Verfahren gleichen dabei jenen, die Ärzte anwenden, um sich mit Röntgenstrahlen ein Bild über das Innere des menschlichen Körpers zu verschaffen. Solche Tomogramme – egal, ob vom Körper des Menschen oder von der Erde – werden mit ähnlichen mathematischen Methoden berechnet.

Obwohl sie grundlegende Daten über den Aufbau des Erdinneren liefern, haben seismische Methoden nur eine beschränkte Aussagekraft. Mit der Auswertung von Seismogrammen läßt sich lediglich etwas über den physikalischen Zustand des Erdinneren ableiten. Über die chemische Zusammensetzung des Erdmantels verraten diese

Messungen dagegen wenig. Geologen sind aber in der Lage, diese Wissenslücke wenigstens teilweise zu schließen. So finden sich an der Erdoberfläche gelegentlich Gesteine, die aus großen Tiefen stammen. Dazu gehören jene Diamanten, die Keppler in seinen Hochdruckpressen einsetzt. Diese oktaedrischen Kristalle entstanden in mindestens 150 Kilometern Tiefe und wurden während großer Vulkaneruptionen ausgeschleudert. Allerdings sagen auch die Diamanten wenig über das Erdinnere aus, denn sie bestehen ausschließlich aus einem einzigen Element, dem Kohlenstoff. Interessanter sind deshalb andere „Xenolithe", die in vulkanischem Gesteinen eingeschlossen sind. Bei diesen „Fremdgesteinen" – so die Übersetzung des griechischen Namens – handelt es sich um sogenannte Peridotite. Sie enthalten zum Teil Silikatminerale, darunter auch eine spezielle Form des Granats, die, wie der Diamant, nur unter hohem Druck entstehen können. Die chemische Analyse dieser Fremdlinge gibt Hinweise auf die Zusammensetzung des Erdmantels.

Wesentliche Informationen über die chemische Struktur des Erdinneren sind auch in jenen Basalten enthalten, die unter den Weltmeeren aus den mittelozeanischen Rücken aufquellen. Da in diesen

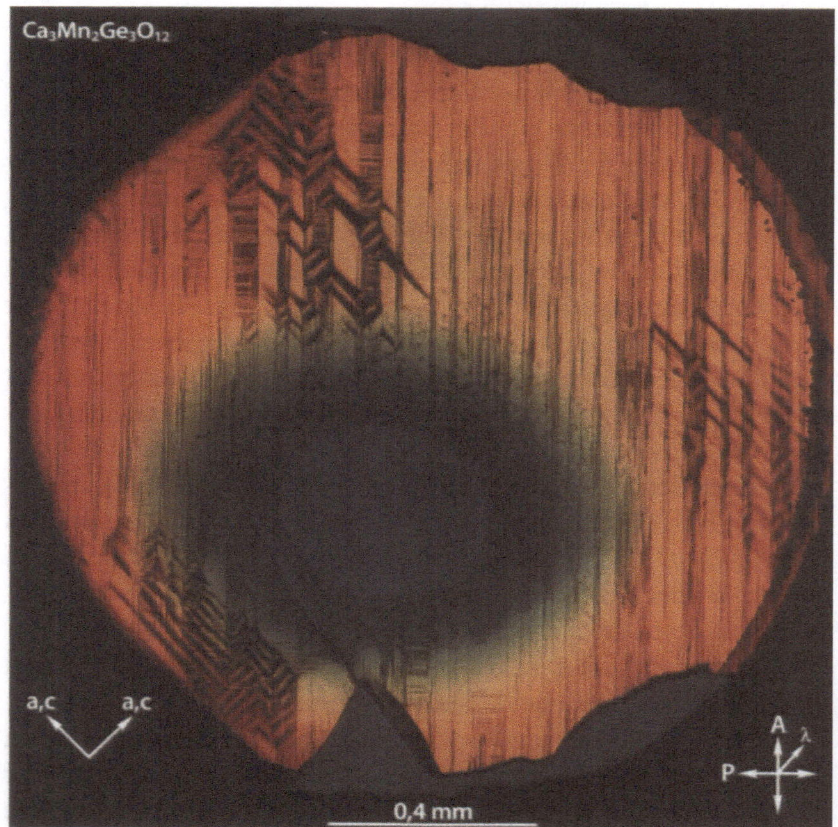

BILD 1.3.
Der Dünnschliff eines Granates zeigt Spuren der Kräfte, die im Erdinneren auf ihn wirkten

Spreizungszonen die Erdkruste nur wenige Kilometer dick ist, nehmen Geologen an, daß diese Basalte direkt aus dem oberen Erdmantel stammen. Solche Basalte werden unter anderem im internationalen „Ocean Drilling Program" (ODP) von Bord des Forschungsschiffes „Joides Resolution" aus beprobt (siehe auch Kapitel 2). Geologen müssen jedoch nicht immer auf das Meer hinaus, um Mantelgesteine aus den Spreizungszonen zu finden. An manchen Orten der Welt, vor allem im Oman auf der Arabischen Halbinsel, stehen sie nämlich zu Gebirgen zusammengeschoben an der Erdoberfläche an. Dort gibt es Bruchstücke ozeanischer Lithosphäre, die durch plattentektonische Vorgänge auf einen Kontinent geschoben wurden. Diese sogenannten Ophiolitkomplexe bergen eine Fülle von Informationen, und zwar nicht nur über die chemische Zusammensetzung der oberen Schichten des Erdmantels. Mit geübtem Auge kann ein Geologe aus diesen Gesteinen auch die Entstehungsgeschichte eines mittelozeanischen Rückens ablesen.

MIT DEM FAHRSTUHL DURCH DIE HÖLLE

Ebenso wie die seismische Analyse liefert aber auch die geologische Untersuchung allein noch kein vollständiges Bild des Erdinneren. Bis die Gesteine nämlich aus dem Erdmantel durch die Erdkruste an die Erdoberfläche gelangt sind, haben sie eine wechselvolle Geschichte durchlaufen. Ihr Aufstieg aus dem Erdinneren gleicht dabei einer Fahrt mit dem Fahrstuhl durch die Hölle: Die Temperatur variiert um mehrere hundert Grad, der Druck um viele tausend Bar. Es spricht also viel dafür, daß die Mantelgesteine auf ihrem Weg zu Tage erheblich verändert wurden. Nimmt ein Geologe sie heute vom Erdboden auf, spiegeln sie deshalb die Verhältnisse im Erdinneren nur noch bedingt wider. Wenn also die seismologischen ebenso wie die geologischen Untersuchungen mit großen Unsicherheiten behaftet sind, gibt es dann überhaupt sichere Angaben über den Zustand des Erdmantels?

In diese Lücke stoßen die Wissenschaftler vom Bayerischen Geoinstitut. Die Ergebnisse ihrer Hochdruckversuche machen Hans Keppler und seine Kollegen gleichsam zu Schiedsrichtern im spannenden Spiel zwischen Geologie und Seismologie. Obwohl erst im Jahre 1986 gegründet, gehört dieses mit der Universität Bayreuth verbundene Institut inzwischen zu den wichtigsten Einrichtungen seiner Art auf der Welt. Mit den dort vorhandenen Pressen und Heizeinrichtungen können die Wissenschaftler die gesamte Temperatur- und Druckpalette des Erdinneren durchfahren. Erst bei den in Bayreuth möglichen Versuchen kann ermittelt werden, ob die von Geo-

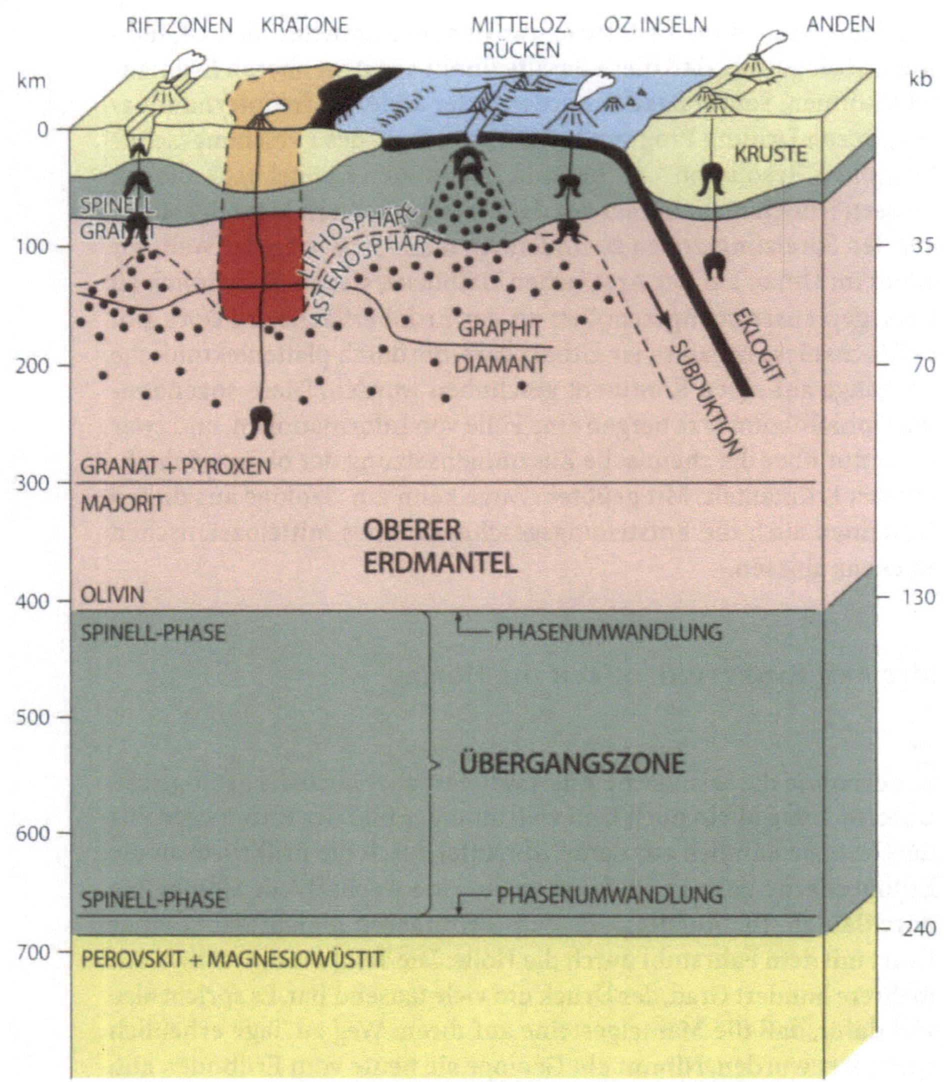

BILD 1.4.
Schnitt durch die Erdkruste und den oberen Erdmantel. In der Übergangszone in 410 Kilometer Tiefe ändern die Silikatkristalle ihre Phase, aus Olivin wird Spinell. Unterhalb von 660 Kilometer wird daraus schließlich Perovskit und Magnesiowüstit

logen in großer Tiefe vermuteten Minerale bei den von Seismologen dort vorhergesagten physikalischen Bedingungen überhaupt stabil sind und in welcher Kristallform sie dabei vorkommen können. Allerdings setzt auch hier die schiere Größe der Erde den Ergebnissen der Hochdruckmineralforschung Grenzen. Die Proben in den Diamantstempelzellen sind nur Bruchteile von Kubikmillimetern groß. Selbst in den wuchtigsten Pressen in Bayreuth lassen sich Gesteinsproben von höchstens einigen Kubikmillimetern Größe untersuchen. Wollen die Mineralogen Aussagen über den tatsächlichen Zustand im Erdinneren machen, müssen sie von den Ergebnissen ihrer kleinen Proben auf den mehrere Milliarden Kubikkilometer großen Erdmantel extrapolieren.

BILDER AUS DEM BAUCH DER ERDE

Trotz dieser, allein durch die Unzugänglichkeit des Erdinneren bedingten Einschränkungen ergibt die Summe der Ergebnisse dieser drei Forschungszweige mittlerweile ein umfangreiches Bild über den „Bauch der Erde". Mehr als 90 Prozent der Masse des Erdmantels bestehen demnach aus Oxyden des Siliziums, Magnesiums und Eisens. Die mineralische Form, in der diese Oxyde vorkommen, variiert jedoch erheblich mit der Tiefe. Das liegt daran, daß Temperatur und Druck im Erdinnern stark zunehmen. Die Temperatur steigt von etwa 1 000 Grad Celsius in den obersten Schichten des Mantels bis auf weit über 3 000, möglicherweise sogar 4 000 Grad an der Kern-Mantel-Grenze. Der Druck nimmt im gleichen Tiefenbereich von etwa 100 Kilobar auf 1,4 Megabar zu. In den obersten Schichten des Mantels kommen die Oxyde hauptsächlich in Form von Olivinen $((Mg,Fe)_2SiO_4)$ und Pyroxenen $((Mg,Fe)SiO_3)$ vor. Unter zunehmendem Druck sind diese Mineralformen nicht beständig. Aus Olivin wird zunächst ein Silikatspinell, später ein Silikatperovskit und Magnesiowüstit $((Mg,Fe)O)$. Auch Pyroxen geht unter hohem Druck in die Kristallstruktur von Perovskit über.

Bei welchen Temperatur- und Druckwerten diese Phasentransformationen auftreten, läßt sich einerseits theoretisch berechnen oder andererseits in Hochdruckexperimenten messen. Der Tiefenbereich im Erdmantel, in dem diese kritischen Temperaturen und Drücke erreicht werden, liegt etwa zwischen 400 und 700 Kilometern Tiefe.

Das Ineinandergreifen von Seismologie und mineralogischer Hochdruckforschung wird bei der Untersuchung dieser Phasentransformationen besonders deutlich. Aus der Auswertung vieler Seismogramme hat man gefolgert, daß es in 410 und 660 Kilometern Tiefe jeweils eine Grenze im Erdmantel geben muß, an der seismische Wellen teilweise reflektiert werden. Seismologen sprechen in diesem Fall von „Diskontinuitäten". Der Begriff deutet daraufhin, daß sich dort physikalische Parameter abrupt ändern. Die weniger stark ausgeprägte Grenze in 410 Kilometern Tiefe gilt als der Übergang von der Olivin- in die Spinellphase. Die stärkere Diskontinuität in 660 Kilometern Tiefe wird mittlerweile als Grenze zwischen dem oberen und dem unteren Erdmantel interpretiert. In dieser Tiefe sind Druck und Temperatur gerade so, daß die Spinellkristalle in Perovskitminerale übergehen. Im Gegensatz zum oberen Erdmantel ist der größere, untere Teil dieser Schicht weitgehend homogen. Zwischen der Diskontinuität in 660 Kilometern Tiefe und der Grenze zum Erdkern liegt der weitaus größte Teil des Materials in Form von Perovskit- und Magnesiowüstitkristallen vor. Nach seismologischen Auswertungen sollte

Der innere Erdkern besteht aus festem Eisen, das aus der Eisenschmelze des äußeren Kerns auskristallisiert ist.

der untere Erdmantel allerdings um etwa fünf Prozent dichter sein als die obere Region. Ein Teil des Dichteunterschiedes läßt sich durch die Phasenänderung von Spinell in Perovskit erklären. Diese beiden Stoffe sind wie Graphit und Diamant chemisch identisch, haben aber unterschiedliche Dichten. Es wäre auch möglich, daß der untere Mantel etwa zehn Prozent mehr Eisen enthält als die oberen Schichten.

Dem Laien mag dieses Bild der chemischen Zusammensetzung und physikalischen Struktur des Erdinneren schon recht detailliert erscheinen, vollständig ist es aber keineswegs. Denn selbst wenn für seismologische Untersuchungen Meßdaten aus mehreren Jahrzehnten herangezogen werden, zeigen die Ergebnisse immer nur eine Momentaufnahme des heutigen Zustandes im Erdmantel. Im geologischen Sinne sind nämlich selbst 100 Jahre – viel länger gibt es weder die Seismologie noch die systematische geologische Erkundung – eine extrem kurze Zeitspanne. Aber spätestens seit dem Siegeszug der Theorie der Plattentektonik Anfang der sechziger Jahre weiß man, daß die Erdoberfläche ständig in Bewegung ist. Das Erdinnere kann deshalb nicht starr und unbeweglich sein, vielmehr ist es der Motor der Plattentektonik, die Quelle aller äußeren Veränderungen unseres Planeten.

THERMISCHE ENERGIE ALS TREIBSTOFF

Die Erde arbeitet im Prinzip wie eine riesige Wärmekraftmaschine. Die im mehr als 4 000 Grad heißen Erdkern steckende thermische Energie ist der Treibstoff dieser Maschine, die Schwerkraft entspricht ihrem Getriebe. Die enorme Kraftübertragung vom Erdinneren auf

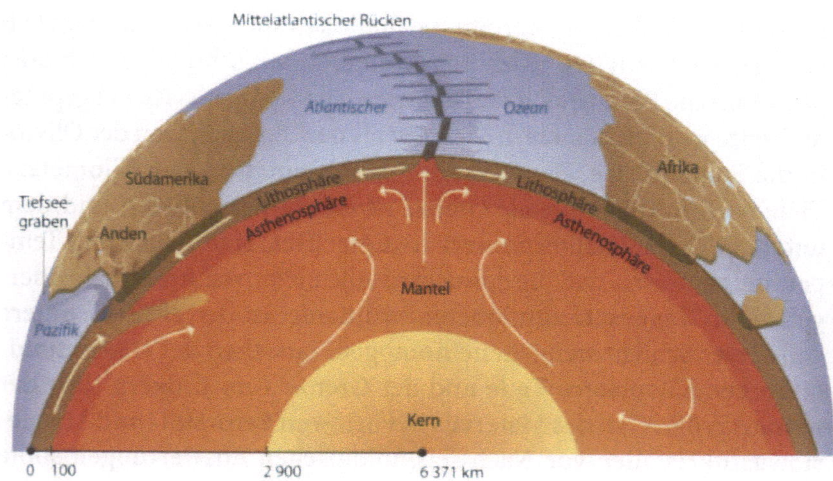

BILD 1.5a.
Konvektionsströme im Erdmantel treiben die Platten der obersten Schichten an. In dieser Schemazeichnung erscheinen die Konvektionsströme symmetrisch ...

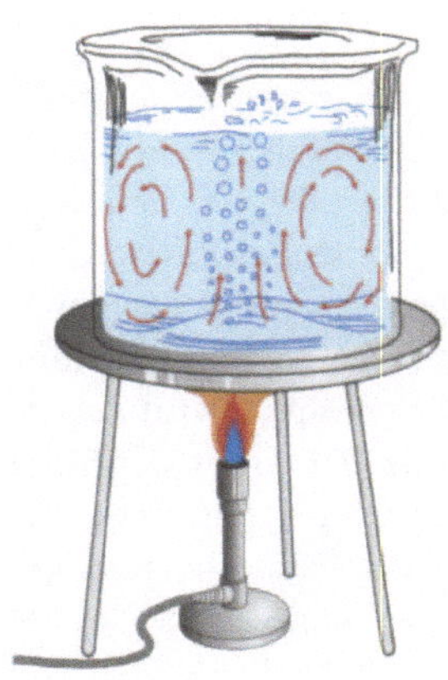

Konvektionszelle, wie sie sich in kochendem Wasser ausbildet. Dieser Vergleich trägt den gewaltigen Unterschieden bezüglich Ausdehnung und Flußraten der Konvektionsströme im Erdmantel jedoch keine Rechnung

die Erdkruste, jene tektonische Energie, die Gebirge entstehen läßt und Erdbeben auslöst, könnte weder ohne Temperaturgefälle noch ohne Schwerkraft auskommen. Die von der Theorie der Plattentektonik so elegant beschriebene Drift der großen Lithosphärenschollen wird tatsächlich durch die Konvektionsströme im Erdmantel angetrieben.

Ein Blick in Mutters Küche vermittelt dem Laien durch ein einfaches plausibles Modell ein Bild von den ruhelosen Vorgängen im Inneren unseres Planeten. Das Entstehen solcher Strömungszellen läßt sich in einem auf einer heißen Herdplatte stehenden Kochtopf beobachten. Wasser, das am Boden des Topfes erwärmt wird, beginnt im Topf aufzusteigen. Es weist gegenüber dem kühleren Wasser eine geringe Dichte auf und unterliegt damit im Schwerefeld der Erde einer Auftriebskraft. Das kühlere Wasser im oberen Teil des Topfes ist dagegen dichter als das aufsteigende wärmere Wasser. Es beginnt deshalb zu sinken. Erreicht der Temperaturunterschied zwischen Herdplatte und Umgebungsluft einen bestimmten Wert, können sich die Ausgleichsbewegungen des Wassers in Form einer Konvektionszelle stabilisieren.

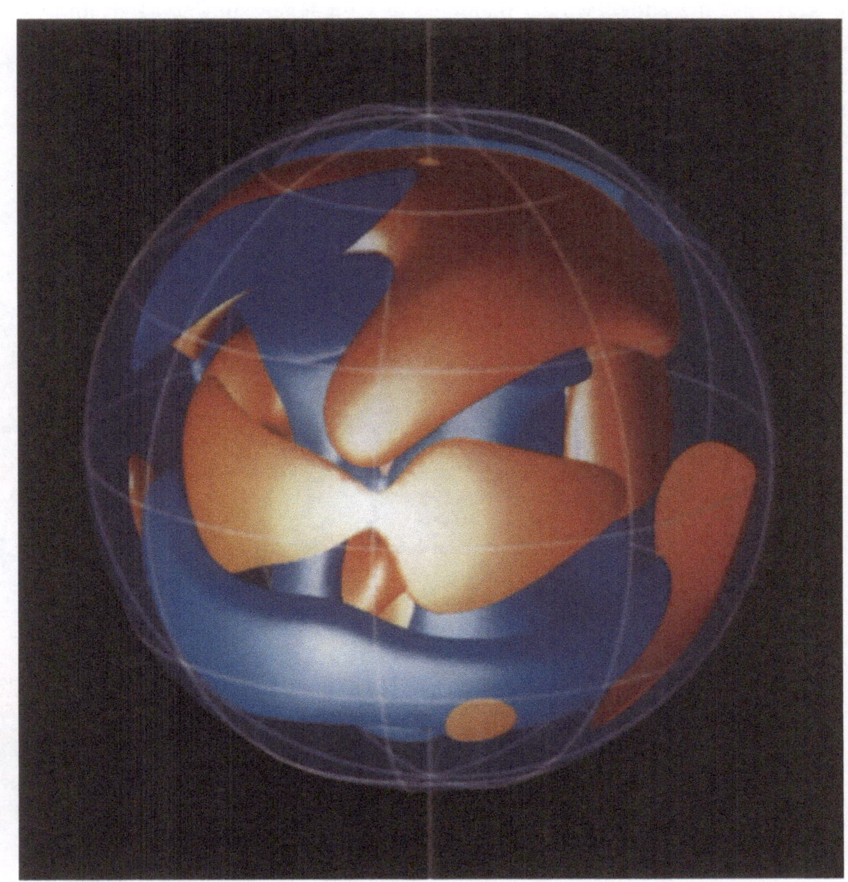

... in diesem numerischen Modell jedoch wechseln sich heiße Bereiche (*rot*) auf komplizierte Weise mit kälteren Regionen (*blau*) ab

Tomographie
Das Innere der Erde durchleuchten

Das Innere der Erde ist uns räumlich sehr nahe, doch ähnlich unzugänglich wie das fernste All. Um dennoch etwas über das Innenleben unseres Planeten zu erfahren, benutzen Geophysiker schon seit langem die Aufzeichnungen von Erdbebenwellen. Die seismischen Verfahren zur Durchleuchtung der Erde beruhen auf der Untersuchung der Ausbreitung elastischer Wellen im Erdinneren. Das geschieht analog zur Ausbreitung von Lichtwellen in der Luft. Die Sonne bescheint z. B. einen Baum, das von ihm reflektierte Licht trifft unsere Augen, und unser Gehirn sagt uns blitzschnell, wo der Baum steht und welche Formen und Farben er hat.

Deutschen Seismologen gelang es gegen Ende des vergangenen Jahrhunderts als ersten, ferne Erdbeben aufzuzeichnen und damit nachzuweisen, daß elastische Wellen den ganzen Erdkörper durchdringen können. In der Folgezeit wurden weltweit seismologische Observatorien gegründet. Bei der Analyse der Aufzeichnungen der dort aufgestellten Seismographen entdeckte man schließlich die Erdkruste, den Erdmantel, den flüssigen äußeren und den festen inneren Erdkern. Damit entstanden die ersten Modelle, die den Planeten wie eine Zwiebel in mehrere Schalen zerlegten. Solche Modelle dienen noch heute als Referenzmodelle.

Inzwischen versuchen Seismologen aber die Dynamik des Erdkörpers sichtbar zu machen. Sie wollen die auf- und absteigenden zähflüssigen Gesteinsströme im Erdmantel erkennen und die Bewegung der verschiedenen kontinentalen und ozeanischen Lithosphärenplatten beschreiben, die das Erscheinungsbild der Erdoberfläche bestimmen. Als Untersuchungsmethode wird dazu häufig die seismische Tomographie angewandt. Sie nutzt das gleiche Prinzip wie die medizinische Tomographie, bei der mit Hilfe von Ultraschall das Innere des menschlichen Körpers abgebildet wird. Es gibt jedoch einen wichtigen Unterschied zwischen den beiden Verfahren. In der medizinischen Tomographie wird die unterschiedliche Dämpfung der Schallwellen in den einzelnen Organen ausgenutzt. Seismische Tomogramme beruhen dagegen auf der Messung von Unterschieden in der Laufzeit seismischer Wellen. Sie bilden also die unterschiedlichen Schallgeschwindigkeiten in den tieferen Schichten der Erde ab. Diese Werte werden schließlich in Wärmeunterschiede umgerechnet, um die kalten und warmen Strömungen sichtbar zu machen.

BILD 1.7.
Diese beiden Schnitte sind Ergebnisse tomographischer Untersuchungen. Unter dem Pazifik (*rechts*) ist der Erdmantel durchweg wärmer als unter dem Atlantik (*links*)

Ein ähnlicher Prozeß läuft auch im Erdmantel ab. Obwohl das Gestein dort nach alltäglichen Maßstäben „hart wie Fels" ist, verhält es sich in den geologischen Zeiträumen von Jahrmillionen wie zähflüssiger Honig. Der große Temperaturunterschied zwischen Erdkern und Erdkruste führt deshalb zu einer konvektiven Ausgleichsbewegung des zähflüssigen Gesteins. Solche Konvektionszellen haben Geowissenschaftler vor einigen Jahrzehnten bereits in Modellen aus Wachs oder Paraffin versucht nachzuahmen. Heute programmieren sie stattdessen schnelle Computer mit thermodynamischen Gleichungen, füttern diese Rechner mit den von Seismologen und Mineralogen gemessenen Daten und simulieren auf diese Weise die Konvektionsströme im Erdinneren. In Deutschland beschäftigen sich die Arbeitsgruppen um Ulrich Christensen an der Universität Göttingen und Ulrich Hansen in Münster intensiv mit solchen Berechnungen.

Trotz leistungsfähiger Computer und ausgeklügelter Experimentiertechnik stoßen die Forscher auch bei diesen Modellen an die Grenzen der Simulationstechnik. Im Kochtopf dauert ein Umlauf einige Sekunden, in den Modellexperimenten benötigt das Wachs einige Minuten, auf schnellen Computern kann man den Erdmantel in wenigen Stunden simulieren – in der Erde, dem Objekt der Simulation, braucht das Gestein dagegen etwa 200 Millionen Jahre für eine Runde. Wegen dieser geringen Geschwindigkeit, wegen der sehr hohen Temperaturen im tiefen Erdmantel und den dort herrschenden unvergleichlich hohen Drücken spiegeln diese Simulationen die wirklichen Verhältnisse im Erdinneren nur bedingt wieder. Ziel der numerischen Modellierung sei es deshalb auch nicht, so meint Hansen, die Bewegungen auf der Erde in allen Einzelheiten nachzuahmen. Vielmehr versuche man jene physikalischen Mechanismen zu entschlüsseln, welche die thermisch getriebenen Konvektionsströmungen im Inneren des Planeten prägen.

Dennoch ist völlig unumstritten, daß die Dynamik des Erdinneren das Antlitz des Erdäußeren im Laufe der Erdgeschichte mehrfach komplett verändert hat. Auf den Konvektionswalzen des Erdmantels reitet das gute Dutzend starrer Lithosphärenplatten. Wie Autoskooter auf einem Jahrmarkt stoßen sie gelegentlich zusammen. Wo es unter ihnen zu heiß wird, brechen sie auseinander wie die Kruste eines backenden Brotes. Sie ziehen einander in die Tiefe, türmen sich gegenseitig in die Höhe. Auch wenn alle derartigen Vergleiche hinken, steht fest, daß es der geowissenschaftlichen Forschung in fächerübergreifender Zusammenarbeit immer mehr gelingt, den Vorgängen im ruhelosen Inneren unserer Erde auf die Spur zu kommen.

Fast drei Viertel der Erdoberfläche verbergen sich unter den Ozeanen. Der Meeresboden hält sich, wie an der Doggerbank, unter ein paar Dutzend Meter Nordseewasser versteckt, reicht, wie im Marianengraben im Stillen Ozean, bis in mehr als zehn Kilometer Meerestiefe oder schlummert, wie der Lomonossowrücken, unter dem ewigen Eis des Nordpolarmeeres. Im Dunkel der Tiefsee entzieht sich der größte Teil der Gesteine dem direkten Blick der Geowissenschaftler. Vielleicht erbrachte gerade deshalb die Untersuchung des Meeresbodens Anfang der sechziger Jahre die größte Überraschung der geowissenschaftlichen Forschung überhaupt. Bei Forschungsfahrten im Nordatlantik fand man die ersten Beweise dafür, daß die Erde ein ruheloser Planet ist, daß nichts auf der Erdoberfläche ewigen Bestand hat. Der Anstoß für das neue Bild der Erde als dynamischer Planet ging nicht von den Geologen an Land aus. Vielmehr brachten jene Geowissenschaftler, die auf Forschungsschiffen die Weltmeere befuhren, erste Kunde davon, daß nicht nur die Ozeane, sondern auch die „feste" Erde selbst dauernd in Bewegung sind.

2 Geowissenschaftliche Meeresforschung

Auf der Suche nach Gondwana

Die Regelmäßigkeit der Donnerschläge wirkt nur am Anfang störend. Später nehmen ruhige Gemüter den dumpfen Knall, der alle 30 Sekunden das Schiff trifft, kaum noch wahr. Lediglich hinten auf dem Arbeitsdeck und in den hohen Aufbauten fühlt man jede Erschütterung. Wenige Sekunden nach jedem Knall steigt im Kielwasser des fast in jedem Südsommer im antarktischen Weddellmeer kreuzenden Forschungsschiffes „Polarstern" eine dicke Luftblase auf. Auch wenn sich weniger robuste Mitfahrer gelegentlich über den Lärm beschweren, die Geophysiker an Bord registrieren die Schläge und die Luftblasen mit Befriedigung. Jeder Knall hilft ihnen nämlich bei der Suche nach den Grenzen von Gondwana.

Eduard Sueß, ein berühmter österreichischer Geologe, postulierte schon Ende des 19. Jahrhunderts, daß im Laufe der Erdgeschichte irgendwann einmal ein Superkontinent existiert haben müsse. Er nannte ihn „Gondwanaland" nach einer Landschaft in Zentralindien, die vom 12. bis zum 18. Jahrhundert vom Volksstamm der Gond bewohnt wurde. Indien, Australien, Südamerika, Afrika und die Antarktis seien Bestandteile dieses Superkontinentes gewesen. Vor 80 bis 100 Millionen Jahren sei dieser Kontinent jedoch auseinandergebrochen, meinte Sueß. Er führte den Bruch, die anschließenden Bewegungen der Kontinente und die Bildung ihrer Gebirge auf eine Schrumpfung des Erdballs zurück. Der Durchmesser der Erde nehme ab, behauptete er, weil sich das Innere der Erde ständig abkühle.

Auch der deutsche Geophysiker Alfred Wegener stellte Anfang des 20. Jahrhunderts zahlreiche Argumente zusammen, die für eine Drift der Kontinente und damit auch für einen ehemaligen Superkontinent Gondwana sprachen. Am 6. Januar 1912 löste der gelernte Meteorologe allerdings bei der Jahresversammlung der Geologischen Vereinigung in Frankfurt einen Sturm der Entrüstung aus, als er seine Verschiebungshypothese zum erstenmal einem wissenschaftlichen Publikum vorstellte. Seine Behauptungen wurden damals als Scharlatanerie abgetan. Daß der im Jahre 1930 bei einer Expedition in Grön-

Gondwana entstand vor etwa 200 Millionen Jahren als südliches Fragment des Superkontinents Pangäa. Der nördliche Teil erhielt den Namen Laurasia.

land umgekommene Wegener mittlerweile rehabilitiert ist, dürfte bekannt sein. Denn nicht nur die Kontinente, sondern das gesamte Innere der Erde bewegt sich ständig. Allerdings liegt dieser Bewegung nicht ein Schrumpfen der Erdkugel zugrunde. Der Motor sind vielmehr Konvektionsströmungen im Erdmantel, die von der thermischen Energie im Erdinneren angetrieben werden.

Die Detonationen, die das Forschungsschiff so regelmäßig erschüttern, sollen helfen, Details der geologischen Geschichte der Antarktis und ihrer ehemaligen Nachbarn in Gondwana ein wenig besser zu erklären. Der Knall stammt von einer Druckluftkanone, die die Polarstern im Abstand von etwa 20 Metern hinter sich herschleppt. Sie liegt knapp zehn Meter tief im Wasser und wird mit bis zu 130 Atmosphären Druckluft gefüllt. Auf ein elektrisches Signal hin öffnet ein Ventil die Druckkammer. Die Luft entweicht unter Wasser schlagartig mit einem lauten Knall. Die entstehende Schallwelle ist stark genug, um das 11 000 Tonnen schwere Schiff zu erschüttern. Meeresbewohnern scheint der laute Knall hingegen nichts auszumachen. Hin und wieder schwimmen Robben und Pinguine sogar nahe an den arbeitenden „Luftpulser" – so heißt die Kanone in der Fachsprache – heran, gerade so, als wollten sie sich das Gerät genauer anschauen.

Die Schallwelle läuft durch das Wasser in die Tiefe und trifft auf den Meeresboden. Dabei wird sie zum Teil reflektiert, dringt aber auch in den Untergrund ein. Im festen Gestein verhält sich dann der Schall wie eine von einem Erdbeben ausgelöste Welle. An Schichtgrenzen in der Erdkruste, dort, wo beispielsweise Kalkstein und Basalt aneinanderstoßen, wird jedesmal ein kleiner Teil der Wellenenergie an die Wasseroberfläche zurückgestrahlt. Dort können die – nach dem Weg durch die Erdschichten und dem zweimaligen Lauf durchs Wasser – inzwischen erheblich gedämpften Schallwellen von empfindlichen Meßinstrumenten, den sogenannten Hydrophonen, erfaßt werden. Die „Polarstern" schleppt neben der Druckluftkanone ein dickes, drei Kilometer langes Kabel hinter sich her. Es ist mit Dutzenden solcher Meßfühler bestückt, die von jedem Schuß das Echo aus dem Untergrund aufzeichnen. Da das Schiff „schießend" und messend durch das Weddellmeer kreuzt, kann man aus diesen Echos ein Bild weiter Teile des Untergrundes und damit auch der ehemaligen Grenzen Gondwanas ableiten.

Bohren in sturmgepeitschter See

Dieser als Seeseismik bezeichnete Zweig geowissenschaftlicher Forschung liefert also auf ähnliche Weise ein Bild vom Untergrund wie es die „seismische Tiefenerkundung" zu Lande tut (siehe auch Kapitel 13). Somit gelten für die seeseismischen Verfahren die gleichen Voraussetzungen wie für die Landseismik. Beide Methoden lassen nur indirekt Schlüsse auf den Aufbau und die Struktur des Untergrundes zu. Die mit den seismischen Methoden abgeleiteten physikalischen Größen des Erdinneren, wie Dichte und Geschwindigkeiten, müssen überprüft und an der Realität gemessen werden. Systematisch ist eine derartige Prüfung ausschließlich durch Bohrungen möglich, denn nur auf diese Weise gelingt es, spezifische Proben aus dem Untergrund zu gewinnen.

Im Unterschied zu einer Bohrung an Land ist eine solche auf hoher See ein technisch schwieriges Unterfangen. An Land oder bei Ölbohrungen im Flachwasser wie in der Nordsee oder im Golf von Mexiko wird von einem festen Turm bzw. einer Plattform aus gebohrt. Das ist in der Tiefsee nicht möglich. Stattdessen muß von der schwankenden Plattform eines Schiffes aus gebohrt werden. Stürme, Wellengang und Gezeiten beeinflussen den Bohrfortschritt, denn die durch sie verursachten Bewegungen des Schiffes müssen ausgeglichen werden. Außerdem gibt die Meeresoberfläche keinen Anhaltspunkt für eine günstige Bohrstelle. Deshalb müssen sich die Meeresgeologen bei der Auswahl der Bohrlokation ganz auf indirekte Messungen verlassen.

Im Golf von Mexiko wird inzwischen auch in Wassertiefen von mehr als 2 000 Metern nach Öl gebohrt.

BILD 2.2.
Unermüdlich im Dienst der Wissenschaft unterwegs ist das Bohrschiff „Joides Resolution", das unter dem Namen „Sedco/BP 411" registriert ist

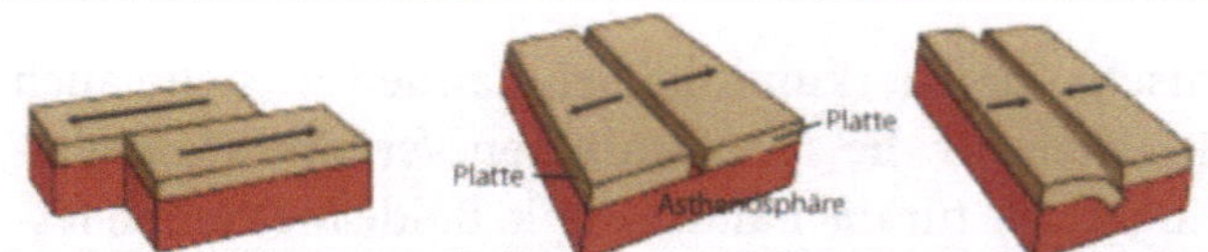

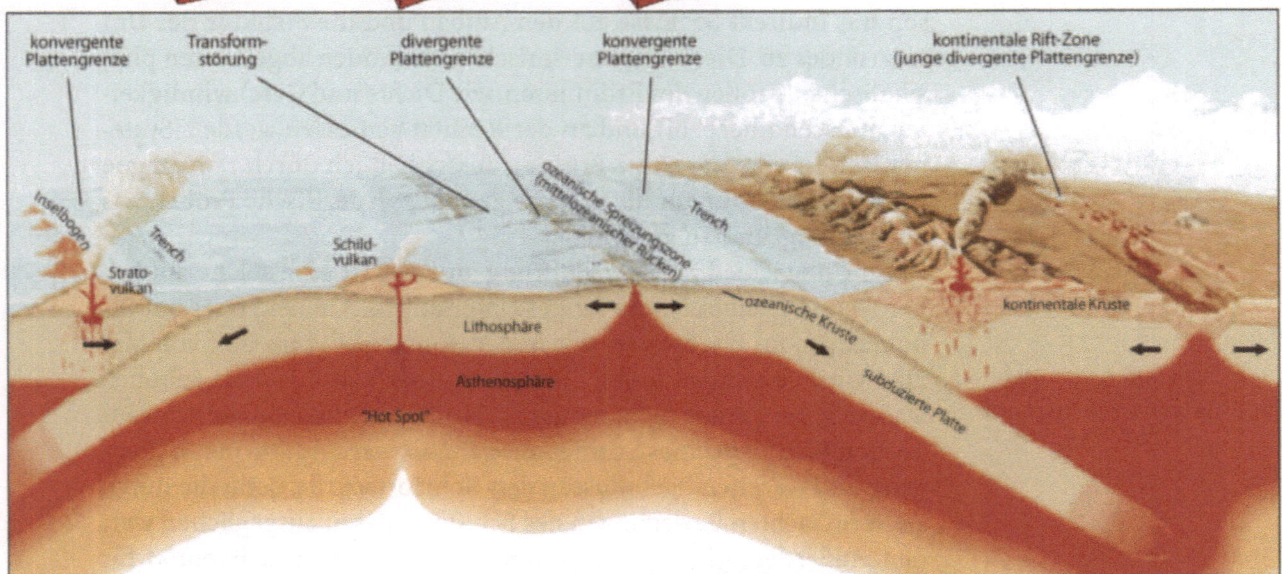

Beim Bohren auf dem Meer stellen sich den Forschern aber nicht nur technische Probleme. Zwischen der Erdkruste der Kontinente und der „Haut der Erde" unter den Meeren bestehen auch große geologische Unterschiede: In den Kammregionen der weltumspannenden mittelozeanischen Rücken bildet sich ständig neue Erdkruste. Sie entsteht durch erstarrende, aus der Tiefe emporsteigende Magmen und wandert langsam von den Rückenkämmen weg. Im Bereich der Tiefseegräben, beispielsweise vor der Pazifikküste Südamerikas, verschwindet sie wieder im Erdinneren. Aus diesem dauernden Kreislauf folgt, daß die heutigen Ozeane nicht älter als 200 Millionen Jahre sein können. Das heißt, die Ozeanböden sind, gemessen am Gesamtalter der Erde von 4,5 Milliarden Jahren, erdgeschichtlich sehr junge Gebilde. Auf den Kontinenten finden sich dagegen Gesteine, die mehr als drei Milliarden Jahre alt sind.

Große Unterschiede zwischen Land und Meer gibt es auch in den Sedimenten, die auf dem jeweiligen Untergrund ruhen. Auf dem Meeresboden bestehen sie vorwiegend aus den Überresten der marinen Lebewelt, aus feinen Staubpartikeln, die der Wind vom Land auf das Meer geweht hat, sowie aus der Schwebfracht, welche mit den Flüssen in die Ozeane gelangt. Diese marinen Ablagerungen sind im Vergleich zu den Sedimenten auf Land in der Regel viel besser erhalten, da sie nicht durch gebirgsbildende Prozesse zerstört oder aus ihrem ursprünglichen Verband herausgelöst werden. Außerdem haben hier

BILD 2.3.
Die Plattentektonik in der Schemazeichnung. Spreizung und Subduktion sind die beiden grundlegenden Bewegungsmuster

BILD 2.4.
Viele meeresgeologische Fragestellungen lassen sich nur durch die
Analyse von Proben aus der Tiefsee
beantworten. Dazu werden mit einem
Kastengreifer Sedimente vom Meeresboden an Bord eines Forschungsschiffes gebracht

**Das bisherige „Rekordloch" des
ODP wurde 1997 vor der iberischen
Küste im Atlantik abgeteuft. In
5 333 Meter Wassertiefe erbohrte
man ein 2 994 Meter tiefes Loch.**

noch keine Verwitterungsprozesse stattgefunden. In den Meeressedimenten steckt daher ein großes Potential zur Rekonstruktion von
Umweltverhältnissen der jüngeren Erdgeschichte (siehe Kapitel 4).

Um die damals noch junge plattentektonische Hypothese zu überprüfen, begannen amerikanische Meeresgeologen im Jahre 1968 mit
den ersten wissenschaftlichen Bohrungen in der Tiefsee. Für dieses
„Deep Sea Drilling Project" (DSDP) setzten sie das Bohrschiff „Glomar Challenger" ein. Später luden die USA auch Wissenschaftler anderer Nationen zu den Bohrfahrten ein. Deutschland beteiligt sich seit
1975 auch finanziell an dem Projekt, das zehn Jahre später zum internationalen „Ocean Drilling Program" (ODP) wurde. Im Jahre 1985
ersetzte man die „Glomar Challenger" durch das größere Bohrschiff
„Joides Resolution". Das ODP ist heute das größte internationale geowissenschaftliche Gemeinschaftsprogramm. Es hat eine zentrale
Funktion bei der Erforschung der Ozeanböden, weil es Proben und

Meßdaten aus Meerestiefen beschafft, die für Forschungsschiffe herkömmlicher Art unzugänglich sind. Die Kosten für den Betrieb des Bohrschiffs, für Logistik, technische Entwicklungen, Proben- und Datenverwaltung sowie Publikationen betragen zur Zeit jährlich 44,5 Millionen Dollar. Deutschland trägt davon fast sieben Prozent.

Wo Lava zu Kissen erstarrt

Aus den Ergebnissen der nahezu 1500, im Rahmen des ODP und seiner Vorgänger auf den Böden der Weltmeere abgeteuften Bohrungen konnten Meeresgeologen wie Helmut Beiersdorf, Koordinator eines begleitenden Forschungsprogramms der Deutschen Forschungsgemeinschaft, inzwischen ein detailliertes Modell der marinen Lithosphäre zusammenstellen. Die einzelnen Schichten bekamen dabei aber nicht wie an Land klangvolle Namen, sondern lediglich Nummern. Nach diesem Modell bilden die Meeressedimente die Schicht 1. Die zweite Schicht besteht aus feinkörnigem Basalt. Im oberen Teil der Schicht 2 dominieren kissenförmige Erstarrungsformen dieses Gesteins. Diese Kissenlaven entstehen, wenn sich glühende, zähflüssige Lava aus Spalten auf den Meeresboden ergießt und dabei im Kontakt mit dem knapp null Grad warmen Meerwasser sehr schnell erkaltet. Obwohl in Schicht 2 auch noch andere Erstarrungsformen vorkommen, wird der oberste, durch Lavaeruptionen am Meeresboden entstandene Krustenbereich als Komplex der Kissenbasalte bezeichnet. Der untere Teil dieser Schicht wird dagegen als Gangscharenkomplex bezeichnet. Diese Zone ist von zahlreichen, kreuz und quer verlaufenden Basaltgängen durchzogen.

Die Schicht 3 besteht dagegen aus Gabbro. Dieses ist ein dem Basalt ähnliches, aber sehr viel grobkörnigeres Gestein. Die großen Kristalle, aus denen es besteht, deuten darauf hin, daß es aus langsam erkaltender Magma entstanden ist. Unter der Gabbroschicht liegt der lithosphärische Erdmantel, der durch eine seismische Unstetigkeitsfläche von ihr getrennt wird. Diese sogenannte Mohorovičić-Diskontinuität, kurz „Moho" genannt, gibt es auch an Land, wenngleich in viel größerer Tiefe. Die Gesteine des lithosphärischen Mantels sind extrem kieselsäurearm, weshalb sie auch als ultrabasisch bezeichnet werden. Unter ihnen ist der Harzburgit besonders häufig.

Ein Ort, an dem sich dieses Modell außergewöhnlich gut studieren läßt, hat es den Meeresgeologen besonders angetan. Er liegt an der Südflanke des Costa-Rica-Rifts, einem Teilabschnitt des Galapagos-Spreizungszentrums im östlichen Äquatorialpazifik. Zwischen 1979 und 1993 wurden von den beiden Bohrschiffen insgesamt drei-

Gabbro ist ein grobkörniges basisches Tiefengestein von grauschwarzer bis grünlichschwarzer Farbe.

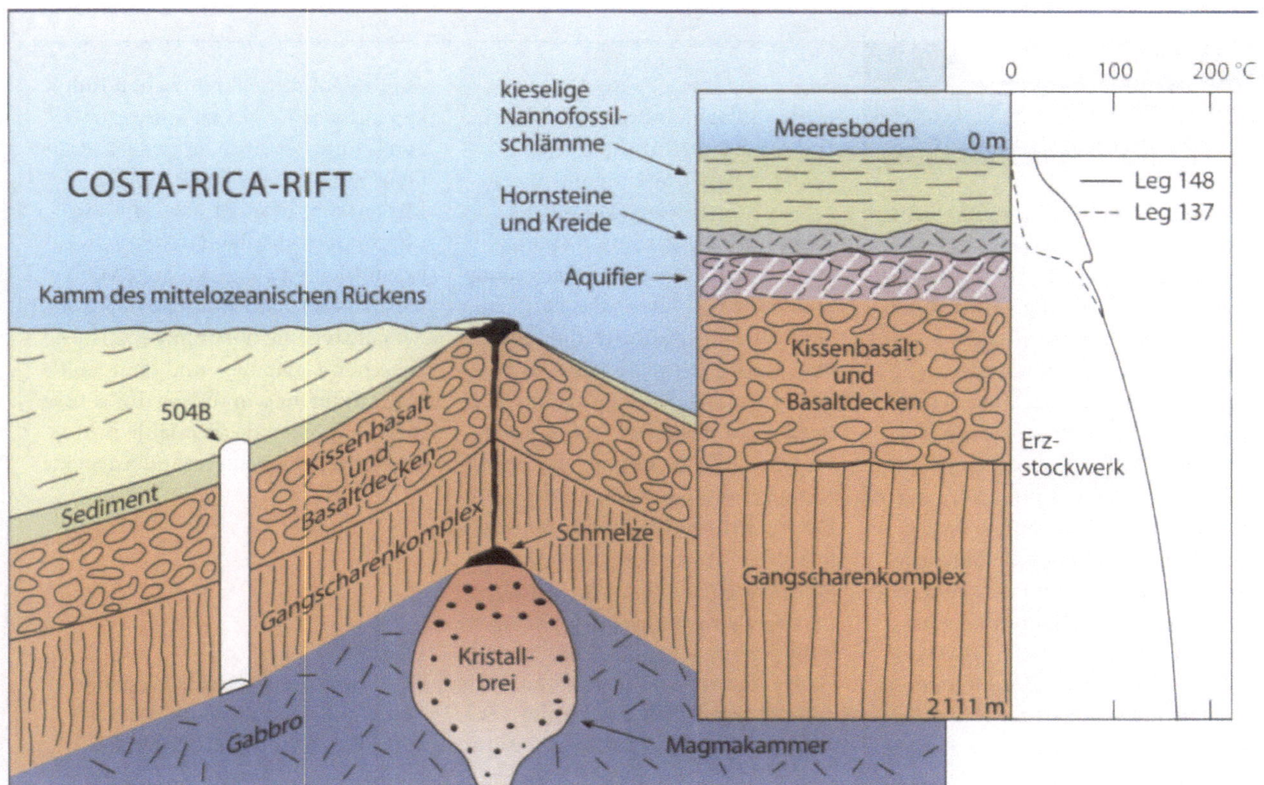

BILD 2.5.
Ein geologischer Schnitt durch den Meeresboden am Bohrloch 504B

zehnmal Bohrmeißel in das Bohrloch 504B versenkt – jedesmal wurde es dabei vertieft. Das in 3 457 Meter Wassertiefe gelegene Loch dringt inzwischen 2 111 Meter tief in den Pazifikboden vor. Die bei dieser Bohrung durchteufte ozeanische Erdkruste war 1 837 Meter mächtig. Für die Meeresgeologen hat diese Tiefbohrung die gleiche Bedeutung wie die tiefen Bohrlöcher auf der Kolahalbinsel und in der Oberpfalz für die zu Lande arbeitenden Geowissenschaftler (vgl. Kapitel 6).

Die verfestigten Meeressedimente in Schicht 1 sind an dieser Stelle des Costa-Rica-Rückens mit einer Mächtigkeit von 274 Metern besonders dick. Diese Sedimente bestanden ursprünglich unter anderem aus Diatomeen (Kieselalgen) und Radiolarien (Strahlentierchen). Der kieselige Anteil wurde aber durch Wärme und Druck völlig aufgelöst und lagerte sich in feinstkristalliner Form in feuersteinähnlichen Hornsteinlinsen ab. Die Hornsteine im Bohrloch 504B sind einige Zentimeter groß und die jüngsten ihrer Art, die bisher gefunden wurden.

Unterhalb der Sedimente wurden erwartungsgemäß Vulkanite erbohrt. Sie bestehen aus Kissenbasalten, erstarrten basaltischen Lavadecken sowie Schichten von Basaltbruchstücken, den sogenannten Basaltbrekzien. Diese schon zu Schicht 2 gehörende vulkanische Serie ist 571 Meter mächtig. An sie schließt sich eine 209 Meter dicke Übergangszone zum Gangscharenkomplex an. Sie besteht aus Kissenbasalten und Basaltgängen. Unter dieser Schicht wiederum wurde bis

Forschungschiff „Meteor"
Die Geheimnisse des Tiefseebodens im Südatlantik

Wissenschaftliche Expeditionen auf Forschungsschiffen sind auch heute noch immer ein Abenteuer. In der deutschen Forschungsflotte gibt es neben der „Polarstern", der „Sonne" und vielen anderen hochseetüchtigen Fahrzeugen auch ein Schiff, das in der geowissenschaftlichen Fachwelt einen besonderen Ruf hat, die „Meteor". Eines ihrer Vorgänger, das namensgleiche Forschungs- und Vermessungsschiff „Meteor", kreuzte nämlich zum Teil noch unter Segeln in den Jahren 1925 bis 1927 durch den Südatlantik. Die Wissenschaftler an Bord machten damals nicht nur grundlegende ozeanographische Entdeckungen, beispielsweise über die unterschiedliche Verteilung der Salzkonzentration des Meerwassers. Der Göt-

tinger Mineraloge Carl Correns setzte mit seinen Bodengreifern auch Maßstäbe für die Untersuchung mariner Sedimente. Eines der wichtigsten Ergebnisse der Fahrt waren jedoch die Echolotmessungen. Zum erstenmal gelang es dabei den Geowissenschaftlern, die Struktur des mittelatlantischen Rückens im Detail zu vermessen. Die Ergebnisse der 13 Ausfahrten zwischen Afrika und Südamerika zeigten, daß sich der aus dem Nordatlantik schon ansatzweise bekannte Rücken bis fast ins Südpolarmeer fortsetzt. Unter Fahrtleiter Alfred Merz wurde der Rücken zwar korrekt als langgestreckter untermeerischer Gebirgszug interpretiert. Die wahre Bedeutung dieser Zone blieb den „Meteor"-Wissenschaftlern jedoch verborgen. Mehr als 40 Jahre nach den Fahrten dieses Schiffes entschlüsselten dann britische und amerikanische Wissenschaftler, was

es mit dem mittelatlantischen Rücken auf sich hat. Es ist eine Spreizungszone der Erde, in der ständig neue Erdkruste entsteht. Solche Rücken gibt es nicht nur im Atlantik, sondern in allen Ozeanen. Insgesamt haben sie eine Länge von mehr als 60 000 Kilometern. Besonders aktive Rücken befinden sich zwischen Galapagos und dem Golf von Kalifornien im Ostpazifik sowie im Roten Meer, das allmählich Arabien und Afrika auseinanderdrückt.

BILD 2.6.
Aus ihren umfangreichen Echolotmessungen erstellten die Wissenschaftler an Bord der „Meteor" schon vor 70 Jahren dieses dreidimensionale bathymetrische Profil des Südatlantiks

zur Endtiefe von 2 111 Meter ausschließlich im Gangscharenkomplex gebohrt, in dem dann keinerlei Kissenbasalte mehr auftraten. In der Übergangszone wurde bei 910 Metern auch ein fast 20 Meter dickes Erzstockwerk durchteuft. Dort sind die Gesteine mit Schwefelkies, Kupferkies, Zinkblende und Bleiglanz vererzt. Diese Schicht ist ohne Zweifel aus hydrothermaler Aktivität hervorgegangen.

HEISSE UND KALTE BRUNNEN AUF DEM MEERESGRUND

Eines der Ziele des ODP ist es also, jene magmatischen und vulkanischen Vorgänge zu untersuchen, welche die ozeanische Erdkruste und den oberen Erdmantel erzeugen. Diese Prozesse spielen im System Erde eine wichtige Rolle, weil sie die Stoff- und Energieflüsse in den Meeren mitbestimmen. Ozeane und Atmosphäre sind überhaupt erst durch die Entgasung von Magma in der frühesten Periode der Erdgeschichte entstanden. Ihr heutiger Zustand wird immer noch wesentlich durch vulkanische und biologische Prozesse, aber auch durch die Sonneneinstrahlung bestimmt. Derzeit treibt die Wärme von abkühlenden frischgebildeten Mantel- und Krustengesteinen an den Kämmen der mittelozeanischen Rücken die Zirkulation von Meerwasser durch diese Gesteine hindurch an. Es wird geschätzt, daß etwa alle 8 Millionen Jahre die gesamte Wassermenge der Ozeane einmal durch die ozeanische Kruste hindurch zirkuliert. Diese Zirkulation ist ihrerseits für die Bildung von heißen Quellen am Meeresboden verantwortlich und führt – wie in der Übergangszone in Bohrloch 504B – zur Abscheidung von Erzen (siehe auch Kapitel 15). An diesen heißen Quellen der Tiefsee ist ein Ökosystem entstanden, das vom Licht der Sonne und damit der Photosynthese unabhängig ist und deshalb wahrscheinlich wichtige Informationen über die Entstehung des Lebens auf der Erde liefern kann. Es wird außerdem für möglich gehalten, daß die vulkanische Erwärmung der Ozeanböden zu periodischen Veränderungen der Meeresströmungen, zu zyklischen Variationen in der chemischen Zusammensetzung des Meerwassers und vielleicht sogar zu periodischen Klimaphänomenen wie dem El Niño führt.

Als Lithosphäre – eigentlich Gesteinshülle – bezeichnet man heute die starre, aus Erdkruste und dem obersten Mantel gebildete Platte hoher Elastizität.

In den Tiefen der Weltmeere gibt es aber nicht nur hydrothermale Aktivität in den sogenannten „Hot Vents" an den Spreizungszonen. Geowissenschaftlich von großem Interesse sind auch die „Cold Vents", also Quellen kalten Wassers, die vorwiegend dort vorkommen, wo ozeanische Lithosphärenplatten mit Kontinenten kollidieren. Eine solche Zone, die deutsche Geowissenschaftler schon seit Jahren untersuchen, befindet sich im nördlichen Arabischen Meer. In diesem

Seegebiet, das von der Straße von Hormus, dem Mündungsgebiet des Indus auf dem indischen Subkontinent und dem östlichen Zipfel der arabischen Halbinsel, dem sogenannten Ras el-Had, begrenzt wird, stoßen die Indische, die Arabische und die Eurasische Lithosphären-platte zusammen. Die Arabische Platte wandert in diesem Gebiet mit einer Geschwindigkeit von etwa 4 Zentimetern pro Jahr nach Norden und schiebt sich dabei unter die Eurasische Platte. Hierbei entsteht aber nicht, wie sonst üblich, ein Tiefseegraben. Vielmehr verbirgt sich unter dem Meer vor der Küste Pakistans eine platten-tektonische Besonderheit. Die Kollision führt zur Entstehung eines mehr als 500 Kilometer breiten, parallel zur Küste verlaufenden Gebirgszuges. In ihm sind die Gesteinsschichten so wild verformt wie das Blech der Knautschzone eines Autos nach einer Karambolage.

METHAN GEFRIERT ZU EIS

Die Untersuchung dieses „Makranakkretionskeils" ist unter anderem deshalb so interessant, weil dort geologisch sehr junge Meeressedimente in einen plattentektonischen Mahlstrom geraten. Weil der Indus und die zahlreichen Flüsse Westasiens große Mengen an Schlamm aus dem Himalaja und aus dem iranischen Zagrosgebirge in dieses Seegebiet bringen, sind die Meeresablagerungen dort zum Teil zehn Kilometer mächtig. Bei ihrem Zusammenstoß pressen die beiden Lithosphärenplatten diese Sedimente unter hohem Druck zusammen. Dabei werden sie nicht nur zu bizarren Gesteinsmustern verformt. Der Druck führt auch dazu, daß aus manchen der im Sediment enthaltenen organischen Stoffe Methan entsteht. Gleichzeitig wird das im Meeressediment vorhandene Wasser aus den Gesteinsschichten herausgepreßt. Auf mehreren Expeditionen mit dem Forschungsschiff „Sonne" haben Meeresgeologen vom Forschungszentrum für marine Geowissenschaften in Kiel (GEOMAR) und von der BGR diese kalten Quellen untersucht. Unter anderem konnten sie dort die Bildung und das spätere Auftauen von Gashydraten studieren (siehe auch Kapitel 14). Nach konservativen Schätzungen sind in diesen untermeerischen Gashydraten mehr Kohlenwasserstoffe gebunden als in allen bekannten Erdöl- und Erdgaslagerstätten zusammen.

Ebenfalls von Bord der „Sonne" aus ist es Kieler Meeresgeologen gelungen, die Ergiebigkeit solcher kalten Quellen im Aleutengraben vor Alaska zu messen. Aus jedem Quadratmeter Meeresboden, an dem es dort „Cold Vents" gibt, strömen pro Tag nur 0,02 Liter Wasser, also gerade ein Schnapsglas voll. Rechnet man dieses Ergebnis aus dem Aleutengraben auf alle Weltmeere hoch, benötigten alle kalten Quellen rund 500 Millionen Jahre, um das Meerwasser in allen Ozeanen einmal umzuwälzen. Die „Hot Vents" sind dagegen mehr als sechzigmal ergiebiger.

Im Vergleich zur geologischen Erkundung an Land ist die geowissenschaftliche Untersuchung der festen Erde unter den Ozeanen noch ein relativ junger Forschungszweig. Seit den Expeditionen der „Meteor" in den Südatlantik vor mehr als 70 Jahren haben deutsche Forscher bei der geowissenschaftlichen Erkundung der Meere eine wichtige Rolle gespielt. Die moderne Ausrüstung der heutigen Forschungsflotte, die große Erfahrung der Besatzungen und der hohe Stand der Wissenschaft in unserem Land werden den deutschen Geowissenschaftlern auch in Zukunft einen bedeutenden Platz auf diesem Gebiet sichern. Bei der geowissenschaftlichen Erforschung der Meere spielt allerdings die Nationalität längst keine Rolle mehr, denn diese Untersuchungen sind nur in grenzüberschreitender Zusammenarbeit möglich. Deshalb ist die wissenschaftliche Besatzung für nahezu jede Fahrt eines Forschungsschiffes heute ein internationales Team. Gleichzeitig arbeiten dort Fachleute aus vielen verschiedenen Disziplinen zusammen, denn die geowissenschaftliche Meeresforschung ist nur im Zusammenspiel vieler Fachbereiche erfolgreich.

Aus der Ferne betrachtet ist die Antarktis ein Kontinent der ewigen Gleichförmigkeit. Unter einem dicken Eispanzer tiefgefroren, scheint sich in dieser weißen Wüste außer der vom Wind gepeitschten Schneedrift nichts zu bewegen. In Wirklichkeit ist die Oberfläche des „kalten Kontinents" aber keineswegs statisch. Auf der Erde gibt es kaum etwas, das sich stetiger und mit soviel Kraft bewegt wie das Eis des antarktischen Kontinents. Ohne Unterlaß strömt es von den Hochflächen auf die Küsten zu und läßt dabei Eisflächen von der Größe ganzer Bundesländer auf dem Meer schwimmen. Diese Schelfeise sind das wichtigste Bindeglied zwischen den Ozeanen und den enormen Süßwasservorräten, die im antarktischen Inlandeis gespeichert sind. Die umfangreiche geowissenschaftliche Untersuchung des Filchner-Ronne-Schelfeises am Südende des Weddellmeeres ist deshalb ein wichtiger Aufgabenbereich deutscher

Polarforschung. Glaziologen arbeiten dabei eng mit Geophysikern, Ozeanographen intensiv mit Luftbildauswertern und Klimaforschern zusammen. Auf diese Weise entsteht erstmals ein umfassendes Bild vom steten Kreislauf, in dem sich seit Jahrtausenden Wasser zu Eis und Eis zu Wasser wandelt.

3 Antarktis

Hans Oerter, ein Glaziologe am Alfred-Wegener-Institut (AWI) in Bremerhaven, staunte nicht schlecht, als er am Morgen des 14. Oktober 1998 in seinem Computer die Internetseite des British Antarctic Survey (BAS) abrief: Bei der Auswertung von Satellitenbildern hatten die Überwinterer auf der britischen Antarktisstation „Rothera" entdeckt, daß wenige Tage zuvor ein etwa 6 000 Quadratkilometer großes Stück des antarktischen Filchner-Ronne-Schelfeises abgebrochen war und seitdem mit einer Geschwindigkeit von etwa einem Kilometer pro Tag auf dem Weddellmeer nach Norden driftete. Dieser Teil der Nachricht allein ließ den Wissenschaftler bereits aufhorchen. Als er dann jedoch weiterlas, wurde ihm bewußt, daß mit der Eisinsel auch ein wichtiges Stück deutscher Polarforschung ziellos in den eisigen Gewässern am äußersten Südrand des Atlantischen Ozeans trieb. Auf der abgebrochenen Eisinsel befand sich nämlich auch die deutsche Sommerstation „Filchner", ein im Jahre 1982 bei etwa 77 Grad südlicher Breite eingerichtetes Basislager für geowissenschaftliche Forschungen auf dem Schelfeis.

Obwohl Oerter schon an mehreren Expeditionen auf dieser Station teilgenommen hatte, faszinierte ihn der Anblick der unendlich scheinenden Weite des Schelfeises immer wieder. Wenn weder Wolken noch Nebel die Sicht behindern, finden die Augen in dieser Welt aus Eis keinen Halt. Am blauen Himmel steht die Sonne in dieser Breite nicht allzu hoch, dafür scheint sie aber im Laufe des Tages aus allen Himmelsrichtungen. Auf der endlosen weißen Fläche bietet lediglich der eigene Schatten einen winzigen Kontrast. Das Wort „Landschaft" trifft auf dieses Gebiet nicht zu. Man fühlt sich eher an den Geometrieunterricht in der Schule erinnert. Es gibt wohl keinen Ort auf der Erde, an dem der Begriff einer sich ins „Unendliche erstreckenden Ebene" der Wirklichkeit so nahe kommt wie auf dem Filchner-Ronne-Schelfeis.

Dieses auf dem Meer schwimmende Schelfeis ist im Durchschnitt 600 Meter mächtig, etwa eineinhalbmal so groß wie Deutschland und dabei flach wie mit dem Lineal gezogen. Es gibt weder Tal noch Berg, keinen Fluß, kein Tier, nur eintöniges Weiß. Dabei ist es – bei schönem Wetter – absolut still. Wer ruhig steht, hört nichts außer dem Rauschen des Windes an der eigenen Kleidung. Erst nach Stunden des Aufenthaltes auf dem endlosen Schelfeis lernt man, daß es längst nicht so eintönig ist, wie es zunächst erscheint. Tausende von winzigen Eis- und Schneekristallen auf dem Boden glitzern in der Sonne. Sie scheinen wie Sterne zu funkeln – nur daß ihr Firmament nicht schwarz ist wie der Nachthimmel, sondern weiß.

Großräumig erscheint die Eisfläche zwar absolut eben, bei genauem Hinsehen entdeckt man aber doch ein Relief. Der ständig wehende Wind hat den Schnee verdriftet und zu kleinen, nur wenige Dezimeter hohen Wehen aufgeworfen. Ihre Oberfläche kann an sonnigen Nachmittagen ein wenig schmelzen, um in den späten Nachtstunden erneut zu überfrieren. Solche Windrippeln – von Polarforschern Zastrugis genannt – gibt es zu Abermillionen auf den Schelfeisflächen. Denjenigen, der auf dem Motorschlitten mit hoher Geschwindigkeit über sie hinwegfährt, schüttelt es kräftig durch.

In dieser bizarren Einöde galt die Filchnerstation stets als eine Oase. Wenn sie nach einigen Stunden der Wanderung oder der Fahrt mit dem Motorschlitten auf dem Schelfeis zunächst als kleiner schwarzer Punkt am Horizont auftauchte, erhöhten die Polarforscher stets ihr Tempo, mochten sie auch noch so müde sein. Dabei hat diese Anlage überhaupt nichts von jener „Romantik", die der Laie gern mit dem Begriff „Polarstation" verbindet. Die Filchnerstation gleicht eher den modernen Bürocontainern, die heute auf jeder Großbaustelle zu finden sind. Einige Container zum Wohnen und Arbeiten sind auf einer Plattform aus verzinkten Stahlrosten verschraubt. Sie wiederum ist fest mit stählernen Stelzen verbunden, die einige Meter tief ins Eis eingelassen sind und mehrere Meter aus der Eisoberfläche herausragen. Plattform und Container „schweben" dabei etwa drei Meter über dem Eis. Diese Bauform wurde gewählt, damit die Station nicht von driftendem Schnee zugeweht wird. Allerdings sinken die Stelzen im Laufe der Zeit immer tiefer in das Eis ein, so daß die Plattform mit den Containern alle paar Jahre „hochgeschraubt" werden muß, um der Schneedrift nicht doch eine Angriffsfläche zu bieten.

In diesen Containern haben es sich in den vergangenen Südsommern immer wieder bis zu zwanzig Polarforscher „bequem" gemacht. Außer einer Küche und einen Aufenthaltsraum verfügt man über die unentbehrliche Funkstation, die seit einigen Jahren auch mit einem Satellitentelefon und einem Faxgerät ausgerüstet ist. Sofern es die Mitternachtssonne des Südsommers zuläßt, wird in einem einfach eingerichteten Wohncontainer geschlafen. Ein separat untergebrachter Dieselgenerator sorgt für Strom und Heizung und erzeugt auch jene Wärme, mit deren Hilfe die Bewohner aus dem Eis Trink- und Waschwasser erschmelzen.

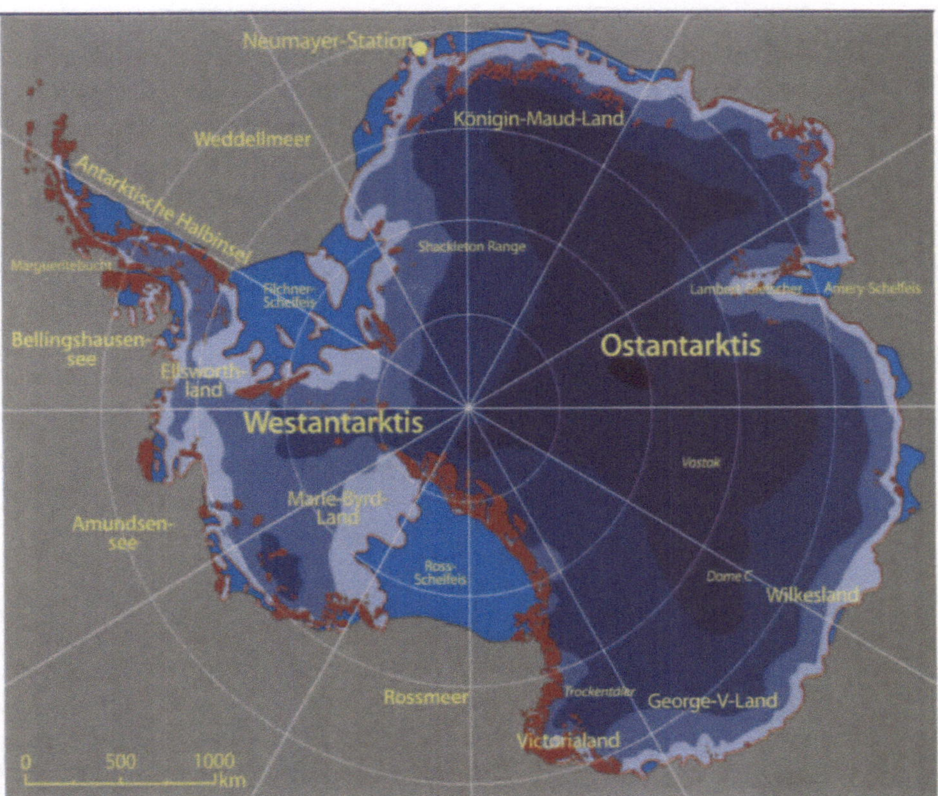

BILD 3.2.
Die Antarktis ist der fünftgrößte
Kontinent. Die das ganz Jahr über be-
wohnte deutsche Polarstation Neu-
mayer liegt auf einem Schelfeis am
Rand des Weddellmeeres

UND STETIG FLIESST DAS EIS

Wenn die Forscher die Filchnerstation bewohnten, galt ihr wissen-
schaftliches Interesse genau jener stetigen Bewegung des Eises, der
die Station jetzt zum Opfer gefallen ist. Die Schelfeise in der Antarktis sind nämlich mit Flußmündungen auf den wärmeren Kontinenten zu vergleichen. In ihnen „ergießt" sich das überschüssige antarktische Inlandeis ins Meer. Der Eispanzer auf dem Südpolarkontinent
ist zum größten Teil mehrere Kilometer mächtig. Unter seinem eigenen Gewicht drückt das Eis langsam auf die Ränder des Kontinents
zu und „fließt" in gewaltigen Eisströmen durch Täler in die Küsten-
niederungen und von dort weiter ins Meer. Da Eis aber ein geringe-
res spezifisches Gewicht als Wasser hat, können diese Eisströme nicht
versinken, wenn sie den Ozean erreichen. In geschützten Buchten, vor
allem im Ross- und im Weddellmeer, schwimmen sie dann als kom-
pakte, oft mehrere hundert Kilometer lange und mehrere hundert
Meter dicke Schelfeise auf dem Meerwasser. Mit einer Fläche von
1,5 Millionen Quadratkilometern vergrößern sie den antarktischen
Kontinent um etwa ein Zehntel und säumen gleichzeitig mehr als
40 Prozent seiner Küsten.

Das Filchner-Ronne-Schelfeis ist vom Volumen her das größte, von
der Fläche nach dem Ross-Schelfeis mit mehr als 507 000 Quadratkilometern das zweitgrößte Schelfeis der Antarktis. Es wird vornehmlich von neun Eisströmen gespeist, die aus dem Hochland der Ostantarktis und zwischen den Gebirgen des westlichen Teils des Kon-
tinentes ins Weddellmeer hinabfließen. Insgesamt, so schätzten die
Glaziologen des AWI, dürften diese Eisströme dem Schelfeis pro Jahr
mehr als 230 Kubikkilometer Eis zuführen. Weiteren Zutrag erhält das

BILD 3.3.
Immer wieder kommt es vor, daß riesige Eisinseln von den Schelfeisen abbrechen. Die auf dieser Satellitenauf-
nahme erkennbaren Tafeleisberge, jeder ungefähr doppelt so groß wie das
Land Luxemburg, sind aus dem Filch-
nerschelfeis herausgebrochen

Schelfeis noch durch Niederschläge sowie durch Eis, das aus dem Meer von unten an den Eispanzer anfriert. Allerdings schmilzt ein Teil des Gletschereises, sobald es mit dem Meerwasser in Kontakt kommt, aber auch, wenn wärmeres Wasser die Unterseite des schwimmenden Schelfeises umspült.

Der stetige Eisnachschub aus dem Inland sorgt dafür, daß die oft mehr als dreißig Meter hohe vordere Kante des Schelfeises immer weiter ins Meer hinausgeschoben wird. Nach jüngsten Messungen bewegte sich die Kante des Ronneschelfeises in den vergangenen Jahren jeweils um 1,4 Kilometer pro Jahr nach Norden. Wie ein auf Pontons schwimmender Bootssteg ist dabei auch das Schelfeis jeder Bewegung des Wassers ausgesetzt. Es hebt und senkt sich mit den Gezeiten, selbst die von den schweren Stürmen auf dem Polarmeer erzeugten Wellen können das Schelfeis hieven.

Wegen dieser dauernden Bewegungen kommt es einige Kilometer hinter der Schelfeiskante zu mechanischen Spannungen im Eis. Wie bei einem Gebirgsgletscher entstehen dabei Spalten und Risse. Sie machen die vorderste Front der Schelfeises instabil; deshalb kommt es immer wieder vor, daß entlang der Spalten und Risse große Stücke des Schelfeises abbrechen. Genau das muß irgendwann Anfang Oktober 1998 auch im südlichen Weddellmeer geschehen sein. Dieser Vorgang ist aber nicht mit dem „Kalben" der ins Meer reichenden Gletscher Grönlands oder Alaskas zu vergleichen. Die Eisberge des hohen Nordens wirken im Vergleich zu den Eisinseln der Antarktis wie kleine Eiswürfel in einem Cocktaildrink. Die Eisinseln hingegen können eine Größe von mehreren tausend Quadratkilometern erreichen, haben ein Volumen von über tausend Kubikkilometern und wiegen oft mehr als eine Billion Tonnen.

> In der Polarnacht 1986 brach schon einmal eine riesige Eisinsel vom Filchner-Ronne-Schelfeis ab. Sie hatte eine Fläche von 15 000 Quadratkilometern.

Wasser vom Südpol durchlüftet die Meere

Zur Erforschung des Schelfeises werden Fachleute aus vielen Zweigen der Geowissenschaften herangezogen. Die dabei gewonnenen Erkenntnisse haben Auswirkungen, die weit über den eiskalten Südkontinent hinausreichen. So entstammt beispielsweise etwa ein Drittel des Wassers der Weltmeere den Küsten der Antarktis. Dabei dringt dieses kalte, salz- und sauerstoffreiche „antarktische Bodenwasser" in der Tiefsee bis weit über den Äquator nach Norden vor. Im Nordwestpazifik wurde es in der Nähe der japanischen Küste nachgewiesen, im Nordatlantik fließt es bis über den 50. Breitengrad hinaus vor die Westküste der britischen Inseln. Weil das antarktische Bodenwasser so weit nach Norden reicht, spielt es bei der Durchlüftung der

Weltmeere eine große Rolle und ist ein wichtiger Antrieb für viele Meeresströme.

Die wichtigste Quelle für das antarktische Bodenwasser liegt unter den Schelfeisen und in den flachen Gewässern der antarktischen Küsten, wo es in jedem Südwinter zur Bildung von Meereis kommt. Dort kühlt Meerwasser stark ab, und ein Teil gefriert entweder auf der Wasseroberfläche zu Meereis oder friert von unten an das Schelfeis an. Das im Meerwasser gelöste Salz wird dabei aber nicht in die Eiskristalle eingebunden. Es bleibt vielmehr in Lösung, wodurch sich der Salzgehalt des ungefrorenen Wassers leicht erhöht. Dieser höhere Salzanteil und seine kalte Temperatur von unter null Grad geben diesem Wasser eine relativ hohe Dichte. Weil es schwerer als die „typischen" Wassermassen des Südpolarmeeres ist, beginnt es zu sinken. Über den antarktischen Kontinentalschelf fließt es in die Tiefsee und gelangt von dort in die Weltmeere. Der mit zwei Dritteln größte Teil dieses salzreichen Tiefenwassers entsteht im Weddellmeer unter dem Filchner-Ronne-Schelfeis. In dem dem Pazifik zugewandten Rossmeer entstehen dagegen nur knapp zehn Prozent allen antarktischen Bodenwassers. Der Rest stammt von den übrigen Küsten des kalten Kontinents.

Daß die Unterseite des zentralen Teils des Ronneschelfeises tatsächlich aus gefrorenem Meereis besteht, war zunächst nicht vermutet worden. Bei Messungen der Eisdicke mit Radarstrahlen ist man nämlich immer wieder auf einen „Reflektor" gestoßen. Er wurde als Unterseite des Eisschelfs gedeutet. Ein Vergleich zwischen der auf diese Weise gemessenen Stärke des Schelfeises und jener theoretisch berechneten Höhe, mit der eine schwimmende Eisplatte entsprechen-

BILD 3.4.
Das Flagschiff der deutschen Forschungsflotte, die „Polarstern", kreuzt jeden Südsommer in antarktischen Gewässern

der Mächtigkeit aus dem Wasser ragen müßte, ergab jedoch Diskrepanzen. Daraus schlossen die Glaziologen, daß es noch einen zusätzlichen Eiskörper geben muß, den die Radarstrahlen nicht durchdringen können. Der „Reflektor" wurde daraufhin als Grenze zwischen der aus dem antarktischen Hochland stammenden und aus Niederschlägen gebildeten oberen Schicht des Schelfeises – dem „meteorischen Eis" – und dem von unten angefrorenen Meereis gedeutet. Diese Schichtgrenze wurde auf dem Filchner-Ronne-Schelfeis mehrmals von Mitarbeitern des AWI erbohrt, zum erstenmal während der achten Südpolarexpedition des Forschungsschiffes „Polarstern" im Jahre 1990. Damals bohrte man mit einem Kernbohrer etwa 30 Kilometer von der Schelfeiskante entfernt ein 216 Meter tiefes Loch. In 153 Meter Tiefe stieß man auf den Übergang zum marinen Eis. Später teuften die Polarforscher 160 Kilometer von der Schelfeiskante entfernt eine Kernbohrung ab und stießen wiederum in 153 Meter Tiefe auf den Übergang zum marinen Eis.

Für ozeanographische Untersuchungen der Unterseite wird das Schelfeis gelegentlich auch auf andere Weise durchbohrt, nämlich mit heißem Wasser.

DAS MILCHIGE EIS KOMMT AUS DER LUFT

Der Unterschied zwischen meteorischem und marinem Eis ist bei beiden Kernen deutlich erkennbar. Vereinfacht ausgedrückt besteht das Eis der oberen Schicht aus gepreßtem Schnee. Durch die eingeschlossenen Luftblasen erscheint es milchig weiß. Die untere Schicht ist hingegen blasenfrei und daher so klar und durchsichtig wie ein Eiswürfel. Es handelt sich um gefrorenes Wasser. Für einen marinen Ursprung dieser Schicht spricht auch, daß die elektrolytische Leitfähigkeit beim Übergang vom milchigen zum klaren Eis sprunghaft steigt.

Die bei diesen Bohrungen gewonnenen Kerne werden in Tiefkühlcontainern verpackt, mit dem Forschungseisbrecher „Polarstern" nach Bremerhaven gebracht und dort im Eislabor des AWI von verschiedenen deutschen Forschungsinstituten genauer untersucht. Beispielsweise läßt sich aus der Struktur der Eiskristalle auf die jüngste Vergletscherungsgeschichte des Südkontinents schließen. Die Analyse von Spurenstoffen und Isotopenverhältnissen im meteorischen Eis erlaubt Aussagen über das Klima der letzten 2500 Jahre, dem geschätzten Alter der ältesten Schichten der Schelfeise.

Denn so lange kann es dauern, bis die Eisströme aus dem tiefen Inneren des antarktischen Hochlandes die Schelfeise an den Küsten erreichen. Dabei ist die Bestimmung der Bewegungsraten der Schelfeise auch beim Einsatz modernster geodätischer Meßmethoden keineswegs immer einfach. Jahrelang haben Bernt Ritter von der Tech-

nischen Universität Braunschweig und Achim Karsten von der Fachhochschule Hamburg mit den klassischen Verfahren der Landvermessung die Bewegung des Schelfeises verfolgt. Sie zogen dazu jeweils im Südsommer mit Motorschlitten über das sich scheinbar endlos flach erstreckende Schelfeis. Da immer wieder die gleichen, mit langen Stangen markierten Punkte angefahren wurden, ließ sich die Geschwindigkeit bestimmen, mit der das Filchner-Ronne-Schelfeis langsam nordwärts fließt. Den Ergebnissen ihrer Untersuchungen zufolge erhöht sich die Geschwindigkeit von Süd nach Nord und erreicht in der Nähe der Schelfeiskante ungefähr einen Kilometer pro Jahr.

Solche Positionsbestimmungen haben allerdings ihre Tücken. Die geodätischen Markierungen können unter Neuschnee verschwinden oder werden von der Schneedrift zugeweht. Kommt schlechtes Wetter oder gar der gefürchtete „White Out" hinzu, ist eine Orientierung auf herkömmliche Weise unmöglich. Abhilfe schafft da das „Global Positioning System" (GPS). Es besteht aus 24 Satelliten, von denen, von jedem Punkt der Erde aus betrachtet, immer mindestens vier über dem Horizont stehen (siehe auch Kapitel 5). Aus deren Zeitzeichen und aus der Kenntnis der sehr genau vermessenen Parameter ihrer jeweiligen Umlaufbahnen lassen sich die geographischen Koordinaten eines jeden Punktes der Erde berechnen – auch in der weißen Einöde des Schelfeises.

Ein „White Out" entsteht bei dichtem Schneetreiben oder bei Schneedrift. Weil dabei auf dem Eis jede Kontur verschwimmt, ist eine zuverlässige Navigation nahezu unmöglich.

DAS EINTÖNIGE WEISS IST NUR FÜR SATELLITEN

Die GPS-Technik hilft allerdings nicht nur den Polarforschern, sich auf dem Filchner-Ronne-Schelfeis zu orientieren. Mit dem differentiellen GPS-Verfahren läßt sich auch die Position von Radarreflektoren genau einmessen, die Geodäten neuerdings in regelmäßigen Abständen auf dem Schelfeis auslegen. Sie dienen dazu, erstmals in der Geschichte der Polarforschung vom Weltraum aus die Eisverhältnisse in der Umgebung der Pole zu untersuchen und gleichzeitig die Bewegung von Gletschern, Schelf- und Meereis zu verfolgen. Satellitenbilder von der Arktis und ihrem südlichen Antipoden gibt es zwar schon lange, denn alle Wetter- und Fernerkundungssatelliten auf polaren Umlaufbahnen überfliegen diese Gebiete mehrmals am Tag. Versucht man aber aus ihren Aufnahmen Informationen über die Schnee- oder Eisbeschaffenheit an den Polen abzuleiten, stößt man schnell an Grenzen. Weil die Kameras dieser Satelliten nur Bilder im sichtbaren und infraroten Licht aufnehmen, erscheinen die meisten Flächen in polaren Gebieten einheitlich weiß. Schnee und Eis besitzen nämlich eine hohe, zudem kaum voneinander unterscheidbare

Antarktische Trockentäler
Die kältesten Wüsten der Welt

Nur ein Prozent der gesamten Fläche der Antarktis ist eisfrei. Die Trockentäler des Viktorialandes auf der pazifischen Seite der Ostantarktis stellen das größte eisfreie Gebiet dar. Dort haben sich die Gletscher bereits vor mindestens vier Millionen Jahren zurückgezogen. Die Region blieb danach eisfrei, weil sie zu den trockensten Wüsten der Welt gehört. Im Durchschnitt fallen dort weniger als fünf Zentimeter Niederschlag pro Jahr. Während des Polarwinters sinken die Temperaturen mehrere Dutzend Grad unter den Gefrierpunkt. Während des Südsommers tauen die obersten Schichten des Perma-frostbodens jedoch an geschützten Stellen oft mehr als 20 Zentimeter tief auf.

Bei den Böden der Trockentäler handelt es sich meist um salzige Sande und Lehme. Viele Wissenschaftler vertraten lange Zeit die Meinung, daß es in den Böden „steriler sei als in einem Operationssaal". Tatsächlich findet man in den Trockentälern häufig nicht die geringste Spure von Lebewesen. Großflächige Untersuchungen haben jedoch ergeben, daß der Gehalt an Mikroorganismen sehr stark variieren kann. An manchen Standorten findet man bis zu 10 Millionen Mikroorganismen pro Gramm Bodensubstrat.

Wie überall in der Antarktis wehen auch durch die eisfreien Täler extrem trockene, kalte Winde. Es handelt sich dabei um „katabatische Winde". Sie entstehen, wenn kalte, relativ dichte Luft von den Hochflächen des antarktischen Eispanzers mit Orkanstärke in die Küstengebiete hinabfällt. In den Trockentälern wirbeln diese starken Fallwinde Sand und kleinere Steine vom Boden auf. Auf Felsbrocken und freistehende Meßgeräte haben diese vom Wind getragenen Partikel die gleiche Wirkung wie ein Sandstrahlgebläse.

BILD 3.7.
Zelten, wo es kein Leben gibt: in einem Trockental im Victorialand der Antarktis

Rückstrahlkraft. Außerdem kann dichte Bewölkung oder Schneedrift die Bodensicht der Satelliten erheblich einschränken. Völlig wertlos sind ihre Aufnahmen schließlich im Dunkel der langen Polarnacht.

Völlig anders verhält es sich dagegen bei den Bildern der beiden „European Remote Sensing Satellites" (ERS). Ihre Sensoren nehmen nicht das von der Erde zurückgestrahlte Sonnenlicht auf. Vielmehr senden diese Satelliten selbst Radarsignale aus, die unabhängig von Tages- oder Jahreszeit Wolken und Nebel ohne große Verluste durchdringen. Abhängig von der Beschaffenheit der Oberfläche dringen diese Radarwellen auch unterschiedlich tief in Schnee oder Eis ein. Sie werden deshalb von Neuschnee anders reflektiert als von Firn oder glatten Eisflächen. Die Radarbilder stellen die verschiedenen Reflexionseigenschaften dann in Form unterschiedliche Grauwerte dar.

Die genaue Auswertung dieser Aufnahmen bringt die Geowissenschaftler ihrem Ziel ein Stück näher, endlich die sogenannte „Massenbilanz" des Eises in der Antarktis zu bestimmen. Man will nämlich verstehen, wieviel Eis jährlich aus der Hochantarktis in die Schelfeise gelangt und wieviel davon an der Eiskante abbricht oder an der Unterseite abschmilzt. Diese Fragestellung ist für die Untersuchung des Klimas und der Auswirkungen eines möglichen Treibhauseffektes von außerordentlicher Bedeutung. Schmilzt nämlich mehr antarktisches Eis als durch Niederschlag oder Anfrieren hinzukommt, könnte der Meeresspiegel um mehrere Dezimeter – manche Schätzungen sprechen sogar von einigen Metern – steigen. Überschwemmungen in flachen Küstenländern wie Holland und Bangladesh oder auch der Atolle im Pazifik wären die unweigerliche Folge. Noch aber ist man von einer Antwort auf diese Frage weit entfernt, da der mehr als zwei Kilometer dicke Eispanzer des antarktischen Hochlandes nur sehr schwer vollständig zu erfassen ist.

Was unterdessen mit der im Herbst 1998 abgebrochenen Eisinsel und der darauf befindlichen weitgehend entsorgten Filchnerstation geschieht, läßt sich nur grob vorhersagen. Sie könnte einige Jahre im südlichen Bereich des Weddellmeeres verbleiben. Irgendwann wird sie aber von der großen Eisdrift des Weddellmeeres erfaßt und dann mitsamt der verlassenen Filchnerstation durch das Dunkel der Polarnacht unaufhörlich nach Norden driften, ihrem schmelzenden Ende in wärmeren Gewässern entgegen.

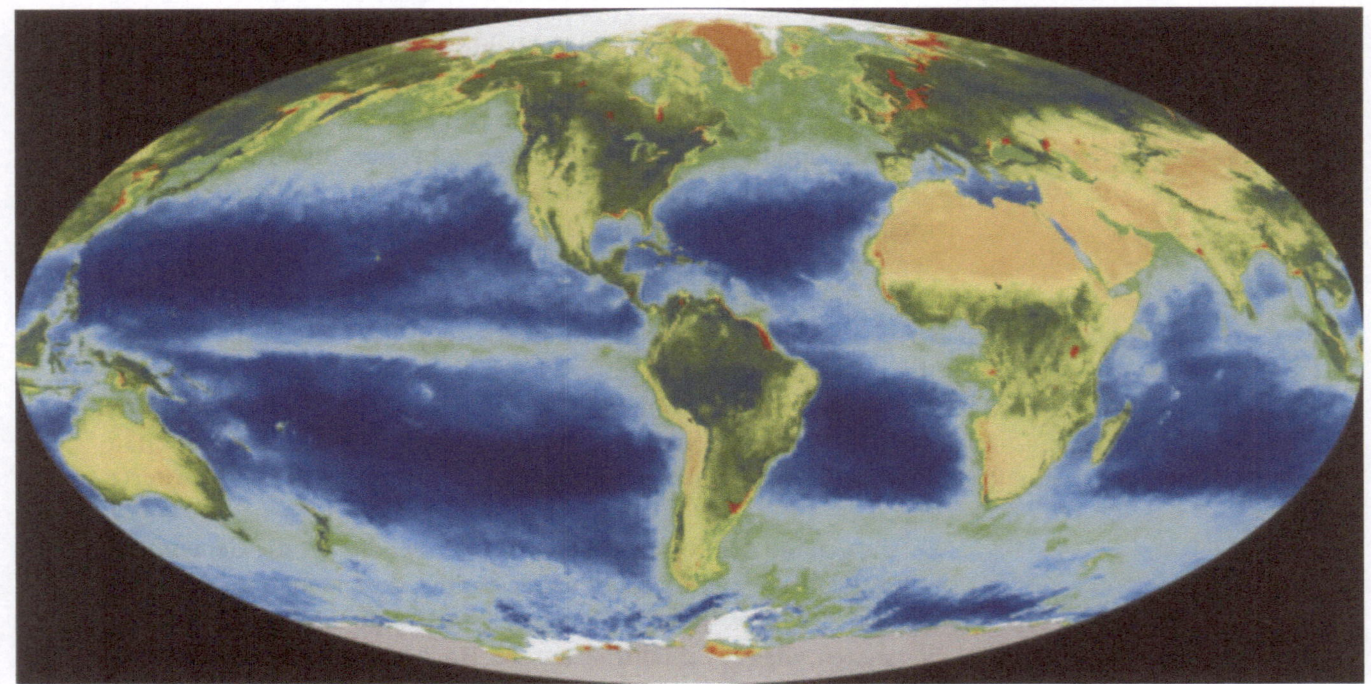

Die Hiobsbotschaften scheinen kein Ende zu nehmen: „1997 war das wärmste Jahr seit Beginn meteorologischer Aufzeichnungen – 1998 war noch wärmer"; „Sieben der zehn wärmsten Jahre dieses Jahrhunderts gab es in den neunziger Jahren"; „Im nächsten Jahrhundert weiterer Temperaturanstieg zu erwarten"; „Eiskappen an den Polen drohen zu schmelzen". Beim flüchtigen Lesen solcher Nachrichten muß der Eindruck entstehen, als sei das Klima auf der Erde außer Rand und Band geraten, als stünde eine Treibhauskatastrophe bevor, die Natur und Menschheit gleichermaßen an den Rand des Ruins führen wird. Was auf den ersten Blick alarmierend erscheint, birgt für den Fachmann allerdings keine Überraschung, denn Klimaschwankungen haben die gesamte Erdgeschichte bestimmt. Wo heute in Niedersachsen Kühe weiden, scharrten einst Mammuts im eisigen Wind, gierten warmblütige Saurier nach Beute oder schwammen bunte Fische in tropischen Meeren. Eine Prognose des Klimas der Zukunft kann nur wagen, wer das Klima der Vorzeit kennt und versteht. Wie überall in den Geowissenschaften gilt auch in der wichtigen politischen Diskussion um das Klima: Nur mit gründlichem Wissen über die Erdgeschichte lassen sich Aussagen zur Zukunft des Planeten machen.

4

Klima

Der Passatwind macht einen Schlenker um die beiden Vulkane auf Hawaii, der größten Insel des gleichnamigen Archipels. Mauna Kea, der „weiße Berg", und Mauna Loa, der „lange Berg", sind die einzigen Hindernisse, die sich im Nordpazifik dem stetig aus Nordost wehenden Passat entgegenstellen. Meist fehlt es dem Wind an Stärke, über diese beiden mehr als 4 000 Meter hohen Schildvulkane zu wehen. Er strömt stattdessen um die Berge herum und schleicht sich von Südwesten her, also von der ungewohnten Leeseite, die Hänge der Vulkane empor. Seit mehr als vier Jahrzehnten fangen Wissenschaftler täglich über tausend Liter dieses Windes ein. Auf der Spitze eines Mastes, den die Forscher zu diesem Zweck am Hang des Mauna Loa in 3 400 Metern Höhe aufgestellt haben, ist eine Pumpe angebracht. Sie saugt die Luft an und führt sie über Schläuche in ein kleines Labor, das in einem Baucontainer untergebracht ist. Dort enden die Schläuche in zwei unscheinbaren Meßgeräten, in denen die Luft mit Infrarotlicht durchleuchtet wird. Aus der Stärke der Absorption der Strahlung wird dann der Kohlendioxydanteil im Passatwind bestimmt.

Von der Spitze des 45 Meter hohen Mastes aus hat der Beobachter einen einzigartigen Blick über die Lavawüste des Mauna Loa. Die Hawaiianer haben diesen Vulkan den „langen Berg" genannt, weil er sanft, nahezu unmerklich ansteigt. Lage um Lage ergoß sich die für die hawaiischen Feuerberge typische dünnflüssige Lava aus Kratern und Spalten und formte so den größten Schildvulkan der Welt. Die letzte Eruption fand im Jahre 1984 statt, als unter anderem die Masten der zum Labor führenden Stromleitungen in einem glühend dahinkriechenden Lavastrom verbrannten. Bei der seit mehr als 40 Jahren täglich gewissenhaft ausgeführten Analyse des Passatwindes machten die Forscher in dieser einsamen, oft vom Wind gepeitschten Gegend eine wissenschaftliche Entdeckung, die an weltpolitscher Brisanz kaum zu übertreffen ist. An den Hängen des Mauna Loa bemerkten sie nämlich den mittlerweile berüchtigten, scheinbar unaufhaltsamen Anstieg des Kohlendioxydgehaltes der Luft. Als im

Jahre 1958 das erste Meßgerät am Mauna Loa aufgestellt wurde, betrug der durchschnittliche Gehalt noch 315 Teile pro Millionen (ppm = parts per million), inzwischen ist er auf über 360 Teile gestiegen.

Ursprünglich interessierten den an der Universität von Kalifornien in San Diego arbeitenden Meteorologen Dave Keeling bei seinen Messungen auf Hawaii die langfristigen Änderungen des CO_2-Gehaltes der Luft überhaupt nicht. Im Jahre 1958 wollte er im Rahmen des „Internationalen Geophysikalischen Jahres" vielmehr feststellen, ob der Kohlendioxydgehalt der Atmosphäre jahreszeitlich schwankt. Schon nach eineinhalb Jahren fand der Meteorologe, wonach er suchte. Im Frühling zwischen April und Juni enthielt die Atmosphäre das meiste Kohlendioxyd. Im Frühherbst, gegen Ende September, war der Wert am niedrigsten. Diese Schwankungen sind auf den Vegetationszyklus der Nordhalbkugel zurückzuführen. Im Sommer ist ein Teil des Kohlendioxyds im Laub der Pflanzen gebunden. Deshalb mißt man im September die niedrigsten Konzentrationen. Bei der Zersetzung des im Herbst und Winter gefallenen Laubes zu Humus wird jedoch CO_2 frei. Das führt schließlich im April – kurz vor Beginn der neuen Vegetationsperiode – zu höheren CO_2-Konzentrationen. Sobald die Pflanzen wieder sprießen, nehmen sie mehr CO_2 auf, und dessen Anteil in der Luft beginnt zu sinken. Dieser Vegetati-onszyklus sorgt für die von Keeling gemessenen jahreszeitlichen Schwankungen der CO_2-Konzentration von etwa zwei Prozent.

Eigentlich hätte der Meteorologe seine Meßgeräte nach dem ersten Meßzyklus abschalten und nach San Diego zurückbringen können. Doch als vorsichtiger Wissenschaftler wollte er ganz sichergehen und seine Entdeckung mit einer längeren Beobachtungsreihe untermauern. Eine solche kontinuierliche CO_2-Messung ist jedoch nicht einfach, denn Kohlendioxyd kommt in der Erdatmosphäre nur als Spurengas vor. Zu etwa siebzig Prozent besteht die Lufthülle unseres Planeten aus Stickstoff und zu 29 Prozent aus Sauerstoff. Im restlichen Prozent sind Wasserdampf, Methan, Ozon und einige Edelgase enthalten. Lediglich 0,036 Prozent der irdischen Luft bestehen aus CO_2.

Am Internationalen Geophysikalischen Jahr 1957/58 waren Wissenschaftler aus vielen Ländern beteiligt. Sie führten koordiniert Messungen aller wichtigen Zustandsgrößen der Erde auf allen Erdteilen durch.

GENAUE MESSUNGEN IN DER VULKANWÜSTE

Um geringe Schwankungen eines solch kleinen Wertes zuverlässig messen zu können, mußten die Wissenschaftler im Jahre 1958 nach einem idealen Standort für ihre Geräte suchen. Hätte sie Keeling in einem Wald aufgestellt, wären die Ergebnisse von der lokalen Vegetation und ihrer Photosynthese beeinflußt worden. Ein Standort im Windschatten eines Kohlekraftwerkes oder neben einer Autobahn hätte ebenfalls falsche Werten erbracht. Die Energie in Kraftwerk oder Automotor wird durch die Oxydation des in fossilen Brennstoffen enthaltenen Kohlenstoffes erzeugt, wobei Kohlendioxyd entsteht.

Der Hang des Mauna Loa auf Hawaii ist dagegen für die CO_2-Messungen günstig. Die Insel ist mehr als 3 500 Kilometer vom amerikanischen Festland und den dortigen Kohlendioxydproduzenten entfernt. Oberhalb von 3 000 Metern wächst in der Lavawüste des Mauna Loa außerdem keine Pflanze mehr, die mit ihrer Photosynthese lokal die Kohlendioxydbilanz verändern könnte. Und schließlich führt der stetig wehende Passatwind dauernd frische Luft heran. Es gibt am Mauna Loa keine „austauscharmen Wetterlagen", die zu einer Anreicherung von Spurengasen in der Atmosphäre und damit zu Smog führen könnten. Die Wissenschaftler konnten deshalb sicher sein, daß es sich bei den gemessenen Werten nicht um lokale CO_2-Schwankungen handelte. Die Zusammensetzung des Passatwindes am Mauna Loa spiegelt vielmehr die globale Verteilung der Bestandteile der Erdatmosphäre wider. Stickig wird die Luft in Hawaii nur dann, wenn einer der Vulkane in der Nachbarschaft ausbricht. In solchen Fällen zeigen auch die Meßgeräte höhere Werte an. John Chin, der seit einem Vierteljahrhundert die Messungen am Mauna Loa betreut, meint dazu: „Da wir wissen, daß diese Schwankungen mit der Vulkanaktivität zusammenhängen, ignorieren wir diese Meßwerte."

Nicht ignorieren ließ sich dagegen ein anderer Trend in den Meßdaten, der sich wenige Jahre, nachdem das Labor am Mauna Loa eröffnet worden war, abzuzeichnen begann. Damals fiel den Wissenschaftlern auf, daß die CO_2-Konzentration nach keinem der vegetationsbedingten, jahreszeitlichen Zyklen wieder auf den jeweiligen

Beim Passat handelt es sich um einen stetig wehenden Wind, der aufgrund des Druckgefälles zwischen den subtropischen Hochdruckgebieten und den Kalmen am Äquator entsteht.

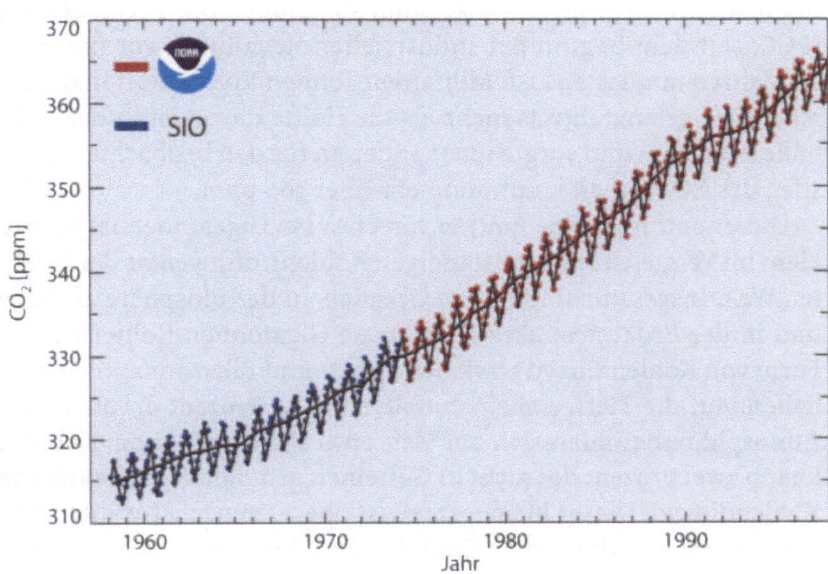

BILD 4.2.
Die berühmte Kurve vom Mauna Loa:
In den letzten 40 Jahren stieg der
Kohlendioxydanteil in der Erdatmosphäre um 15 Prozent

Anfangswert zurückkehrte. Am Ende eines jeden Jahres war der Wert stets ein wenig höher als zu Jahresbeginn. Im Jahre 1958 betrug die niedrigste CO_2-Konzentration 313 ppm. Im Jahre 1962 war das Jahresminimum auf 315 ppm geklettert, fünf Jahre später lag es bereits bei 317 ppm. Auch die jeweils im April gemessenen jährlichen Maximalwerte folgten einer steigenden Tendenz.

Als die Wissenschaftler diesen Trend in den Daten entdeckten, glaubten sie zunächst an fehlerhafte Meßgeräte. Es hätte sein können, daß die Geräte im Laufe der Zeit altern und auf diese Weise falsche Meßwerte vortäuschen. Nachdem jedoch alle möglichen Fehlerquellen überprüft und beseitigt worden waren, bestand kein Zweifel mehr. Jahr für Jahr stieg der Kohlendioxydgehalt der Atmosphäre um etwa ein halbes Prozent. Seit die Meßstation am Mauna Loa in Betrieb ist, sind die Werte um etwas mehr als 15 Prozent gestiegen.

MESSWERTE MIT POLITISCHER BRISANZ

Politisch schlug diese Entdeckung wie eine Bombe ein, denn der Schluß lag nahe, daß der Mensch und seine industrielle Tätigkeit für den Anstieg verantwortlich war. In den achtziger Jahren allein, so stellte der „Internationale Ausschuß für Klimaveränderungen" (IPCC) fest, entließen Menschen jährlich etwa 7 Milliarden Tonnen Kohlenstoff in die Atmosphäre. Davon entstanden 5,4 Milliarden Tonnen bei der Verbrennung fossiler Energieträger in Kraftwerken und Automotoren sowie bei der Zementproduktion. Der Rest entstand hauptsächlich durch die Vernichtung tropischer Wälder – insbesondere bei der Brandrodung. Auf diese Weise sind, so glauben die Fachleute des IPCC, seit dem Beginn der industriellen Revolution vor mehr als 200 Jahren mindestens 150 Milliarden Tonnen Kohlenstoff in die Atmosphäre gelangt. Etwas mehr als die Hälfte davon ist in der Lufthülle geblieben und sorgte unter anderem für den beobachteten Anstieg des CO_2-Gehaltes auf nunmehr über 360 ppm.

Dieser anthropogene Eintrag von etwa 150 Gigatonnen ist extrem klein im Vergleich zum vollständigen Kohlenstoffinventar der belebten Welt. Insgesamt sind in den Ozeanen, in der Biosphäre an Land und in der Erdatmosphäre etwa 41 000 Gigatonnen Kohlenstoff in Form von Kohlendioxyd sowie Karbonat- und Bikarbonationen enthalten. Auf die Tiefsee allein entfallen fast 91 Prozent davon. In der Atmosphäre befinden sich zur Zeit etwa 750 Gigatonnen, also nur knapp zwei Prozent des nicht in Gesteinen gebundenen Inventars an Kohlendioxyd. Dieser kleine Anteil ist aber – zunächst völlig unabhängig vom anthropogenen Einfluß – entscheidend an jenen Klima-

Die übliche Einheit bei der Aufstellung der Kohlendioxydbilanz ist „Gigatonnen Kohlenstoff". Entsprechend den Atomgewichten der beteiligten Elemente enthält eine Tonne Kohlendioxyd 273 Kilogramm Kohlenstoff und 727 Kilogramm Sauerstoff. Eine Gigatonne entspricht einer Milliarde Tonnen.

veränderungen beteiligt, die sich im Laufe von Jahrtausenden abspielen. Während der Eiszeiten betrug der atmosphärische Kohlendioxydgehalt nur etwa 400 Gigatonnen. Infolge der natürlichen globalen Erwärmung war er bis zum Beginn der industriellen Revolution bereits auf knapp 600 Gigatonnen gestiegen, was einem Anteil von etwa 280 ppm entsprach. Durch die Industrialisierung wuchs er seitdem um die bereits erwähnten 150 Gigatonnen.

Weil trotz des gemessenen Anstieges CO_2 als Spurengas in der Atmosphäre nur mit einem Gehalt von etwa einer drittel Promille vertreten ist, gibt es auf den ersten Blick keinen Grund, der Erhöhung der CO_2-Konzentration um 15 Prozent innerhalb der letzten 40 Jahre eine besondere Bedeutung beizumessen. Daß CO_2 inzwischen dennoch zu einem Politikum geworden ist, liegt an einer vertrackten physikalischen Eigenschaft dieses dreiatomigen Gases. In der Erdatmosphäre wirkt Kohlendioxyd nämlich ebenso wie in den Meßgeräten am Mauna Loa – es absorbiert Infrarotstrahlung. Aufgefangen wird dabei freilich nicht jene von der Sonne einfallende, breitbandige Strahlung, sondern nur ein schmales Frequenzband jenes Infrarotlichtes, das von der vom Sonnenschein aufgewärmten Erde zurückgestrahlt wird. Gäbe es weder Kohlendioxyd noch Wasserdampf, würde die Erde ihre Wärme nahezu ungehindert in den Weltraum abstrahlen. Da CO_2 und Wasser jedoch gute Infrarotabsorber sind, wirken sie in der Atmosphäre wie die Glasscheiben eines Treibhauses. Sie lassen kurzwelliges, von der Sonne einfallendes Licht passieren, absorbieren jedoch die irdische Wärmestrahlung.

HITZETOD DURCH TREIBHAUSGASE

Ohne diese Eigenschaft von Kohlendioxyd, Wasserdampf und dem in noch geringeren Mengen in der Atmosphäre vorkommenden Treibhausgases Methan gäbe es auf der Erde nicht jene Tier- und Pflanzenwelt, wie wir sie heute kennen. Denn der Treibhauseffekt wirkt wie ein Energiespeicher, ohne den auf der Erde Verhältnisse wie auf dem Planeten Mars herrschen würden. Zwischen Tag und Nacht gäbe es nämlich vor allem im Sommer Temperaturschwankungen von vielen Dutzend Grad. Allerdings zeigt ein Blick auf die Venus, was Treibhausgase auch anrichten können. Die Atmosphäre dieses Nachbarplaneten besteht fast völlig aus Kohlendioxyd und speichert deshalb so viel Wärme, daß die mittlere Lufttemperatur an der Venusoberfläche mehr als 450 Grad beträgt – ein ebenfalls lebensfeindlicher Wert.

Im Gegensatz zu unseren beiden Nachbarn im Sonnensystem ist es der Erde im Laufe ihrer Geschichte aber offenbar gelungen, den Anteil an Treibhausgasen in ihrer Atmosphäre auf einem „lebenswerten" Niveau zu halten. Daß es dabei aber dennoch erhebliche Schwankungen der mittleren Lufttemperatur und der Menge des durchschnittlichen Niederschlages gab, ist Geowissenschaftlern seit langem bekannt. Im Münsterland kann man z. B. an der Erdoberfläche Spuren einer intensiven Vereisung nachweisen, während in einigen hundert Metern Tiefe mächtige Kohleflöze liegen, die auf einen ehemals tropischen Pflanzenbewuchs in dieser Gegend hindeuten. Auch die herrliche Seenlandschaft Mecklenburgs wird heute durch die Hinterlassenschaften der Eiszeit geprägt, unter Tage jedoch verweisen mächtige Salzvorkommen auf eine heiße, extrem trockene Vergangenheit.

Aus solchen Beobachtungen läßt sich die Klimageschichte verschiedener Erdteile zwar grob beschreiben, genaue Angaben über die jeweils herrschenden Temperaturen oder die jeweilige Konzentration der Treibhausgase in der Atmosphäre erlauben diese geologischen Untersuchungen aber tatsächlich nicht. Ulrich Berner und Georg Delisle von der Bundesanstalt für Geowissenschaften haben aber gemeinsam mit Hansjörg Streif vom Niedersächsischen Landesamt für Bodenforschung Untersuchungsmethoden aus verschiedenen Fachbereichen der Geowissenschaften zusammengefaßt, die wesentlich präzisere Aussagen über das Klima der Vorzeit gestatten.

Als Indikator für die in einer erdgeschichtlichen Epoche herrschende Konzentration von Kohlendioxyd in der Atmosphäre dient dabei die Differenz der Anteile der verschiedenen Kohlenstoffisotope in Karbonatgesteinen und fossilem marinen Phytoplankton aus der jeweiligen Epoche. So wurde mittlerweile für alle Erdzeitalter bis zurück zum späten Präkambrium vor etwa 950 Millionen Jahren eine

Jedes chemische Element kommt in verschiedenen Isotopen vor. Sie unterscheiden sich chemisch nicht voneinander, wohl aber durch die Anzahl der Neutronen in ihren Atomkernen.

BILD 4.3.
Von diesem Ponton aus erbohrten Geowissenschaftler die Sedimentschichten im Huguang Maar in China

„Eichkurve" erstellt. Mit ihr lassen sich die Konzentrationen der Treibhausgase Wasserdampf und Kohlendioxyd sowie die globale Mitteltemperatur des oberflächennahen Meerwassers berechnen. Dabei stellt sich heraus, daß die Kohlendioxydkonzentration noch nie so niedrig war wie zur Zeit. Im späten Präkambrium war dieser Wert fast viermal so hoch wie heute, weitere Maxima gab es im Karbon und Perm sowie in der Kreidezeit und im frühen Tertiär.

Deutsche Geowissenschaftler sind auf vielen Gebieten mit der Entschlüsselung des Klimas der Vorzeit befaßt. So gibt es beispielsweise ein umfangreiches Programm zur Untersuchung der Sedimente in Binnenseen und Maaren. Wenn solche Gewässer nicht regelmäßig von Stürmen gepeitscht werden, bilden die Ablagerungen am Boden der Seen deutliche Schichten, die sogenannten Warven. Häufig kommt jedes Jahr eine neue Schicht hinzu, so daß man – ähnlich wie bei Baumringen – aus der Analyse dieser Lagen eine Warvenchronologie herleiten kann. Aus der Dicke einer Schicht und ihrem Gehalt an verschiedenen Pollen kann dann auf die mittlere, im Jahr der Ablagerung herrschenden Temperatur geschlossen werden. In den meisten Seen Norddeutschlands und des Alpenvorlandes ist dabei lediglich die Klimageschichte bis zur letzten Eiszeit vor etwa 11 000 Jahren aufgeschlossen. In den tieferen, nicht vergletscherten Maaren können jedoch auch ältere Epochen der Erdgeschichte untersucht werden. Im Eckfelder Maar der Eifel geht die Erdgeschichte beispielsweise bis ins mittlere Eozän vor 45 Millionen Jahren zurück.

Auch die Analyse von Meeressedimenten läßt Aussagen über frühere Klimaepochen zu. Vom Bohrschiff „Joides Resolution" aus (siehe Kapitel 2) leiteten deutsche Wissenschaftler mehrere Bohrungen in das Klimaarchiv unter dem Meer. Von den Forschungsschiffen „Sonne", „Meteor" und „Polarstern" wurden die Sedimentschichten in allen Weltmeeren beprobt. An der Universität Bremen befassen sich mehrere Dutzend Wissenschaftler im Rahmen des Sonderforschungsbereiches 261 mit dem Südatlantik und versuchen nicht nur dessen Klimageschichte, sondern auch den Stoffhaushalt und die Strömungen der jüngsten geologischen Vergangenheit zu rekonstruieren.

KLIMAFLATTERN ZUM ENDE DER EISZEIT

Eine der größten Überraschungen bei der Suche nach Spuren des Klimas der Vorzeit fanden die Geowissenschaftler aber an einem Ort, der schon seit mehreren hunderttausend Jahren in einen eisigen Tiefschlaf versunken ist. In der Nähe der höchsten Stelle auf der Eiskappe Grönlands teuften europäische und amerikanische Forscher in den

Jahren 1989 bis 1993 unabhängig voneinander zwei Bohrungen im ewigen Eis ab. Jeweils mehr als drei Kilometer tief fraßen sich dabei die Kernbohrer in den Eispanzer und erbohrten am Grund des Eises Schichten mit einem Alter von etwa 250 000 Jahren. Das Alter des durchbohrten Eises nahm dabei aber keineswegs linear mit der Tiefe zu. Etwa zwischen 1 600 und 1 700 Metern Tiefe durchstießen beide Bohrungen den Übergangsbereich von der zur Zeit herrschenden Warmzeit zur letzten Eiszeit Grönlands vor 18 000 Jahren. Bis in diese Tiefe lassen sich im Eis der Bohrkerne relativ klar Schichten erkennen. Sie stellen, ähnlich wie die Jahrringe eines Baumstammes oder die Warven der Seesedimente, das jährliche Wachstum des Eises dar. In der unteren, älteren Hälfte lassen sich solche Jahresschichten nur noch schwer nachweisen, weil der Druck des darüberliegenden Eises zu einer Kompaktierung dieser Schichten geführt hat.

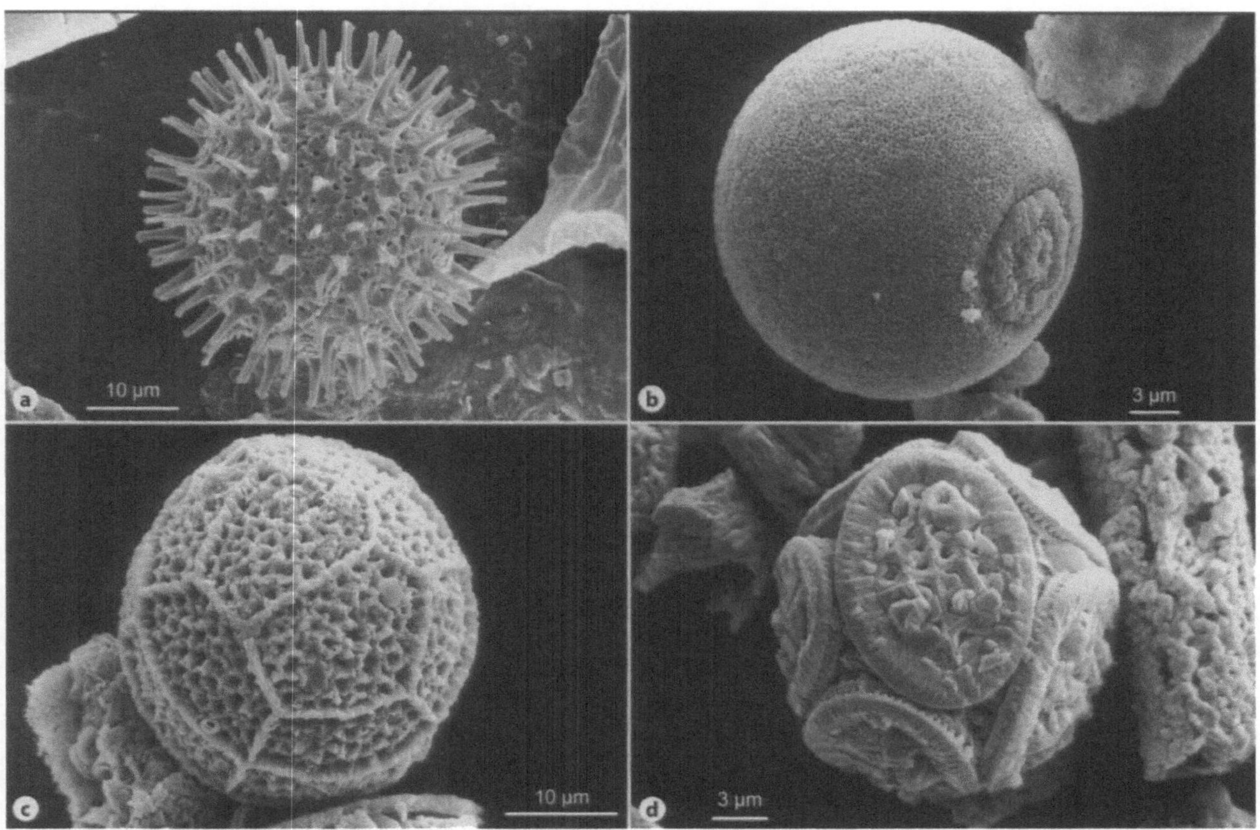

BILD 4.5.
Dinoflagellaten sind nur wenige tausendstel Millimeter große Meeresbewohner, aber wichtige Indikatoren für die Rekonstruktion globaler Klimawechsel. Sie können erst mit Hilfe des Rasterelektronenmikroskopes sichtbar gemacht werden. Die Abbildung zeigt kalkige Zysten der Dinoflagellaten *Scrippsiella regalis* (a), *Orthopithonella granifera* (b) und *Calciodinellum operosum* (c); d Coccosphaere von *Arkhangelskiella cymbiformis*

Schon während erster Untersuchungen an Bohrkernen, die in Feldlaboratorien nahe der beiden nur knapp 30 Kilometer voneinander entfernten Bohrtürme durchgeführt wurden, entdeckten Wissenschaftlerteams, daß sich beim Übergang von der Eis- zur Warmzeit in der Atmosphäre über Grönland etwas Außergewöhnliches abgespielt haben mußte. Verschiedene Indikatoren in diesen Eisschichten deuten nämlich darauf hin, daß zum Ende der letzten Eiszeit hin mehrfach Klimasprünge auftraten. Das Klima hat zu dieser Zeit gleichsam „geflattert", als habe es sich nicht zwischen Eis- und Warmzeit entscheiden können. Die aus den Untersuchungen der beiden Eiskerne abgeleiteten Temperatursprünge sind außergewöhnlich hoch. Danach könnte sich die mittlere Temperatur der Atmosphäre über der Nordhalbkugel innerhalb weniger Jahre um bis zu sieben Grad verändert haben.

Diese erst vor wenigen Jahren veröffentlichten Ergebnisse führten zu einem grundlegenden Umdenken in der Klimatologie. Klimaveränderungen – so wurde lange angenommen – würden sich langsam und stetig im Laufe von Jahrhunderten oder Jahrtausenden vollziehen. Nach den hochauflösenden Messungen aus Grönland ist diese Hypothese jedoch nicht mehr haltbar. Klimatische Veränderungen müssen nicht unbedingt langsam vonstatten gehen, sondern können,

Es ist sehr schwierig, das Klima der Vorzeit zahlenmäßig zu erfassen. Zuverlässige meteorologische Messungen, aus denen klimarelevante Daten abgeleitet werden können, gibt es erst seit höchstens 150 Jahren. Wie können Geowissenschaftler dann überhaupt etwas über das Klima längst vergangener Zeiten aussagen? Da sie über keine direkten Meßdaten verfügen, sind sie bei ihrem Blick zurück auf Indikatoren angewiesen, die indirekte Informationen über das Klima enthalten. Zu diesen sogenannten „Klimaproxies" gehören beispielsweise Jahrringe von Bäumen, deren jeweilige Stärke von der Temperatur und der Niederschlagsmenge während der Wachstumsperiode abhängt. Auch die im Text erwähnte paläontologische Analyse von See- und Meeressedimenten liefert eine Vorstellung des Klimas, das zur Zeit der Sedimentation herrschte.

Auf den amerikanischen Chemie-Nobelpreisträger Harold Urey geht ein Meßverfahren zurück, das eine genaue Bestimmung der Temperatur längst vergangener Zeiten zuläßt. Die Methode wurde zunächst erfolgreich bei der Untersuchung von Meeressedimenten angewandt und lieferte in den vergangenen Jahren beeindruckende Resultate bei der Analyse von Eiskernen aus Gletschern und Polarkappen. Das Verfahren beruht auf der Tatsache, daß vom Element Sauerstoff drei Isotope existieren, die in der Natur in drei verschiedenen Konzentrationen vorkommen. Das mit durchschnittlich

99,76 Prozent häufigste Isotop ist Sauerstoff-16 (^{16}O). Sauerstoff-17 (^{17}O) ist mit 0,04 Prozent das seltenste Isotop. ^{18}O, das Sauerstoffisotop mit 18 Neutronen im Atomkern, kommt im einem mittleren Gehalt von 0,2 Prozent vor.

Chemisch besteht kein Unterschied zwischen den Sauerstoffisotopen. Sie sind alle drei gleich gut in der Lage, sich mit Wasserstoff zu Wasser zu verbinden. Da ^{18}O jedoch über zwei Neutronen mehr als ^{16}O verfügt, ist es etwas schwerer. Bei der Verdunstung von Meerwasser ist ^{18}O aufgrund seines höheren Gewichtes gegenüber ^{16}O im Nachteil, denneEs ist weniger Wärmeenergie notwendig, um Wassermoleküle mit dem leichteren ^{16}O zu verdampfen. Damit ^{18}O-Wassermoleküle verdampfen, muß die Wassertemperatur geringfügig höher sein. Daraus hat Urey nun abgeleitet, daß kaltes Meerwasser mehr ^{18}O-Isotope enthalten müßte als warmes. Herrscht beispielsweise eine Kaltzeit, ist der Gehalt an ^{18}O in den Meeressedimenten gegenüber dem Durchschnittswert leicht erhöht. Herrschen hingegen heißere Klimaverhältnisse, verdampft mehr ^{18}O-Wasser und der Anteil dieses Isotops im Sediment sinkt.

Das genau entgegengesetzte Verhältnis findet sich in den Eiskernen. Da der Schnee aus verdunstetem Meerwasser entsteht,

weist er in einer Kaltzeit einen geringeren ^{18}O-Gehalt auf als in einer Warmzeit. Die Unterschiede im Verhältnis der Isotope ^{16}O und ^{18}O zueinander lassen sich deshalb direkt in die jeweils herrschende Temperatur umrechnen. Dieser sogenannte „Delta^{18}O-Wert" einer Eis- oder Sedimentschicht ist ein direktes Maß für die Temperatur und damit ein besonders wichtiges Klimaproxy.

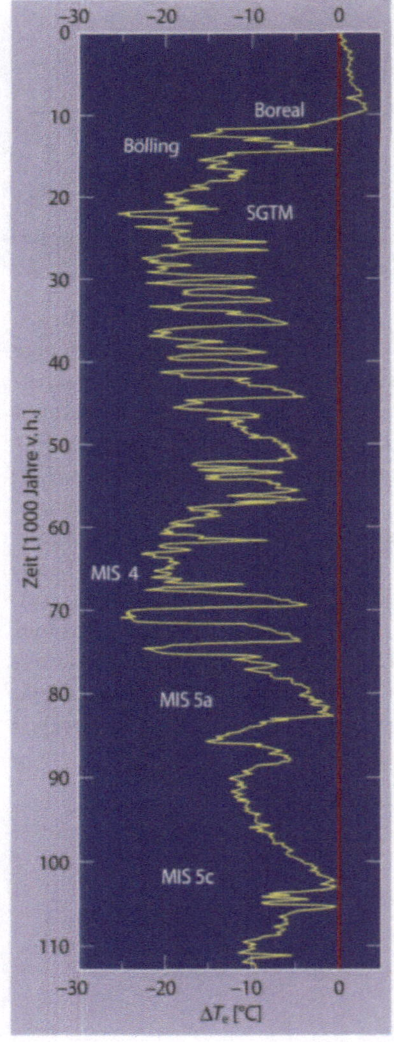

BILD 4.6.
Mehr als 100000 Jahre geht diese aus den Sauerstoffisotopen der Eiskerne Grönlands ermittelte Temperaturkurve zurück. *SGTM* spätglaziales Temperaturminimum; *MIS* marines Isotopenstadium

Quantensprüngen ähnlich, in sehr kurzer Zeit von einem Zustand in den anderen übergehen. Mit zwei Bohrungen in das Eis des Hochlandes der Ostantarktis wollen europäische Geowissenschaftler unter anderem nachweisen, daß es sich bei den Klimasprüngen nicht um ein lokales Phänomen in Grönland gehandelt hat, sondern daß solche Phänomene in der Erdgeschichte überall auf der Welt aufgetreten sind und sich demnach auch in Zukunft wieder ereignen können.

Sämtliche detaillierten geowissenschaftlichen Untersuchungen des Klimas der Vorzeit haben gezeigt, daß es in der Wetterküche der Erde viel variabler zugeht als man es beim Blick auf die letzten zehn Jahrtausende vermuten würde. Offenbar leben wir seit dem Ende der letzten Eiszeit in einem außergewöhnlich stabilen Klima, in dem es ohne „Flattern" und ohne menschliches Zutun langsam immer wärmer geworden ist. Die Entdeckung des stetigen Anstieges des Kohlendioxydgehalts im Passatwind über Hawaii war zweifellos ein politischer Weckruf, der letzten Endes zu den Abmachungen von Kyoto führte. Danach wollen die Industrieländer den Ausstoß an CO_2 bis zum Jahre 2020 mindestens auf die Werte der achtziger Jahre senken. Ein solcher Schritt ist zweifellos wünschenswert, denn je weniger Schadstoffe der Mensch der Atmosphäre zuführt, desto weniger stört er die darin ablaufenden natürlichen Vorgänge. Ob die anthropogenen Kohlendioxydemissionen aber tatsächlich einen Einfluß auf die Klimaentwicklung haben, so wie es oft marktschreierisch verkündet wird, ist noch völlig offen. Es ist nicht auszuschließen, daß die anthropogenen 150 Gigatonnen Kohlenstoff lediglich einen kleinen, unbedeutenden Hüpfer in jener wilden Springprozession darstellen, die das Klima im Laufe der Erdgeschichte vollzogen hat.

Der amerikanische Testpilot Chuck Yeager wurde weltberühmt, als er am 14. Oktober 1947 mit seinem Raketenflugzeug X-1 als erster Mensch die Schallmauer durchbrach. Auf diesem Flug bot sich ihm auch ein Schauspiel, das bis dahin kein Erdenbürger beobachtet hatte. Seine Flugbahn brachte Yeager nämlich bis an den Rand der Stratosphäre. Je höher er stieg, schrieb er später in seinen Memoiren, um so mehr verdunkelte sich das Blau des Himmels. Schließlich sei das Firmament fast so schwarz wie die Nacht gewesen und er habe Sonne, Mond und Sterne gleichzeitig gesehen. Yeager erzeugte auf diesem Flug nicht nur den ersten Überschallknall. Die Mission zum Rand der irdischen Atmosphäre öffnete an diesem Oktobermorgen auch ein neues Fenster zum Weltraum. Zehn Jahre sollte es anschließend noch dauern, bis die Ära der Raumfahrt mit dem ersten Sputnik ernsthaft begann. Der Anlaß, künstliche Satelliten in den Orbit zu schicken, war aber nicht – wie heute häufig dargestellt – der Kalte Krieg. Es war vielmehr wissenschaftliche Neugier, denn im Internationalen Geophysikalischen Jahr 1957/58

BILD 5.1.
Die Erde ist eine Kugel, wenngleich keine besonders formschöne. Ihr Schwerefeld weist „Beulen" und „Dellen" auf, wie diese Darstellung des Geoids zeigt

ging es um die Erforschung der letzten „weißen Flecken" auf der geowissenschaftlichen Landkarte, die Polarregionen und den „erdnahen" Weltraum. Auch heute, mehr als 40 Jahre nach Sputnik, hat die Erkundung der Erde vom Weltraum aus nichts von ihrer ursprünglichen Bedeutung verloren. Ihre modernen Methoden entlocken dem Planeten sogar mehr Geheimnisse als je zuvor.

5 Erdbeobachtung aus dem Weltraum

LASERSTRAHLEN FÜR EINEN TRABBI IM WELTRAUM

Es gibt wohl kaum einen Deutschen, der mit dem Begriff „Trabbi" keine emotionalen Erinnerungen verbindet. Für viele Menschen im Osten bedeutete der kleine Zweitakter lange Jahre ein Stück Freiheit. Im Westen galt das Auto dagegen als stinkender Zeuge längst überholter Fahrzeugtechnik. Als dann aber am 9. November 1989 der Eiserne Vorhang fiel, wurde das Fahrzeug über Nacht zum Symbol der bevorstehenden Wiedervereinigung der beiden deutschen Staaten. Was anschließend mit diesen Autos aus Zwickau angestellt wurde, ist inzwischen Legende. Trabbis wurden im Tal des Todes, in der Sahara und in Alaska gesichtet, sie dienten Künstlern als Objekt, wurden zu Liebhaberpreisen gehandelt und fehlen heute in keinem Automuseum. Ein außergewöhnlicher „Trabbi" liegt einer Wissenschaftlergruppe aus Potsdam jedoch ganz besonders am Herzen. Die Geodäten mögen ihn so sehr, daß sie ihn regelmäßig vom Telegrafenberg in der brandenburgischen Landeshauptstadt aus mit Laserstrahlen beleuchten.

Mit dem ostdeutschen Plastikauto hat dieser besondere Trabbi allerdings nur den Namen gemein. Es handelt sich um einen kugelförmigen, gerade einmal 21 Kilogramm schweren „Erdtrabanten". An Fahrleistung und Geschwindigkeit übertrifft dieser Trabbi alles, was je bei Sachsenring vom Fließband gelaufen ist. Innerhalb von nur drei Jahren legte dieser Trabant 720 Millionen Kilometer zurück und erreichte dabei eine Geschwindigkeit von durchschnittlich 28 000 Kilometern pro Stunde. Selbst sein Start war eine raumfahrttechnische Besonderheit. Er ritt nämlich nicht, wie sonst bei Erdsatelliten üblich, an der Spitze einer Trägerrakete in eine Umlaufbahn. Statt dessen setzten ihn Kosmonauten am 19. April 1995 von der russischen Raumstation Mir im Weltall aus.

Die Potsdamer Wissenschaftler lieben dieses offiziell als „Kugelsatellit GFZ-1" bezeichnete Gefährt nicht nur wegen seines schmeichelhaften Spitznamens. Für sie ist der Weltraumtrabbi auch eine nahezu unerschöpfliche Quelle wissenschaftlicher Informationen.

Dabei führt der nach dem auf dem Telegrafenberg angesiedelten GeoForschungsZentrum benannte Satellit kein einziges Meßgerät mit sich. Als passiver Kunstmond ist seine Außenseite lediglich mit 60 Reflektoren bestückt, die Laserstrahlen besonders gut zurückwerfen. Sobald der „Kugeltrabbi" in seiner 370 Kilometer hohen Umlaufbahn eine von insgesamt 25, auf mehrere Kontinente verteilte Meßstationen überfliegt, wird er für kurze Zeit von einem Laserstrahl beleuchtet. Das von den Reflektoren zurückgeworfene Licht wird an der Bodenstation aufgefangen. Aus der Laufzeit des reflektierten Laserpulses können die Geodäten dann die Höhe der Flugbahn des Kugelsatelliten auf wenige Zentimeter genau berechnen. Auf den ersten Blick mag es verwundern, daß solche Meßdaten von großem wissenschaftlichem Wert sein sollen. Mit modernen Auswertungsmethoden können Geowissenschaftler aber aus der Vermessung von Satellitenbahnen andere Informationen über die gesamte Erde gewinnen, vom tiefen Erdmantel über den Ozean bis hin zur hohen Atmosphäre.

Die physikalische Grundlage eines jeden Satellitenfluges ist die Gravitation. Jene Schwerkraft, die einen reifen Apfel vom Baum fallen läßt, die dafür sorgt, daß ein Fußball immer wieder auf dem Boden landet, sei er noch so hoch geschossen worden, hält auch einen Satelliten in seiner Bahn. Im Physikunterricht in der Schule lernt man diese Anziehungskraft als Schwerebeschleunigung kennen. Ihre Größe wird dabei immer mit 9,81 Metern pro Quadratsekunde angegeben. Im Alltag ist dieser Wert durchaus brauchbar, tatsächlich ist aber die Schwerkraft keineswegs überall auf der Welt gleich groß. Wegen der Rotation der Erde nimmt sie vom Äquator zu den Polen hin zu. Je höher man dagegen auf einen Berg steigt, desto geringer wird die Erdanziehung. Sie wird aber auch durch die Art des Gesteins unter der Erdoberfläche beeinflußt. So ist die Kraft über einem Granit oder einer Lagerstätte aus Eisenerz größer als über Sandstein oder etwa einem der vielen Salzstöcke in der Erdkruste Norddeutschlands oder im Golf von Mexiko. Selbst kleinste Variationen in der Dichte der Gesteine des Erdmantels hinterlassen ihre Spuren im Schwerefeld der Erde.

Am Äquator ist die durch die Erdrotation erzeugte Fliehkraft am größten. Sie verringert die Gravitationskraft gegenüber den Polen um etwa ein halbes Prozent.

„BEULEN" UND „DELLEN" IM ORBIT DER SATELLITEN

Wegen dieser ortsabhängigen Variation der Schwerkraft hat die Umlaufbahn eines Satelliten keineswegs die Form einer reinen Ellipse, wie es das Erste Keplersche Gesetz theoretisch vorschreibt. Statt dessen besitzt ein Satellitenorbit „Beulen" und „Dellen", deren genaue Form und Lage mit den Lasermessungen bestimmt werden können. Daraus wiederum kann der Geodät auf Veränderungen im Schwerefeld und somit auf die Form der Erde schließen. Sie weicht erheblich von der idealen Kugelgestalt ab. Die Erde hat die Form einer Birne mit vielen Unebenheiten. Jede Delle entspricht dabei einem Gebiet niedriger Schwerkraft, unter jeder Beule ist die Schwerkraft dagegen höher als der Mittelwert. Derartige Abweichungen werden von den Geodäten als „Schwereanomalien" bezeichnet und können mit dynamischen Vorgängen im Erdinneren in Verbindung gebracht werden. So wird das Schwerehoch im Westpazifik auf einen Stau bei der Subduktion ozeanischer Kruste zurückgeführt. Die abtauchende Platte stößt im Erdmantel offenbar auf eine Zone erhöhter Viskosität und wird dadurch am Weitergleiten gehindert. Die negative Anomalie unter der Hudson Bay im Nordosten Kanadas ist ebenso wie eine kleine Delle unter Skandinavien eine Folge der Eiszeit. Das enorme Gewicht des Eispanzers hat die Erdkruste eingebeult. Seit dem Abschmelzen des Eises vor etwa 10 000 Jahren ist die Kruste noch nicht völlig in ihre Gleichgewichtslage zurückgekehrt. Das macht sich im Schwerefeld als negative Anomalie bemerkbar. Auch das großräumige Hoch im Nordatlantik korreliert mit einem Vorgang im Erdinneren. Im Vergleich zu anderen Weltmeeren ist der Atlantik im Durchschnitt um tausend Meter flacher. Diese Anhebung des Meeresbodens kann durch das Aufquellen zähflüssigen Gesteins aus dem Erdmantel gedeutet werden. Der Mittelatlantische Rücken, die Vulkane Islands und eben das Schwerehoch sind eine direkte Folge davon.

Die Satellitentechnik spielt inzwischen aber nicht nur bei der Vermessung des Schwerefeldes der Erde eine wichtige Rolle. Sie erlaubt auch, die plattentektonische Verschiebung ganzer Erdteile zu vermessen. Dazu wird das „Global Positioning System" (GPS) eingesetzt, das während der letzten zwanzig Jahre vom amerikanischen Verteidigungsministerium entwickelt wurde. Es besteht aus 24 Satelliten, die die Erde jeweils alle zwölf Stunden auf 20 200 Kilometer hohen Umlaufbahnen umkreisen. Von jedem Punkt der Erde aus betrachtet stehen immer mindestens vier Satelliten über dem Horizont. Jeder dieser Satelliten sendet ohne Unterbrechung ein kodiertes Zeitsignal, das man mit einem GPS-Empfänger wie mit einem Rundfunkgerät empfangen kann. In dem Empfängergehäuse befindet sich ein Mikroprozessor, der aus den Zeitsignalen der verschiedenen Satelliten und den sehr genau vermessenen Parametern ihrer jeweiligen Umlaufbahnen die geographischen Koordinaten des Ortes berechnen kann, an dem die Satellitensignale gerade empfangen werden. Damit ist eine

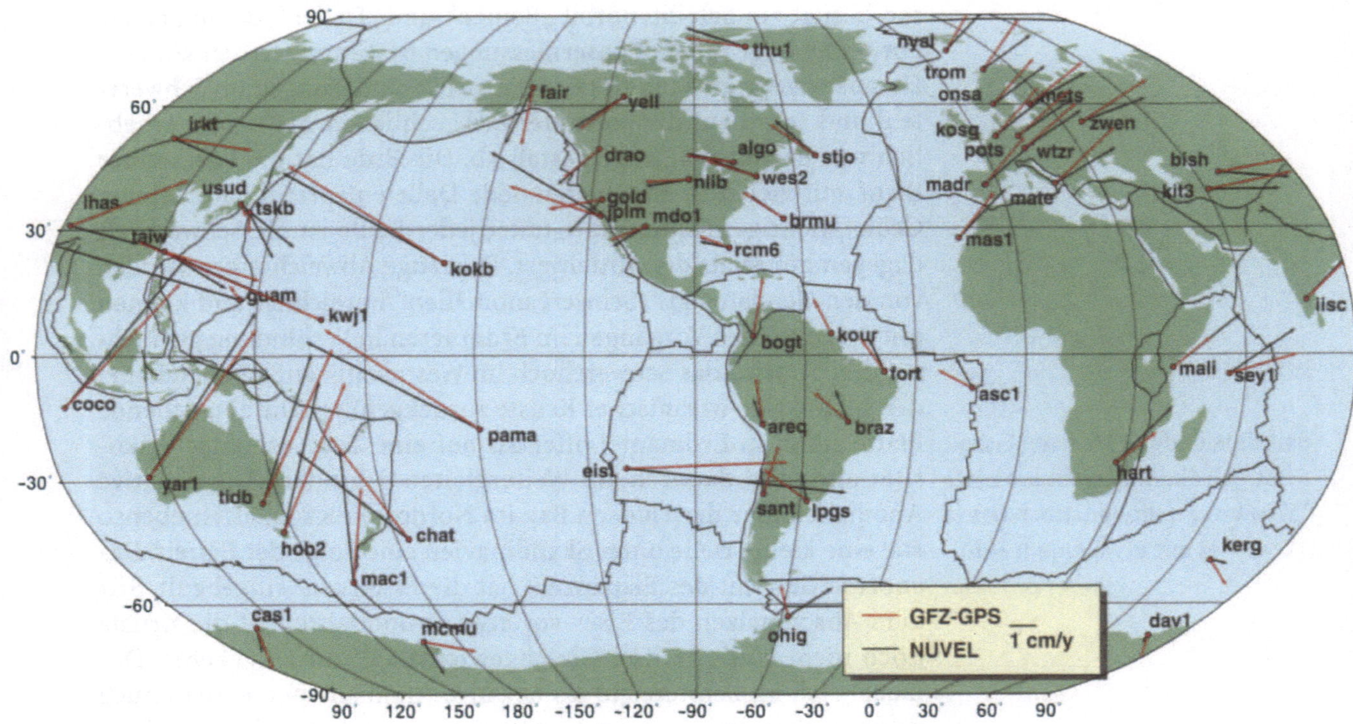

Positionsbestimmung mit einer Unsicherheit von nur etwa 50 Metern möglich.

Den Geodäten genügt diese Genauigkeit jedoch noch nicht. Für ihre Messungen verwenden sie deshalb die sogenannte „differentielle GPS-Technik". Die hohe Genauigkeit des Verfahrens beruht darauf, einen GPS-Empfänger an einem Punkt stationär zu betreiben, während man mit mobilen Empfängern die Umgebung vermißt. Mit ausgeklügelten mathematischen Verfahren lassen sich dann aus dem Vergleich der gemessenen Daten jeweils die Abstände zwischen den Empfängern millimetergenau berechnen. Das ist wiederum präzise genug, um tektonische Verschiebungen auf dem Festland direkt messen zu können.

MIT EINEM RUCK UM 90 ZENTIMETER NACH WESTEN

Bei den schwersten Erdbeben verschieben sich einzelne Erdschollen höchstens einmal um einige Dutzend Meter gegeneinander, meist sind es nur wenige Zentimeter. Mit ein wenig Forscherglück können aber auch derart kleine Bewegungen mittels der differentiellen GPS-

Technik gemessen werden. Solches Glück war im Jahre 1995 einer geodätischen Arbeitsgruppe des GFZ um Jürgen Klotz beschieden. Sie hatte zwei Jahre zuvor damit begonnen, insgesamt 215 Punkte in Chile und Argentinien mit GPS-Empfängern genau einzumessen. Die Westküste Südamerikas und die Anden wurden als Meßgebiete ausgewählt, weil dort die geotektonische Verformung wegen der Subduktion der Nazcaplatte unter den südamerikanischen Kontinent besonders groß ist. Ein Ziel der Arbeitsgruppe war es, die Deformationen in der Erdkruste auf wenige Millimeter genau zu berechnen. Dazu mußte in dem engen Meßnetz die Lage der einzelnen Punkte relativ zueinander in zahlreichen Wiederholungsmessungen immer wieder neu bestimmt werden.

Die Punkte des Netzes waren in den Jahren 1993 und 1994 in einer ersten Feldkampagne genau eingemessen worden. Die erste Wiederholungsmessung sollte im September 1995 stattfinden. Wenige Wochen vorher, am 30. Juli, ereignete sich unter der im Meßgebiet liegenden nordchilenischen Hafenstadt Antofagasta ein schweres Erdbeben. Es richtete nur geringe Sachschäden an, obwohl seine aus der Amplitude von Oberflächenwellen berechnete Magnitude 7,3 betrug. Wie geplant, maßen die Potsdamer Geodäten wenige Wochen nach dem Erdbeben insgesamt 70 ihrer Meßpunkte in der weiteren Umgebung von Antofagasta erneut ein. Bei der Auswertung dieser Meßergebnisse machte die Gruppe eine erstaunliche Entdeckung. Der Vergleich zu den Messungen der Vorjahre ergab nämlich, daß sich bei dem Beben die Erdkruste in der Gegend um Antofagasta um fast 90 Zentimeter nach Westen verschoben hatte. Gleichzeitig hob sich die Mejilloneshalbinsel westlich der Stadt um etwa 30 Zentimeter, während das Küstengebirge südöstlich von Antofagasta um etwa den gleichen Betrag sank. Aus diesen Messungen konnte die Bewegung der Gesteinsschollen in der Erdkruste während des Erdbebens mit einem mathematischen Modell rekonstruiert werden. In etwa 22 Kilometern Tiefe, dem Herd des Bebens, hätten sich danach die beiden Flanken der Herdfläche um gut drei Meter gegeneinander verschoben. Diese Berechnungen stimmen außergewöhnlich gut mit den aus seismischen Beobachtungen abgeleiteten Herdparametern überein. Damit erbrachte die Gruppe den Beweis, daß mittels GPS nicht nur die tektonischen Deformationen an der Erdoberfläche mit hoher Genauigkeit gemessen werden können. Erstmals konnte auch eine genaue Rekonstruktion des Bewegungsablaufes in einem tiefen Erdbebenherd allein aus geodätischen Satellitendaten vorgenommen werden.

Als ließen sich aus den vom Weltraumtrabbi reflektierten Laserstrahlen und den Zeitsignalen der GPS-Kunstmonde nicht schon ge-

Radarinterferometrie

Die farbigen Ringe und die Deformation der Erdkruste

Daß es Gemeinsamkeiten zwischen der Deformation der Erdkruste und Regenpfützen geben könnte, erscheint auf den ersten Blick absurd. Ein neues, sehr empfindliches geodätisches Meßverfahren hat allerdings nicht nur optisch eine gewisse Ähnlichkeit mit jenen bunten, in allen Farben des Regenbogens schillernden Mustern, die sich nach einem Regenschauer oft auf den Pfützen von Parkplätzen bilden. Diese farbigen Ringe entstehen, sobald sich das Regenwasser mit Öltropfen mischt, die sich auf dem Asphalt angesammelt haben. Schon ein oder zwei Tropfen genügen, um auf der Wasseroberfläche einen hauchdün-

nen Ölfilm entstehen zu lassen. Trifft nun ein Sonnenstrahl auf diese Ölschicht, bilden sich bunte Ringe. In der Fachsprache der Physik heißen sie Interferenzmuster, weil das Öl dem Licht gleichsam „einen Streich spielt". Der Ölfilm ist nämlich meist nur ein wenig dicker als die Wellenlänge des auf ihn fallenden Lichtes. Ein Teil der Lichtstrahlen wird von der Oberfläche des Öls reflektiert, ein anderer von der nur wenige hundert Nanometer darunterliegenden Grenzschicht zwischen Öl und Pfützenwasser. In den Augen des Betrachters addieren sich nun diese beiden reflektierten Lichtanteile, bestimmte Frequenzen löschen einander dabei aus, andere wiederum verstärken sich. Als Folge entstehen bunte Muster. Physiker können allein aus der Farbe der Ringe die Dicke des Ölfilms berechnen.

Die moderne, satellitengestützte Radartechnik erlaubt es nun Geodäten, ähnliche Interferenzmuster auszuwerten. Allerdings berechnen sie dabei nicht die Schichtstärke einer Ölschicht, sondern kleine Deformationen der Erdoberfläche. Für derartige Berechnungen sind zwei Radarbilder notwendig, die ein Satellit vor und nach einem Erdbeben vom Herdgebiet aufgenommen hat. Im Computer werden diese beiden Bilder überlagert, so ähnlich wie die beiden vom Ölfilm reflektierten Lichtanteile. Wäre bei dem Erdbe-

ben keine Deformation der Erdoberfläche aufgetreten, hätten jene Pixel, die jeweils das gleiche Areal abbilden, auf jedem der beiden Bilder identische Werte. Ihre Überlagerung hätte also für jeden Bildpunkt den Wert null, es entstünde kein Interferenzmuster. Eine durch das Beben verursachte Veränderung der Oberfläche, beispielsweise eine Hebung, hat jedoch zur Folge, daß entsprechende Pixel vor und nach dem Beben unterschiedliche Werte annehmen. Dementsprechend entsteht bei einer Überlagerung solcher Bilder ein Interferenzmuster. Aus der bekannten Wellenlänge der Radarstrahlen läßt dieses Muster dann die Berechnung des bei dem Erdbeben aufgetretenen Deformationsbetrages zu.

Als Potsdamer Geowissenschaftler dieses Verfahren auf Radarbilder der Gegend um die Antofagasta anwandten, waren sie überrascht, wie regelmäßig das durch die Deformation des Erdbebens vom Juli 1995 verursachte Interferenzmuster aussah. Die Werte stimmten außerdem sehr gut mit den über das GPS-Verfahren bestimmten Deformationen überein. Mit dieser Radarinterferometrie ist es nun möglich, Deformationsfelder großräumig mit hoher Genauigkeit zu messen. Das gilt für Erdbebengebiete ebenso wie für aktive Vulkane, Gletscher in den Hochgebirgen oder Eisfelder auf Grönland oder in der Antarktis.

BILD 5.3.
Wie ein Ölfilm auf dem Wasser erscheinen hier die Deformationen der Erdkruste nach dem Beben von Antofagasta in Nordchile

BILD 5.4.
Mit diesem in Potsdam entwickelten „Champ"-Satelliten sollen Gravitations- und Magnetfeld der Erde genau vermessen werden

nügend überraschende Informationen über die Erde filtern, so wollen deutsche Forscher unserem Planeten mit einem „Champ" noch mehr Geheimnisse entlocken. Diesen Namen wird der geowissenschaftliche Kleinsatellit tragen, der zur Zeit am GFZ entwickelt und von dem Unternehmen Jena Optronik als Hauptauftragsnehmer gebaut wird. Im Jahre 2000 soll der auf der Erde zehn Zentner schwere und 55 Millionen Mark teure Satellit an Bord einer russischen Rakete in eine 470 Kilometer hohe, nahezu kreisförmige Umlaufbahn gebracht werden. Fünf Jahre lang wird er dort seine Bahnen ziehen, die ihn bis in geographische Breiten von 87 Grad – also ganz in die Nähe der Pole – tragen werden. Die Aufgaben von Champ hören sich zunächst denkbar einfach an, denn er soll das Magnetfeld und das Schwerefeld der Erde vermessen. Dahinter steckt allerdings ein ausgeklügelter Forschungsplan, mit dem, so Champ-Projektleiter Christoph Reigber, wesentlich genauere Informationen über die Dynamik des Erdinneren, der Eismassen und sogar der Weltmeere gewonnen werden können, als es mit GFZ-1 und ähnlichen Satelliten anderer Raumfahrtnationen möglich ist.

BRICHT DAS MAGNETFELD ZUSAMMEN?

Unter anderem wird Champ drei Magnetometer an Bord mitführen. Sie werden in der Lage sein, das Erdmagnetfeld genau zu vermessen. Ebenso wie das Schwerefeld ist auch dieses Feld keineswegs so konstant, wie es die nach Norden weisende Kompaßnadel vermuten läßt. Zum einen wandern die geomagnetischen Pole um einige Kilometer pro Jahr. Innerhalb von etwa zehntausend Jahren bewegen sie sich auf torkelnden Schlangenlinien einmal um die geographischen Pole. Ihre Geschwindigkeit beträgt dabei etwa 0,2 Winkelgrad pro Jahr in Richtung Westen. Andererseits nimmt auch die Stärke des Erdmagnetfeldes stetig ab. Seit dem Jahre 1600 hat das Magnetfeld des Planeten knapp ein Viertel seiner Kraft eingebüßt. Im Laufe der Erdgeschichte kam es schon häufig zu erheblichen Änderungen der magnetischen Feldstärke. Gelegentlich bricht das Magnetfeld sogar völlig zusammen, um sich dann einige Jahrhunderte später in umgekehrter Richtung wieder aufzubauen. In solch einem Fall würde die Kompaßnadel nach Süden und nicht mehr nach Norden zeigen. Für unser Leben auf der Erde hat das Magnetfeld eine ganz entscheidende Bedeutung. Es schützt uns wie ein unsichtbarer Schirm vor elektrisch geladenen Teilchen, die die Sonne kontinuierlich in Richtung Erde abschießt. Versagt dieser Schutz während einer Umkehr des Magnetfeldes einmal seinen Dienst, käme es zu erheblichen Störungen des globalen Kommunikationssystems. Nachrichtensatelliten könnten ausfallen, Radaranlagen lieferten unzuverlässige Signale, selbst auf die Zeitsignale der GPS-Satelliten, nach denen heute zu Lande, zu Wasser und in der Luft navigiert wird, wäre kein Verlaß mehr. In den Meßdaten von Champ werden die Geodynamiker nach Zeichen suchen, ob uns in naher Zukunft – in einigen hundert bis tausend Jahren – wieder eine Umkehr des Magnetfeldes ins Haus steht. Außerdem soll mit den Meßergebnissen ein möglicher Zusammenhang zwischen Änderungen des Magnetfeldes und Klimaschwankungen überprüft werden.

Zur noch genaueren Vermessung des Schwerefeldes wenden die an der Entwicklung des Champ beteiligten Wissenschaftler einen Trick an. Zwar verfügt auch dieser Satellit, wie schon der Weltraumtrabbi, an seiner Außenseite über einen Laserreflektor. Damit kann die Form seiner Umlaufbahn auf „klassische" Weise bestimmt werden. Champ wird aber auch einen der modernsten GPS-Empfänger an Bord haben. Der vom Jet-Propulsion-Laboratorium der Nasa im kalifornischen Pasadena bereitgestellte Empfänger verfügt über 16 Kanäle und vier Antennen. Eine von ihnen zeigt vom Champ aus gerade nach oben, also in Richtung Zenit. Sie kann die Signale von bis zu zwölf

Der magnetische Nordpol befindet sich heute etwa unter der Bathurstinsel im Norden Kanadas. Der Südpol liegt vor der antarktischen Küste in der Nähe der französischen Polarstation d'Urville.

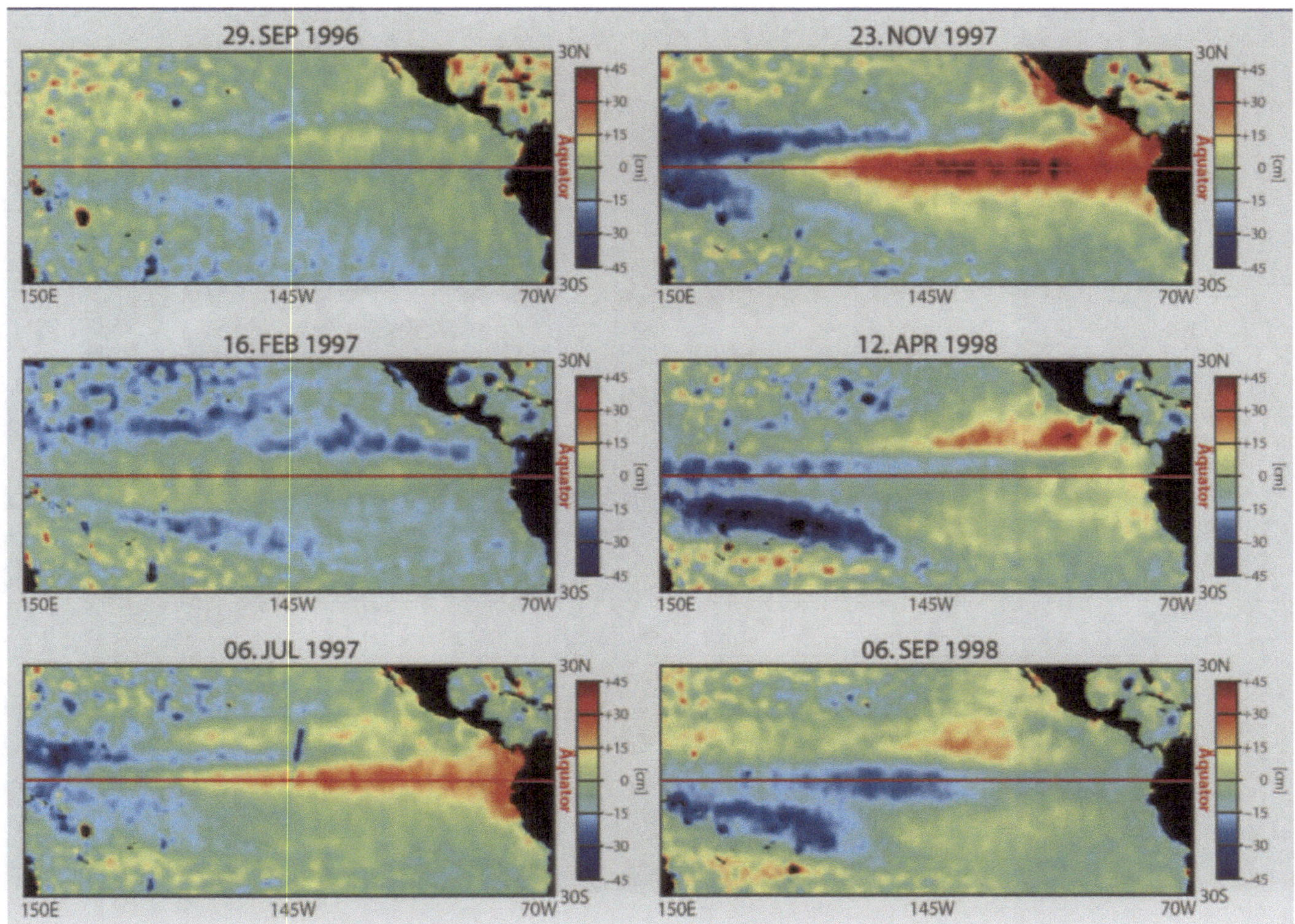

BILD 5.5.
Mit einem Radarhöhenmesser kann man von Satelliten aus messen, ob El Niño das Meer anschwellen läßt. Die roten Bereiche im Äquatorialpazifik zeigen einen um bis zu 60 Zentimeter höheren Meeresspiegel an als die blauen Regionen

GPS-Satelliten gleichzeitig empfangen. Ein Bordcomputer berechnet daraus stets die genaue Lage des Potsdamer Satelliten. Auf diese Weise könnte es möglich sein, die Genauigkeit der Bahnbestimmung – und damit auch der Schwerefeldberechnung – um zwei Größenordnungen gegenüber herkömmlichen, mit Laserreflektoren ausgerüsteten Satelliten zu verbessern.

CHAMP, EL NIÑO UND DAS KLIMA

Die GPS-Satelliten senden ihre Zeitzeichen auf Frequenzen zwischen ein und zwei Gigahertz, weit oberhalb der Kanäle von UKW oder Fernsehen.

Es sind jedoch nicht nur die großräumigen, durch langsam ablaufende Vorgänge im Erdinneren verursachten Schwereanomalien, die mit Champ vermessen werden sollen. Eine der GPS-Antennen an Bord wird auch geradewegs nach unten, also auf den sogenannten Nadir der Flugbahn zeigen. Mit dieser, in Form einer Helix gewun-

denen Antenne, sollen die Echos der GPS-Signale gemessen werden, die von der Meeresoberfläche oder großen Eisflächen in den Weltraum zurückgeworfen werden. Auf diese Weise könnte es möglich werden, die Einflüsse von Klimaschwankungen auf die Weltmeere auf neue Art zu messen. Erste Erfahrungen auf diesem Gebiet hat man am GFZ bereits gesammelt. Aus den Radarhöhenmessungen des „European Remote-Sensing Satellite" (ERS) konnten Michael Anzenhofer und seine Kollegen den Effekt von El Niño auf den Wasserstand im Pazifischen Ozean nachweisen. Mitarbeiter des Alfred-Wegener-Instituts für Polar- und Meeresforschung in Bremerhaven benutzen die Radarsignale des ERS zur Vermessung des Packeises in der Arktis und der Schelfeise im Südpolargebiet. Solche Untersuchungen sind bei der Erforschung der Klimaveränderungen von großer Bedeutung (siehe auch Kapitel 4).

Noch sind keine 50 Jahre vergangen, seitdem der erste künstliche Erdmond im Weltraum seine Kreise zog. Gemeinsam mit der rasanten Entwicklung der Mikroelektronik haben diese Satelliten unser Le-

BILD 5.6.
Auch die befürchteten Folgen einer Klimaerwärmung – häufiger und stärker auftretende Stürme – lassen sich aus dem All beobachten. Drei Ansichten des Hurrikans „Andrew" am 23., 24. und 25. August 1992 auf seiner Zugbahn von Ost nach West

ben gründlich verändert. Fernsehübertragungen von einer Hemisphäre zur anderen oder interkontinentale Telefongespräche sind heute nichts Besonderes mehr. Jedermann hat sich an den Anblick von Wolken, Hurrikans und Regenfronten, den uns Wettersatelliten ermöglichen, gewöhnt. Satellitenbilder sind heute die Grundlage vieler Landkarten und zur Raumplanung unentbehrlich. Aber nirgendwo sonst ist der Einfluß der Satellitentechnik so deutlich spürbar wie in den Geowissenschaften. Die ersten Sputniks, Vanguards und Explorer wurden ins All geschickt, um den Weltraum zu erkunden. Ihr Blick richtete sich nach außen, in die direkte Umgebung der Erde, auf die Nachbarplaneten oder in die Tiefe des Weltalls. Inzwischen hat sich die Blickrichtung geändert. Moderne Satelliten haben ihre Meßinstrumente auf die Erde gerichtet. Sie bringen dem Menschen damit im Detail Kunde vom dynamischen Wesen seines Heimatplaneten.

BILD 6.1.
Auch bei Nacht wurde in der Oberpfalz am tiefsten Loch Deutschlands
gebohrt

Jules Verne zeigte viel Phantasie, als er im Jahre 1864 sein Buch über die Reise zum Mittelpunkt der Erde veröffentlichte. Viele andere Träume des französischen Autors sind inzwischen wahr geworden. Es gibt die Tauchfahrten in das ewige Dunkel der Tiefsee, es gab die Apolloflüge zum Mond. Das Innere der Erde jedoch, jene heißen Gesteine, in die Vernes Gestalten so mutig eindrangen, werden Geowissenschaftlern für immer verschlossen bleiben. Gewiß, es gibt Bergwerke in mehr als zwei Kilometern Tiefe und Höhlen mit Hunderten von Kilometern langen Gängen. Verglichen mit dem Durchmesser der Erde von 12 742 Kilometern sind das nur kleine „Kratzer" an der Oberfläche. Das Innere der Erde erschließt sich dem Geowissenschaftler meist nur auf indirekte Weise, bei der Analyse von Erdbenwellen z.B. oder bei der Auswertung gravimetrischer oder magnetischer Messungen. An einigen wenigen Orten der Erde hat die Forschung aber dennoch die Reise in tiefe Erdschichten angetreten. Es gibt Bohrungen, die acht, neun, an einer Stelle sogar zwölf Kilometer weit in die Erdkruste vordringen. Ein solcher Vorstoß in unbekannte Tiefen bringt eine Fülle neuer Erkenntnisse und viele wissenschaftliche Überraschungen zu Tage. So war es auch bei der „Kontinentalen Tiefbohrung" in der Nähe von Windischeschenbach in der Oberpfalz.

Kontinentale Tiefbohrungen

Ein Roboter auf dem Bohrturm

Immer wieder hatte der Roboter auf dem Bohrturm den Vorgang wiederholt. Etwa jeden dritten Tag hievte er das schwere, kilometerlange Bohrgestänge aus dem Loch und zerlegte es automatisch in hunderte, jeweils 40 Meter lange Einzelstücke. Erst wenn dabei das letzte Segment des Bohrgestänges ans Tageslicht kam, griffen die Arbeiter auf der Bohrplattform ein. Am Ende der letzten Stange hing nämlich der Rollenmeißel, jener aus drei beweglichen Kegeln bestehende, mit Hartmetall besetzte Bohrkopf, der vom unermüdlichen Kampf gegen die Gesteine unter der Oberpfalz völlig stumpf geworden war. Innerhalb weniger Minuten setzten die Männer dem Gestänge ein neues Bohrwerkzeug auf. Dann versenkte der Roboter wieder alles in die kreisrunde Öffnung. Vier Jahre und sechs Tage lang ging das ununterbrochen so, genau vierhundertzweiundneunzigmal. Als am 12. Oktober 1994 der abgenutzte Bohrmeißel wieder einmal zu Tage geholt wurde, brauchte er nicht mehr ersetzt zu werden. Das bisher größte geowissenschaftliche Forschungsprojekt in Deutschland, das „Kontinentale Tiefbohrprogramm" (KTB), hatte seine Endtiefe von 9 101 Metern erreicht.

Bei der Suche nach Erdöl und Erdgas sind der Erde gelegentlich schon ähnlich tiefe „Nadelstiche" zugefügt worden. Solche Bohrungen, beispielsweise die 9 583 Meter tiefe „Bertha Rogers 1" in Amerika oder die 8 008 Meter tiefe Bohrung „Mirow 1" in Mecklenburg, wurden in den leicht zu durchbohrenden Sedimentgesteinen des Deckgebirges abgeteuft. In der Oberpfalz wollten sich Geowissenschaftler jedoch ins harte Kristallingestein vorwagen. Dieser als Grundgebirge bezeichnete Abschnitt der Erdkruste ist in der Regel unter einer mächtigen Sedimenthülle verborgen und deshalb kaum erforscht. Nur dort, wo die Erosion das Deckgebirge abgetragen und die darunterliegenden Gesteine freigegeben hat, sind intensive wissenschaftliche Untersuchungen des „Kristallins" möglich. So sollte der Spannungszustand in der tiefen Erdkruste untersucht werden, weil man sich dadurch neue Erkenntnisse über die Entstehung von

Als kristallin werden Gesteine bezeichnet, in denen Gemengteile auskristallisiert sind. Dazu gehören Granit oder körniger Kalkstein.

Erdbeben erhoffte. Zudem wollte man in jenen Bereich der Erdkruste vordringen, in dem die Gesteine nicht mehr spröde und brüchig sind, sondern in den Zustand der plastischen Verformung übergehen. Dieser Übergang von „spröde nach duktil" wurde nach Experimenten in Laboratorien bei einer Temperatur von 250 bis 300 Grad erwartet, ein Bereich, den bislang noch nie ein „Bohrer" erreicht hatte. Schließlich wollten die Geowissenschaftler prüfen, ob die mit der tiefenseismischen Erkundung sichtbar gemachten Strukturen in der Erdkruste (siehe Kapitel 13) tatsächlich auch in kristallinen Gesteinen vorhanden sind. Nur mit einer Bohrung lassen sich solche geophysikalischen Bilder aus dem Untergrund an den Verhältnissen der Natur eichen.

Zwei Jahre dauerte die Auswahl eines geeigneten Standortes im Westen des damals noch geteilten Deutschlands. Wissenschaftlich interessante Vorschläge gab es genug, so beispielsweise das Hohe Venn bei Aachen. Die Wissenschaftler erwarteten, dort mehr über die bei der Gebirgsbildung typischen Überschiebungszonen zu erfahren, an die oft bedeutende Rohstoffvorkommen geknüpft sind. Auch der Hohenzollerngraben auf der Schwäbischen Alb wurde vorgeschlagen, weil man dort direkt in eine aktive Erdbebenzone vorgestoßen wäre. Schließlich blieben aus der Fülle der Vorschläge nur noch der Schwarzwald und die Oberpfalz übrig, deren kristalline Grundgebirgsgesteine nicht von Sedimenten bedeckt sind und deshalb am ehesten die Einlösung der gesteckten Forschungsziele versprach. Windischeschenbach in der Oberpfalz bekam schließlich im Jahre 1986 den Zuschlag.

Gesteine aus ihrem Schlummer geweckt

Das Ordovizium war eine der ältesten Epochen des Erdaltertums und dauerte etwa 70 Millionen Jahre.

Tatsächlich ist die geologische Geschichte der Oberpfalz außerordentlich spannend. Sie reicht fast 500 Millionen Jahre bis ins Ordovizium zurück, als die ersten der heute in dieser Gegend vorkommenden Gesteine als Meeressedimente in einem flachen Ozeanbecken abgelagert wurden. In den folgenden 120 Millionen Jahren „durchlebten" diese Gesteine – quarzreiche Sandsteine und Tone sowie Basalte – ein bewegtes Schicksal. Sie wurden in tiefere Schichten der Erdkruste verfrachtet und dabei gepreßt, gequetscht und aufgeheizt. Die gleichzeitige Einwirkung von hohem Druck und Wärme veränderte diese Gesteine für immer. Im Rahmen dieser Metamorphose wurden aus Sandsteinen helle Gneise und aus Basalten dunkle, zur Gesteinsgruppe der Metabasite gehörende Amphibolite. Vor rund 320 Millionen Jahren – während der sogenannten variszischen Gebirgsbildungsphase – war das heutige Mitteleuropa eines der tektonisch aktivsten Gebiete der Welt, ein Schauplatz gewaltiger Verformungen in der Erdkruste. Dabei wurden auch die ehemaligen Sedimente unter der Oberpfalz aus ihrem Schlummer in den Tiefen der Erdkruste geweckt und an der Erdoberfläche zu einem enormen Gebirge aufgetürmt. Davon sind auch heute noch zahlreiche Spuren erhalten. Unter anderem gehören der Harz, das Erzgebirge, der Schwarzwald, die Vogesen und eben die Oberpfalz zu dessen übriggebliebenen Resten.

So ähnlich, wie heute in den Alpen geologisch verschiedene Gebirgszüge vorkommen, beispielsweise die nördlichen und südlichen Kalkalpen oder die kristallinen Zentralalpen, war auch das Variszikum keine homogene Einheit. Im Norden schwang sich der rhenoherzynische Teil – benannt nach Rhein und Harz – in einem weiten Bogen vom britischen Cornwall bis zu den Karpaten. Den mittleren Abschnitt bildete das nach Sachsen und Thüringen benannte Saxothuringikum. Im Süden schließlich gab es die nach den Flüssen Moldau und Donau benannte moldanubische Zone, die sich vom französischen Zentralmassiv bis in die Sudeten erstreckte. Die heutige Oberpfalz lag damals genau an der Nahtstelle zwischen Saxothuringikum und Moldanubikum.

Die Wurzel eines alten Bergmassivs

Die meisten Gesteinsschichten des variszischen Gebirges wurden in den vergangenen 300 Millionen Jahren durch Erosion wieder abgetragen. Übrig blieb lediglich die Wurzel des damaligen Bergmas-

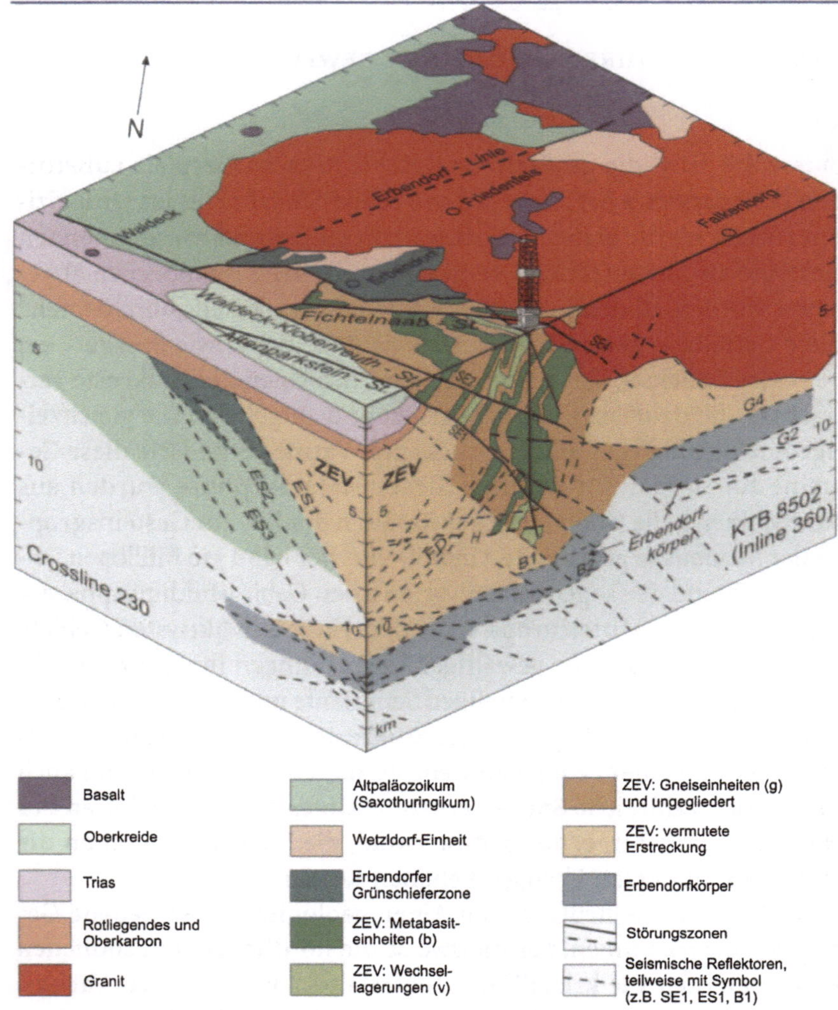

Basalt	Altpaläozoikum (Saxothuringikum)	ZEV: Gneiseinheiten (g) und ungegliedert
Oberkreide	Wetzldorf-Einheit	ZEV: vermutete Erstreckung
Trias	Erbendorfer Grünschieferzone	Erbendorfkörper
Rotliegendes und Oberkarbon	ZEV: Metabasit-einheiten (b)	Störungszonen
Granit	ZEV: Wechsel-lagerungen (v)	Seismische Reflektoren, teilweise mit Symbol (z.B. SE1, ES1, B1)

BILD 6.3.
Wo sich Moldanubikum und Saxothuringikum treffen: die komplizierte geologische Struktur unter der Oberpfalz

sivs, jene Gesteine, die heute die sanft geschwungene Hügellandschaft der Oberpfalz prägen. Eine solche Gebirgswurzel anzubohren, war das Ziel der Wissenschaftler. Sie bot gewissermaßen die Plattform für eine Bohrung in das tiefe Stockwerk der Erdkruste, da sie – obwohl heute an der Erdoberfläche aufgeschlossen – im geologischen Sinne erst in mehr als 10 Kilometern Tiefe beginnen würde.

Am 6. Oktober 1990 wagte man dann endlich den Vorstoß ins Erdinnere. In den Jahren zuvor hatten Geowissenschaftler die Oberpfalz nach allen Regeln der Kunst vermessen und modelliert.

Mit seismischen und elektrischen Erkundungen versuchte man den Aufbau der Schichten dieses Raumes zu ergründen. Geologen und Mineralogen untersuchten nahezu jedes Gestein im weitem Umkreis um die geplante Bohrstelle. Die wichtigste Frage war dabei: Wie nimmt die Temperatur unter der Oberpfalz mit der Tiefe zu? Die Antwort interessierte nicht nur die Geowissenschaftler, sondern vor allem die

Moderne Halbleiter versagen ihren Dienst, wenn die Betriebstemperatur 200 Grad überschreitet.

Techniker. Sie mußten nämlich empfindliche elektronische Bauelemente zur Steuerung des Bohrers und viele Meßinstrumente entsprechend auslegen. Als Faustregel gilt normalerweise, daß die Temperatur in der Erdkruste pro Kilometer um etwa 30 Grad zunimmt (s. a. Kapitel 16). Die umfangreichen Voruntersuchungen hatten ergeben, daß die Temperatur in der Erdkruste unterhalb der Oberpfalz in den obersten 500 Metern dagegen nur um etwa 21 Grad pro Kilometer zunahm. Unter anderem, um zu überprüfen, ob dieser Temperaturgradient auch in größeren Tiefen galt, teufte man in der Nähe des geplanten Bohrplatzes zunächst eine vier Kilometer tiefe Vorbohrung ab. Die dabei gewonnenen Erfahrungen sollten die Basis für die detaillierte wissenschaftliche und technische Planung der Hauptbohrung darstellen. Die Vorbohrung brachte unter anderem den Beweis, daß nur die obersten Schichten anomal kühl waren. Unterhalb von 1 500 Metern schwenkte der Temperaturgradient wieder auf den normalen Wert ein und überschritt ihn sogar geringfügig. Nach der gründlichen Auswertung der Ergebnisse der Vorbohrung waren sich Techniker und wissenschaftlicher Planungsstab sicher, mit beherrschbarer Bohr- und Meßtechnik in jene Bereiche vorstoßen zu können, in denen das Gestein beginnt, sich unter Druck plastisch zu verformen.

Plastisches Gestein lässt das Bohrloch zuwachsen

Der leicht erhöhte Temperaturgradient unter Windischeschenbach führt dazu, daß die plastische Gesteinsverformung schon unterhalb von 8 000 Metern einsetzt. Wie die Gestalten in Vernes Roman betraten die Forscher geowissenschaftliches Neuland, als der Bohrmeißel diese Zone erreichte, denn nie zuvor hatte man plastische Verformung *„in situ"*, also außerhalb eines Laboratoriums, direkt beobachten können. Normalerweise verhält sich Gestein spröde wie Glas. Setzt man es unter hohen mechanischen Druck, bricht es in einem sogenannten Sprödbruch. Der Bruch tritt auf, sobald der äußere Druck die innere Scherfestigkeit des Gesteins überschreitet. Die vielen Erdbeben in der Erdkruste sind eine direkte Folge davon, daß Gestein mechanischen Kräften nicht elastisch nachgibt, sondern statt dessen bricht (siehe auch Kapitel 9). Nimmt mit dem Druck auch die Temperatur zu, kann das Gestein diese spröden rheologischen Eigenschaften verlieren. Es birst dann nicht mehr, sondern gibt dem äußeren Druck durch plastische Verformung nach. Geowissenschaftler nennen dieses Verhalten des Gesteins duktil oder plastisch. Der Vergleich duktilen Gesteins mit zähflüssigem Honig macht dieses Verhalten zwar anschaulich, genau genommen ist er aber nicht haltbar, denn im „Ge-

Rheologie ist eine physikalische Wissenschaft, die sich mit der Deformation eines Materials unter Einwirkung formverändernder Kräfte befaßt.

ICDP
Bohrungen in die kontinentale Kruste

Was bei den marinen Geowissenschaften schon seit langem gang und gäbe ist, hat nun auch „an Land" begonnen, nämlich die zentrale Koordination und Förderung wissenschaftlicher Forschungsbohrungen. Seit dem erfolgreichen Abschluß des KTB in der Oberpfalz hat das GeoForschungsZentrum in Potsdam die Federführung beim „Internationalen Kontinentalen Bohrprogramm" (ICDP) übernommen. Dabei handelt es sich um ein Pendant zu dem Ozean-Bohrprogramm (siehe auch Kapitel 2), in dessen Rahmen schon seit Jahren Meeressedimente an mehreren hundert Stellen in allen Weltmeeren erbohrt und untersucht werden.

Eines der ersten von Potsdam unterstützten kontinentalen Bohrprojekte war eine Sedimentkernbohrung im Baikalsee, die im Jahre 1998 abgeschlossen wurde. Russische Wissenschaftler entwickelten dazu eine auf der Welt einmalige Bohrtechnik, um das größte bei Bohrungen auf dem Wasser auftretende Problem zu umgehen, nämlich den schwimmenden Bohrturm auf einer von Wind und Wellen gepeitschten Wasseroberfläche stabil zu halten. Sie nutzen dazu den sibirischen Winter aus, indem sie den auf einem Ponton angebrachten Bohrturm im Eis des Baikalsees einfrieren ließen.

Weniger frostig ging es bei der zweiten, vom ICDP unterstüzten Bohrung zu. Im Sommer 1998 wurde im Vulkangebiet der Long-Valley-Caldera im Osten Kaliforniens eine knapp 3 000 Meter tiefe Bohrung abgeteuft. Bisher gab es nicht viele Tiefbohrungen in aktive Vulkane. Die Long-Valley-Caldera würde unter anderem deshalb ausgewählt, weil dieses Gebiet seit mehr als einer Million Jahre vulkanisch aktiv ist. Ziel dieser Bohrung war es in die Nähe des Magmas zu gelangen, das unterhalb des Gebietes vermutet wurde, dessen unterirdische Bewegungen für die Hebungen und Senkungen in der Caldera verantwortlich gemacht wurden. Von genauen Messungen der Temperatur im Bohrloch sowie der Veränderungen der Sprödheit des Gesteins in der Tiefe erhielt man Informationen über die Magmabewegungen.

Auch das dritte ICDP-Projekt hat mit Vulkanen zu tun. Seit März 1999 rotiert der Bohrmeißel in der Nähe der Stadt Hilo auf Hawaii. Dabei geht es um die Untersuchung der geologischen Geschichte dieses Vulkanarchipels im Pazifik. Einen ganz besonderen geowissenschaftlichen Leckerbissen bereitet ein internationales Wissenschaftlerteam unter Leitung mexikanischer Geologen vor. Die Gruppe will im Rahmen des ICDP einige Kilometer tief in den Kalkstein der nördlichen Yukatanhalbinsel bohren. Es gibt viele Hinweise dafür, daß dort jener Asteroid eingeschlagen ist, der vor 65 Millionen Jahren das Ende der Dinosaurier besiegelt hat. Weitere Bohrungen sind am Titicacasee im Altiplano der Anden, in China sowie in der aktiven Erdbebenzone der San-Andreas-Verwerfung in Kalifornien geplant.

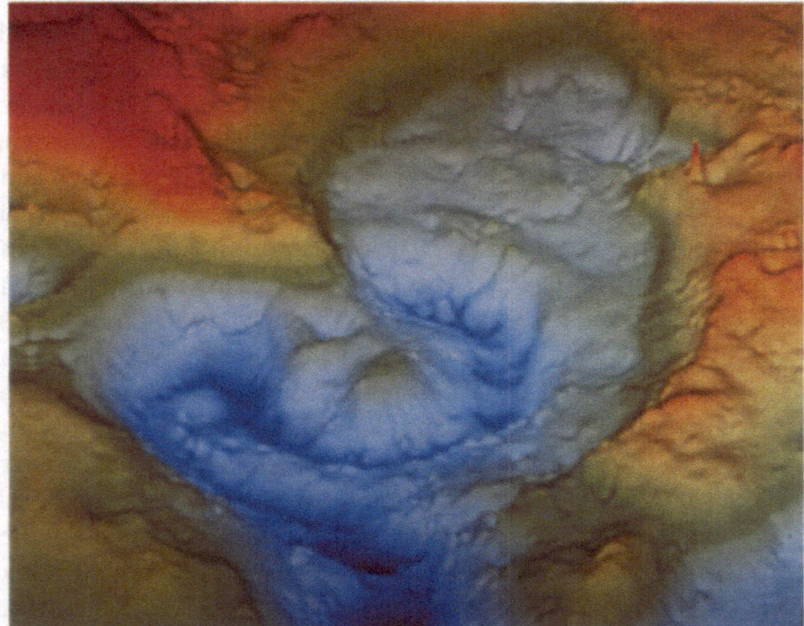

BILD 6.4.
Die ringförmige Struktur in der Schwerekarte von Yukatan ist womöglich die Spur jenes Kraters, der vor 65 Millionen Jahren beim Einschlag eines 10 Kilometer großen Asteroiden entstand

birge" treten solche Verformungen nicht – wie im Falle des Honigs – bei Zimmertemperatur und normalem Luftdruck auf. Statt dessen muß eine Temperatur von einigen hundert Grad und ein Druck herrschen, der mindestens dem Fünfzehnhundertfachen des normalen Luftdrucks entspricht. Der beste Beweis dafür, daß man im KTB die duktile Zone erreicht habe, sei, so Projektleiter Emmermann, daß unterhalb von 8 000 Metern das Bohrloch allmählich „zuwachse", weil sich das Umgebungsgestein unter dem hohen Gebirgsdruck plastisch verformt. Am 12. Oktober 1994 wurde bei einer Temperatur von fast 270 Grad der Schlußstrich gezogen. Im KTB hatte man eine Teufe von 9 101 Meter erreicht. Nur auf der Kolahalbinsel im Nordwesten Rußlands hatte man bislang eine noch tiefere Bohrung in das kristalline Grundgebirge gewagt. Daß dort mehr als drei Kilometer tiefer als in der Oberpfalz gebohrt werden konnte, liegt daran, daß die Temperaturzunahme in diesem Bohrloch weit geringer war als üblich. Unterhalb dieses Permafrostgebietes herrscht in mehr als zwölf Kilometern Tiefe eine Temperatur von „lediglich" 215 Grad.

SALZLAUGEN IN GROSSER TIEFE

Überrascht waren die Wissenschaftler auch über Flüssigkeitszutritte, die selbst noch in großen Tiefen des Bohrlochs festgestellt wurden. Nachdem die Grundwasserschichten durchbohrt waren, stieß man bis in drei Kilometern Tiefe immer wieder auf permeable Gesteinsschichten, die eine Flüssigkeit enthielten, die einer leichten Kochsalzlösung entsprach. Unterhalb von 3 200 Metern – man hatte eigentlich nicht

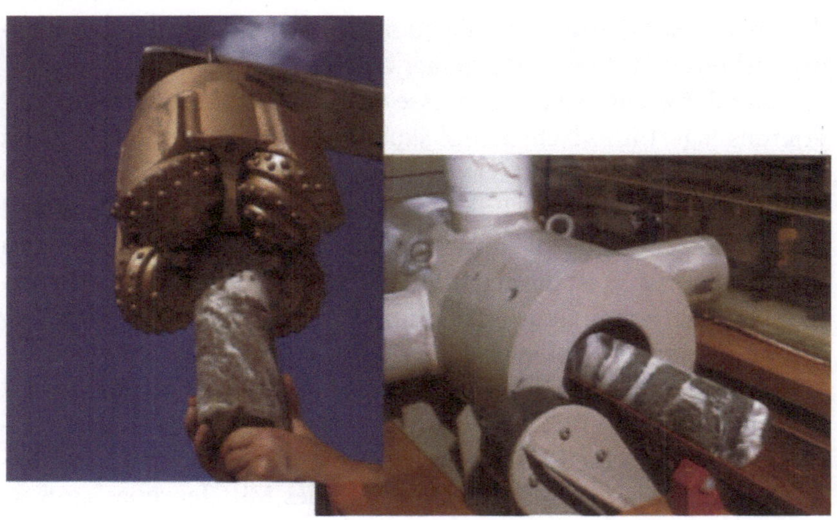

BILD 6.5.
Zeugen längst vergangener Gebirgsbildung: Bohrkerne aus dem Bohrloch in der Oberpfalz; *links:* im Rollenmeißel; *rechts:* im Labor

mehr mit weiteren Fluiden gerechnet – änderte sich die chemische Zusammensetzung der Lösung. Statt ein wenig Kochsalz enthielten die Flüssigkeiten nun einen hohen Anteil an Kalzium, Natrium und Chlor. Es handelte sich also um Salzlaugen hoher Konzentration. Woher diese unterirdischen Fluide stammen, ist noch nicht völlig geklärt. Es gilt aber als wahrscheinlich, daß sie aus den westlich der Oberpfalz gelegenen Sedimenten des Perm und der Trias stammen. Offenbar gibt es selbst in sechs bis acht Kilometern Tiefe noch genügend offene Klüfte, Spalten und durchlässige Gesteinsschichten, die einen Wasserfluß über Dutzende von Kilometern ermöglichen.

Die Laugen enthielten nicht nur viel Salz, in ihnen waren auch große Gasmengen gelöst – bis zu 0,8 Liter Gas pro Liter Wasser. Ein solches Lösungsverhältnis wäre auf der Erdoberfläche unmöglich; unter dem hohen Druck in einigen Kilometern Tiefe ist das aber nicht außergewöhnlich. Bei dem gelösten Gas handelte es sich hauptsächlich um Stickstoff und Methan. Man fand aber auch geringe Anteile von Helium. Ebenso wie bei den Flüssigkeiten ist auch der Ursprung der Gase noch nicht vollständig geklärt. Man nimmt an, daß sie aus den ursprünglichen, 500 Millionen Jahre alten Meeressedimenten stammen.

Besondere Spannung herrschte bei allen Beteiligten, als sich der Bohrer auf die Tiefenmarke von sieben Kilometern zubewegte. In dieser Tiefe hatten Geophysiker eine große Störungszone erwartet, an der sich im Laufe der Erdgeschichte Gesteinsschichten gegeneinander verschoben hatten. In vielen Dutzend Metern der aus diesen Bereichen gewonnenen Bohrkerne fanden sich tatsächlich stark zerriebene und zerbrochene Gesteinsschichten – Spuren der bei der Verschiebung von Gesteinsschollen herrschenden Kräfte. Damit war es erstmals gelungen, Oberflächenbefunde auch im kristallinen Gestein direkt mit einem erbohrten Profil zu korrelieren. Dieser Befund läßt die Hoffnung zu, in Zukunft mit Hilfe der Seismik Schwächezonen der oberen Erdkruste ausfindig zu machen und damit Erdbebenzonen auf unserem Planeten genauer zu kartieren.

Eines der wichtigsten Ergebnisse des Kontinentalen Tiefbohrprogramms lagert inzwischen, fein säuberlich sortiert, in den Regalen einer großen Halle im bayerischen Ort Wackersdorf. Es handelt sich dabei um Gesteine, die als Bohrkerne direkt aus der Vorbohrung und der Hauptbohrung gezogen wurden. Ihr Durchmesser beträgt bis zu 23 Zentimeter. Das ist die eigentliche Schatztruhe des KTB, denn nirgendwo sonst haben Geowissenschaftler aus allen Teilen der Welt Zugriff auf derartige Proben tieferer Schichten der Erdkruste.

Aus der Kombination einer genauen Analyse dieser Bohrkerne mit den Messungen im Bohrloch und den geophysikalischen Tiefensondierungen haben die Geowissenschaftler inzwischen ein dreidimensionales Bild des variszischen Untergrundes Mitteleuropas entwor-

Wieviel Gas in einer Flüssigkeit gelöst sein kann, hängt hauptsächlich vom umgebenden Druck ab. Eine plötzliche Entspannung, wie beim Öffnen einer Sektflasche, führt zur schlagartigen Entgasung.

BILD 6.6. ▶
Zum erstenmal erhielten Geologen ein realistisches Bild, wie die verschiedenen Schichten im kristallinen Grundgebirge gelagert sind

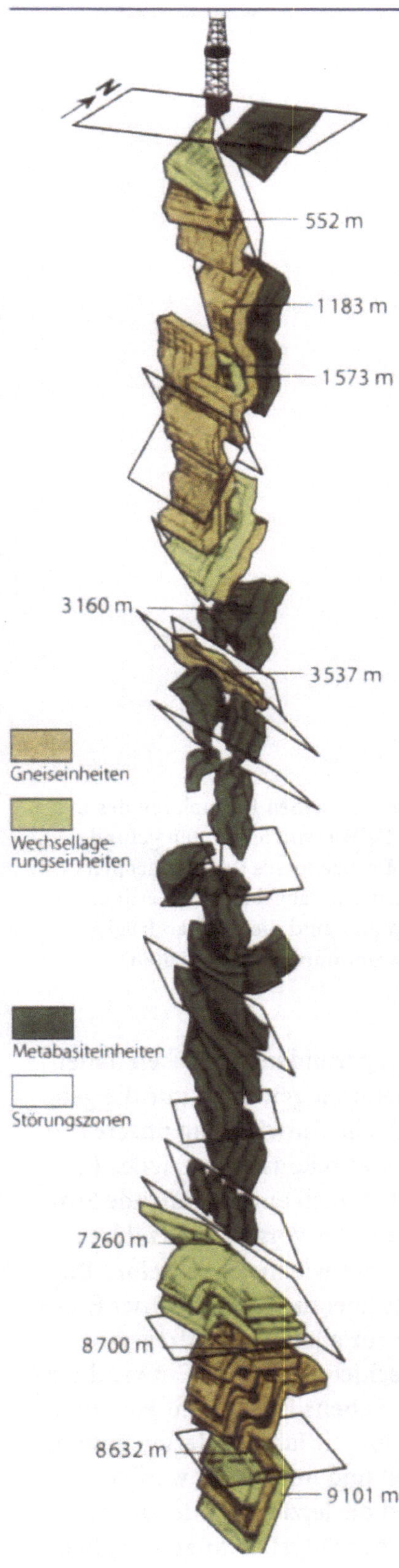

fen. Diese Tiefenschnitte beider Bohrungen zeigen nicht nur, welche gewaltigen Kräfte den Kontinent vor mehr als 300 Millionen Jahren verformt haben. Sie zeigen auch zum erstenmal, wie Gesteine in großer Tiefe darauf reagierten. Sie bogen sich, sie krümmten sich und wurden zu gewaltigen Falten aufgeworfen.

Noch während sich der Bohrmeißel durch die Gesteine unterhalb der Oberpfalz quälte, wurde gelegentlich die Frage gestellt, ob es sich denn überhaupt lohne, mehr als eine halbe Milliarde Mark in dieses Projekt zu investieren. Tatsächlich mag beim Laien der Eindruck entstehen, hier sei viel Geld buchstäblich in ein tiefes Loch geworfen worden, denn ein einfach darzustellendes Ergebnis – wie z. B. die Entdeckung eines neuen Elementarteilchens oder die Entschlüsselung eines menschlichen Gens – hat das Projekt nicht aufzuweisen. Damit hatten die Geowissenschaftler aber auch von Anfang an nicht gerechnet. Vielmehr wollte man im Rahmen des KTB den Versuch unternehmen, nicht nur eine einzige wissenschaftliche Frage zu beantworten, sondern der Komplexität unseres Planeten Erde insgesamt gerecht zu werden. Es sollten möglichst viele Fragen aus zahlreichen Fachdisziplinen der Erdwissenschaften und der Technik beantwortet werden. In gewisser Weise spielte der Bohrmeißel die Rolle der Gestalten aus Jules Vernes Phantasieroman, denn die Reise durch die Erdschichten unter der Oberpfalz war eine mutige Bergfahrt ins Unbekannte.

Mit ähnlichen Fragen nach Zweck und Nutzen wurden in den sechziger Jahren auch amerikanische Meeresgeologen konfrontiert, als sie vorschlugen, mit einem Bohrschiff die Meeressedimente und die Erdkruste unter den Ozeanen anzubohren. Aus diesem Experiment mit ungewissem Ausgang ist mittlerweile eines der erfolgreichsten geowissenschaftlichen Forschungsprogramme überhaupt geworden, das „Ocean Drilling Program" (siehe auch Kapitel 2). Selbst nach dreißig Jahren internationaler Zusammenarbeit steht dieses Programm noch immer unter Federführung der Amerikaner, denn sie waren es schließlich, die von Bord des Bohrschiffes Glomar Challenger als erste den Schritt ins Unbekannte gewagt hatten. Mit dem erfolgreichen Abschluß des KTB haben die deutschen Geowissenschaftler nun eine ähnliche Führungsrolle übernommen. Erdwissenschaftler überall auf der Welt sind sich nämlich einig, daß die nächste große internationale geowissenschaftliche Herausforderung die Untersuchung der kontinentalen Erdkruste durch Tiefbohrung ist. Der 83 Meter hohe Bohrturm bei Windischeschenbach ist ein Symbol dafür, daß diese Forschung technisch möglich und geowissenschaftlich sinnvoll ist. Die schwarz-rot-goldene Fahne an seiner Spitze zeigt ebenso wie das vom Achterdeck der Glomar Challenger wehende Sternenbanner, wer den ersten Schritt auf der „Reise in die Tiefe" getan hat.

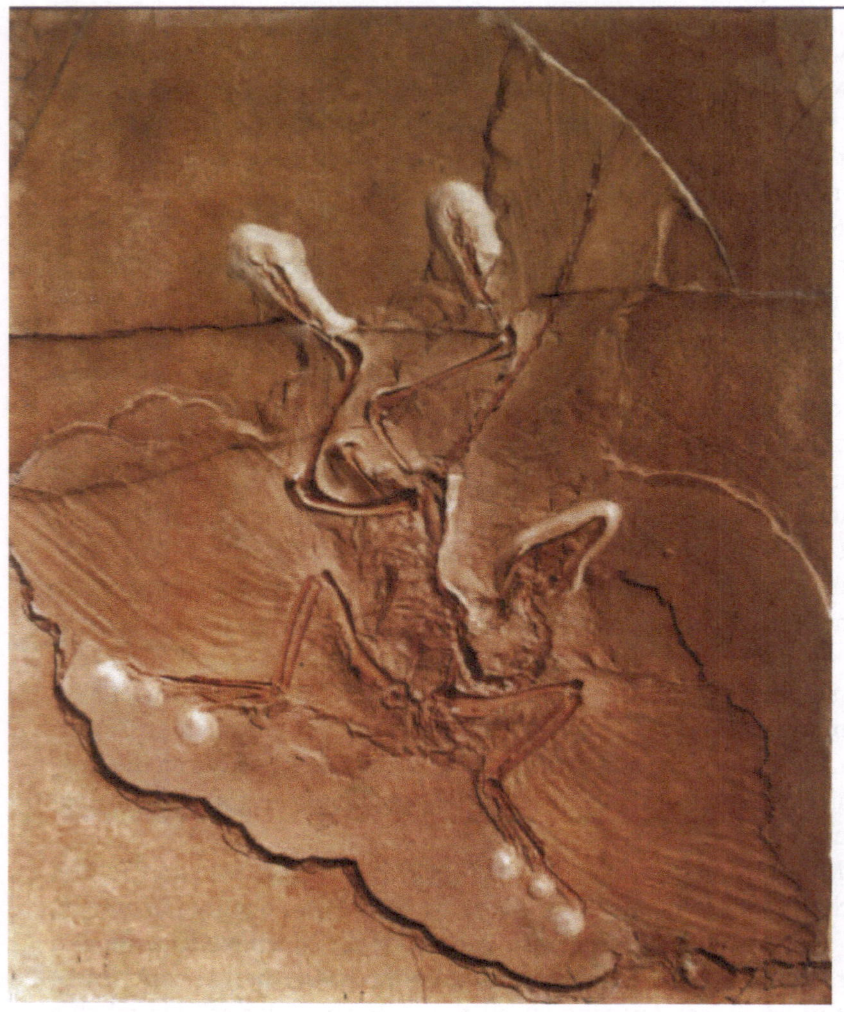

Sie liegen seit Jahren unange-tastet in staubigen Vitrinen in dunklen, muffigen Kellerräu-umen. Markiert mit unaussprech-lichen wissenschaftlichen Na-men ruhen dort die versteiner-ten Reste längst vergangener Tiere und Pflanzen. Sie stam-men aus Epochen der Vorzeit, deren Namen dem Laien mindes-tens ebenso unverständlich sind. Gelegentlich befreit ein Forscher einige dieser Petrefak-te aus ihrem Verlies, um sie dann stundenlang unter dem Mikroskop zu betrachten. Wohl von keinem anderen Zweig der Geowissenschaften hat die Öf-fentlichkeit ein derart schiefes Bild wie von der Paläontologie. Dabei ist diese Wissenschaft von den stummen Zeugen der Vor-zeit alles andere als langweilige Altertumsforschung im Elfen-beinturm. Ein Blick in ein mo-dernes paläontologisches Muse-um zeigt, daß in jedem Fossil einmalige Informationen über längst vergangene Zeiten stek-ken. Aus den vielen in Deutsch-land gefundenen Stücken haben Paläontologen nicht nur die geo-logische Entwicklung unseres Landes rekonstruiert. Jedes Fos-sil hat auch eine spannende Sto-ry aus der Vorzeit zu erzählen. Sie sind wie die Seiten eines Bu-ches über die Geschichte der Erde, die vor allem eine aufregende Geschichte über die Entwicklung des Lebens ist. Obwohl Fossilien schon seit Jahrhunderten gesam-melt und untersucht werden, sind die letzten Kapitel dieses Buches längst nicht geschrieben.

7 Geschichte des Lebens

Ein Rätselsaurier im feinen Kalk des Jura

Als Charles Darwin im Jahre 1859 sein Werk über die „Entstehung der Arten" veröffentlichte, konnte er nicht ahnen, daß ein wichtiger Beleg für seine Evolutionstheorie noch tief im Kalkstein eines Steinbruchs im Fränkischen Jura schlummerte. Zwei Jahre nach Erscheinen des Buches machten Arbeiter im Jahre 1861 im Ottmannschen Steinbruch auf der Langenaltheimer Haardt bei Solnhofen einen sensationellen Fund. Zwischen zwei Kalkplatten fanden sie das versteinerte Skelett eines taubengroßen Wirbeltieres. Das besondere an dem Fossil war, daß die versteinerten, zunächst an einen Saurier erinnernden Knochen von gut erkennbaren Abdrücken von Vogelfedern umgeben waren. Bei genauem Hinsehen konnte man sie sogar zwei Flügeln und einem langen Schwanz zuordnen. Da die Kalksteinplatten dem Zeitalter des Malm – dem mit einem Alter von etwa 150 Millionen Jahren jüngsten Abschnitt des Jura – zugeordnet wurden, gab der Fund Rätsel auf. Konnte es etwa sein, daß es damals, zur Blütezeit der Saurier und Fische, schon Vögel gab? Das zur Mitte des vergangenen Jahrhunderts älteste bekannte Fossil eines Vogels stammte aus dem Tertiär, war also mehr als 100 Millionen Jahre jünger als der Abdruck aus Solnhofen. Der Konservator Andreas Wagner zweifelte kurz nach dem Fund an der Verbindung zur Vogelwelt, veröffentlichte aber dennoch eine Notiz über das seltsame Skelett, in der er dem Tier den Namen „Griphosaurus" (Rätselsaurier) gab.

In Pappenheim, ganz in der Nähe von Solnhofen, war damals ein Landarzt tätig, der nebenbei begeistert Fossilien sammelte. Im Laufe der Zeit hatte Carl Friedrich Häberlein eine stolze Sammlung zusammengetragen. Die meisten Versteinerungen bekam er von Steinbrucharbeitern, die seine medizinischen Dienste oft mit Fossilien aus den Plattenkalken der Gegend bezahlten. Der Arzt erwarb auch den jüngsten Fund, behielt das gefiederte Tier aber nicht lange. Die Bayerischen Staatssammlungen in München hatten einen Assistenten nach Franken geschickt, um das rätselhafte Skelett zu kaufen. Auch das Britische Museum für Naturgeschichte in London zeigte Interesse und bot

Die Jurakalke von Solnhofen sind so feinkörnig, daß sie auch heute noch als Druckplatten für lithographische Druckverfahren benutzt werden.

die damals hohe Summe von 450 Pfund Sterling. Häberlein verkaufte den Fund nach England, ohne genau zu wissen, was er da eigentlich aus den Händen gab. Der Direktor des Londoner Museums, der Paläontologe Richard Owen, wußte ebenfalls nicht recht, was er mit seiner teuren Neuerwerbung anfangen sollte. Zwar beschrieb er den Fund mit der für ihn üblichen wissenschaftlichen Präzision, so recht einordnen konnte er das Federtier jedoch nicht.

Nahezu gleichzeitig untersuchte der deutsche Paläontologe Hermann von Meyer vom Frankfurter Senckenbergmuseum einen anderen Fund aus den jurassischen Kalksteinen von Solnhofen. Im Jahre 1860 hatten Arbeiter im Steinbruch dieser Gemeinde den Abdruck einer Vogelfeder gefunden. Die Feder war etwa sechs Zentimeter lang und gut erhalten. Sie sei ein echtes Fossil und zeige die gleiche Struktur wie eine moderne Vogelfeder, schrieb von Meyer. Auch er war sich nicht ganz sicher, wie er die Feder einzuordnen hatte, nahm aber Bezug auf den anderen, inzwischen in London ausgestellten Fund, den er selbst bis dahin nicht begutachtet hatte. Die Feder und das Skelett stammten möglicherweise von einem Urvogel, meinte von Meyer. Er gab dieser vermutlich einzigartigen Art den Namen „*Archaeopteryx lithographica*".

Damit hatte das Tier zwar einen Namen bekommen, aber noch immer wußte niemand, wie es in die damals bekannte Geschichte des

BILD 7.2.
Zum Fliegen kaum fähig, aber dennoch flügge – so stellen sich Paläontologen den gefiederten Archaeopteryx vor

Lebens einzuordnen war. Möglicherweise trug auch Darwins neue Hypothese von der Evolution zur Verunsicherung bei. Schließlich bekam der britische Biologe Thomas Henry Huxley den Fund aus Solnhofen zu Gesicht. Als glühender Verfechter des jungen Darwinismus erkannte er sofort, was es mit dem gefiederten Tierchen auf sich hatte. Archaeopteryx, so schrieb Huxley, sei der langgesuchte Übergang von den Reptilien zu den Vögeln. Und Darwin selbst schrieb später in der erweiterten deutschen Ausgabe seines Buches, der Abstand zwischen Kriechtieren und Vögeln sei durch Archaeopteryx „in unerwarteter Güte" verringert worden.

DER ARCHAEOPTERYX IST KEINE FÄLSCHUNG

In den hitzigen Debatten um die damals als höchst ketzerisch empfundene Hypothese der natürlichen Evolution der Arten blieb Darwins Einstufung des Solnhofener Fossils nicht ohne Widerspruch. Museumsdirektor Owen, einer der schärfsten Widersacher Darwins, hielt die Argumente von Huxley und Darwin für absurd. Auch der Hallenser Zoologe Christoph Giebel ließ nicht gelten, daß der Archaeopteryx das Bindeglied zwischen Reptilien und Vögeln sein sollte. Er meinte, das Fossil sei eine Fälschung. Selbst 120 Jahre später waren noch immer nicht alle Zweifler überzeugt, denn der britische Astronom Fred Hoyle behauptete noch 1985, das Fossil sei eine Fälschung. Es handele sich um das Skelett eines kleinen Sauriers der Gattung Compsognathus. Auf diesen Fund habe der Fälscher dann vorsichtig ein Bindemittel aufgetragen und kurz vor dessen Aushärten darin geschickt Abdrücke mit modernen Federn erzeugt. Bereits wenige Monate später widerlegten die Kuratoren der Abteilung für Naturgeschichte des Britischen Museums Hoyles These. Sie fanden in dem Fossil unter anderem Haarrisse, die mit mineralischen Ablagerungen gefüllt waren. Diese Risse und ihr Inhalt wären bei einer nachträglichen „Bearbeitung" unweigerlich zerstört worden. Obwohl damit die Echtheit des Fossils nachgewiesen wurde, blieb Hoyle bei seiner Hypothese.

Mittlerweile sind aus dem etwa 150 Millionen Jahre alten Malmkalken zwischen Solnhofen und Eichstätt entlang der Altmühl insgesamt sieben fossile Skelette des Archaeopteryx zum Teil mit gut erhaltenen Federn geborgen worden. Zusammen mit der einzelnen Feder, die schon im Jahre 1860 entdeckt wurde, gibt es also acht deutliche Hinweise darauf, daß damals Urvögel in dieser Gegend gelebt haben. Mit einem romantischen deutschen Mittelgebirge hatte das Gebiet während der Jurazeit aber nichts zu tun. Der größte Teil Süd-

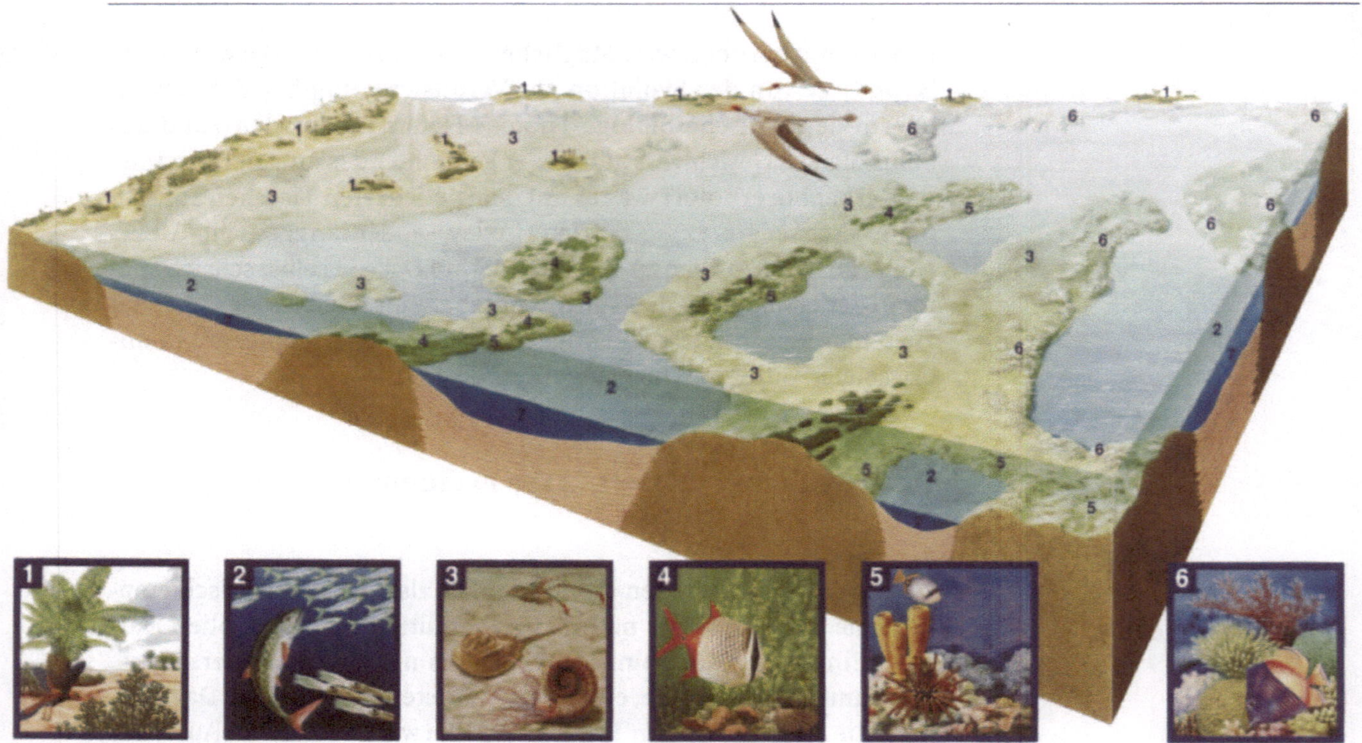

deutschlands war damals ein flaches Randmeer des Urozeans Tethys. Das Klima war warm und feucht; entlang der Schwammriffe, aus denen später die Kalkgebirge der Schwäbischen und der Fränkischen Alb entstanden, muß so etwas wie Südseeatmosphäre geherrscht haben. In diesem Klima gediehen vor allem Flugsaurier, deren Tragflächen – ähnlich wie heute bei den Fledermäusen – aus Flughäuten bestanden. Offenbar begünstigte das Ökosystem des Jura aber auch jene Echsen, denen Federn genügend Auftrieb für einen kurzen Flug gaben.

Wegen seiner Bedeutung als früher Beleg der Darwinschen Hypothese ist der Archaeopteryx zweifellos das berühmteste, keinesfalls aber das einzige bedeutende Fossil in deutschen Landen. Mit die ältesten fossilen Spuren findet man im Phycodesschiefer des Thüringisch-fränkischen Schiefergebirges. Dieses grünlichgraue Gestein wird vielfach als Dachschiefer benutzt und war ursprünglich eine Meeresablagerung aus dem frühen Ordovizium, einer vor etwa 440 Millionen Jahren zu Ende gegangenen Periode des Erdaltertums. In den Sedimenten lebten damals Würmer der Art *Phycodes circinnatum*. Sie selbst blieben nicht fossil erhalten, ließen aber überall im Sediment Spuren ihrer Freßbauten zurück. Diese kleinen Höhlen und Gänge überstanden die Gesteinsmetamorphose vom Meeresschlamm zum Schiefer und sind deshalb auch heute noch sichtbar.

BILD 7.3.
Während der Jurazeit war der größte Teil Süddeutschlands ein flaches artenreiches Korallenmeer. *1:* Inseln, Lebensraum des Archaeopteryx; *2, 3, 4:* Flachwasserzonen mit Fischen, Krebsen und Ammoniten; *5:* Auf steinigem Untergrund siedelten Schwämme und Brachiopoden; *6:* Korallenriffe; *7:* Lebensfeindliche Bodenzone

Ein Wald aus Riesentang

Eine große Vielfalt fossiler Lebensformen enthält das im Devon vor etwa 400 bis 350 Millionen Jahren entstandene Rheinische Schiefergebirge. Auch damals war ein Teil des Nordwestens Deutschlands vom Meer überschwemmt. Das rechtsrheinisch zwischen Köln und Bonn gelegene Wahnbachtal muß im frühen Devon ein Küstenbereich dieses Ozeans gewesen sein. Dort entdeckte 1928 der Bonner Paläontologe Gustav Steinmann, zusammen mit seinem Studenten Wilhelm Elberskirch, die damals ältesten Landpflanzen. Im flachen Schelfmeer vor der Küste der heutigen Wahner Heide wuchs der Riesentang *Prototaxites*, dessen Stämme Durchmesser von bis zu 35 Zentimetern haben konnten und vier Meter lang wurden, wie ein Fund eines versteinerten Zeugen dieser einstmaligen Unterwasserwelt bei Overath im Bergischen Land, östlich von Köln, bewies.

Fossilfunde sind aber nicht nur auf die Erdoberfläche beschränkt. Der Steinkohlenbergbau an Ruhr und Saar brachte mit dem Nebengestein der Kohle Tausende versteinerte Exemplare jener Pflanzen und Tiere ans Tageslicht, die vor etwa 360 bis 290 Millionen Jahren in den Sümpfen des Karbons lebten, dort starben und dann allmählich versteinerten. Auch der seit dem ausgehenden Mittelalter betriebene Erzbergbau in den deutschen Mittelgebirgen förderte zahlreiche Versteinerungen zutage. Eine der frühesten Fossilentdeckungen aus dem im Zechstein abgelagerten Kupferschiefer Sachsens beschrieb Georgius Agricola in seinem Werk „De natura fossilum" schon im Jahre 1546. Damals fanden Bergarbeiter den versteinerten Abdruck eines „Kupferherings".

Auch ohne den Archaeopteryx ist der Jura zweifellos der „fossile Höhepunkt" in Deutschland. Aus keiner anderen Zeit ist eine derart reichhaltige Artenvielfalt erhalten wie aus dem Jura. Die Gesteine dieser Periode sind bis zu 210 Millionen Jahre alt und kommen hauptsächlich in Süddeutschland als Sedimente von Lias, Dogger und Malm vor. Auch heute noch sind die Versteinerungen so zahlreich, daß in jedem Frühjahr „Ammonitenjäger" in den frischgepflügten Feldern rund um das „Walberla" in der Fränkischen Schweiz in der Ackerkrume wühlen. Sie suchen nach fossilen Resten dieser mit den Tintenfischen verwandten, inzwischen ausgestorbenen Kopffüßler. Mit Zahnbürste und Messer werden dann noch am Feldrand die zum Teil wunderschönen, gewundenen Abdrücke der Gehäuse dieser Tiere herauspräpariert. Allerdings sind in Deutschland Stellen, an denen auch der Laie mit ein wenig Übung Fossilien finden kann, recht selten.

Das nach der englischen Grafschaft Devonshire benannte Devon ist auf den britischen Inseln besonders ausgeprägt. In Schottland hat es zum Teil 7 000 Meter mächtige Sedimente hinterlassen.

Die Lebensspirale
Entwicklung in Schüben

Die Geschichte der Erde ist vor allem auch eine Geschichte der Entwicklung des Lebens. Aus den fossilen Resten vergangener Pflanzen und Tiere haben Paläontologen, schon lange bevor radiometrische Altersbestimmungen möglich waren, eine weitgehend lückenlose Geschichte unseres Planeten gezeichnet. Nach dieser sogenannten biochronologischen Einteilung gliedert sich die Erdgeschichte in vier große, wenngleich unterschiedlich lange Epochen. Jeder dieser Zeitabschnitte ist durch unterschiedliche Lebensformen charakterisiert. Die Übergänge zwischen den einzelnen Epochen sind zum Teil abrupt und können sich in geologisch kurzen Zeiträumen abgespielt haben.

Die als Präkambrium bezeichnete Erdfrühzeit ist der älteste Zeitabschnitt. Sie umfaßt mit nahezu vier Milliarden Jahren den längsten Zeitraum der Existenz der Erde und gliedert sich in das Archaikum und das Proterozoikum. Die ältesten Spuren des Lebens sind mehr als drei Milliarden Jahre alt. Es handelt sich dabei um die Überreste länglicher und kugelförmiger Einzeller. Ungefähr 2,8 Milliarden Jahre alt sind die ältesten Cyanobakterien. Die ersten Algen und Würmer finden sich dann vor weniger als einer Milliarde Jahre im oberen Proterozoikum. Der Ursprung des Lebens liegt dabei eindeutig im Meer.

In den Ozeanen fing mit Beginn des Paläozoikums vor etwa 550 Millionen Jahren die eigentliche, rasche Entwicklung der Arten an. Diese Entwicklung markiert auch den Anfang des Erdaltertums, dessen früheste Periode, das Kambrium, etwa 50 Millionen Jahre dauerte. Die ersten Fische traten im darauffolgenden Ordovizium auf, aber erst im Silur, mehr als vier Milliarden Jahre nach Entstehung der Erde, begannen Pflanzen die bis dahin öden Landflächen der Kontinente zu besiedeln. Zum Ende des Erdaltertums in der Periode des Perm gab es an Land bereits Lurche und größere Reptilien sowie Farne und Schuppenbäume. Große Teile des heutigen Nordmitteleuropa waren damals vom großen Zechsteinmeer überspült. Dabei entstanden die mächtigen Salzablagerungen unter der Norddeutschen Tiefebene.

Vor etwa 250 Millionen Jahren folgt der erste abrupte Schub in der Evolution des Lebens. Es kam zu einem Massensterben, wie es sich seitdem in der Erdgeschichte nie wieder ereignet hat. Geologen schätzen, daß etwa 85 Prozent der Arten von Meereslebewesen und mindestens 70 Prozent der terrestrischen Wirbeltierspezies zum Ende des Perm in der geologisch gesehen kurzen Zeitspanne von ein bis zwei Millionen Jahren ausstarben. Zu den Opfern gehörten auch 21 der 27 bekannten Reptilienfamilien sowie 70 Prozent der Amphibienfamilien. Auch etwa die Hälfte aller Insektenarten des Perm überlebte die „Zeitenwende" zum Erdmittelalter nicht.

Diese knapp 200 Millionen Jahre dauernde Epoche des Mesozoikum ist in Europa besonders gut aufgeschlossen. In der Trias finden sich erste Spuren kleiner Säugetiere und Nadelbäume. Der Jura ist vor allem in Süddeutschland mit den Fossilfundstätten der Fränkischen und Schwäbischen Alb besonders gut erschlossen. Das Erdmittelalter endet schließlich mit der Kreidezeit, einer Periode, in der die Saurier die Welt beherrschten.

Vor ungefähr 65 Millionen Jahren kam es zum nächsten Schub der Entwicklungsgeschichte. Nach einer der Hypothesen stieß die Erde damals mit einem im Durchmesser mindestens zehn Kilometer großen Meteoriten zusammen. Die Aufprallenergie ließ nicht nur den Asteroiden verdampfen, sondern auch die obersten fünf, vielleicht sogar zehn Kilometer des Gesteins im Bereich der Aufschlagstelle schmelzen. In einer gewaltigen Eruption schoß dieses Material in die Höhe. Manche Teile der Schmelze können dabei den halben Weg zum Mond zurückgelegt haben, bevor sie als kleine Glaskügelchen, sogenannten Tektite, wieder auf die Erde niederregneten. In der Eruptionswolke gelangten nach jüngsten Modellrechnungen aber auch Millionen Tonnen von Schwefel in die Atmosphäre, wo daraus Schwefeldioxyd entstand. Daraus entstehende Aerosole dämpften das Sonnenlicht so stark, daß es für Jahrzehnte, vielleicht sogar Jahrhunderte auf der Erde eisig kalt wurde. Diesen Klimaschock überlebten die kaltblütigen Dinosaurier und mit ihnen eine Vielzahl anderer Tier- und Pflanzenarten nicht. Etwa ein Viertel aller lebenden Arten starb damals aus.

Dieser Übergang ist derart markant, daß er die Grenze zwischen dem Erdmittelalter und der paläontologischen Neuzeit, dem

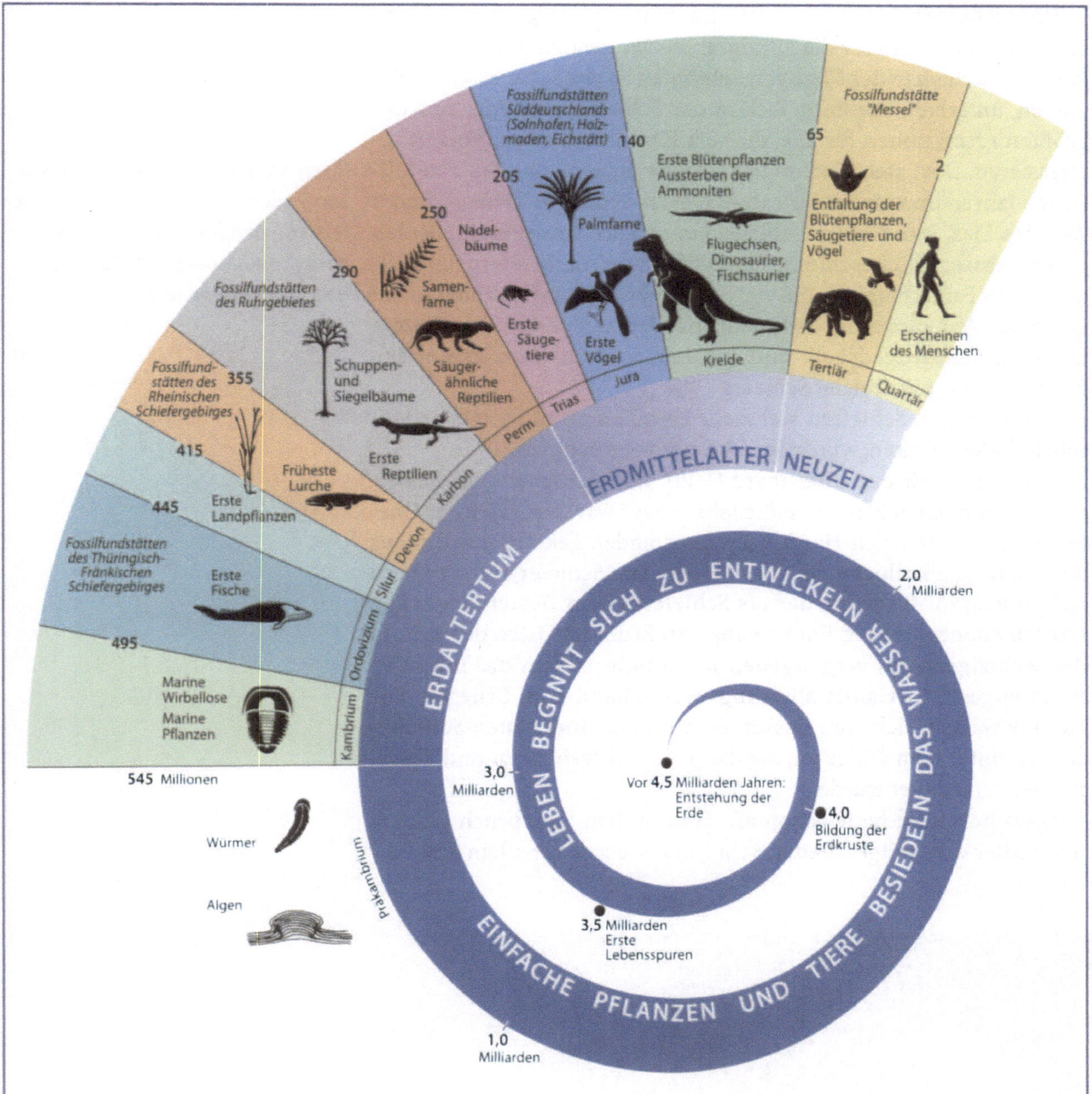

Känozoikum, darstellt. In der zur Erdneuzeit gehörenden Periode des Tertiär konnten sich nicht nur die Blütenpflanzen richtig entfalten. Die warmblütigen Säugetiere übernahmen das Regiment in der belebten Welt, die Vögel entwickelten eine erstaunliche Artenvielfalt. Erst innerhalb des erdgeschichtlich verschwindend kurzen Zeitraums der letzten zwei Millionen Jahre betraten die Hominiden und schließlich auch *Homo sapiens* die Bühne des Lebens.

BILD 7.4.
Geologische Zeitalter und die Entwicklung des Lebens

Die schönsten Funde aus dem Jura stammen dagegen aus Steinbrüchen. Neben den für die Lithographie verwendeten, äußerst feinkörnigen Kalken in der Nähe von Solnhofen ist der Schiefer von Holzmaden, unterhalb der Burg Teck in der Schwäbischen Alb, eine der größten Attraktionen für alle, die sich für das Leben der Vorzeit interessieren. Dort steht Posidonienschiefer an, ein vor etwa 200 Millionen Jahren im unteren Jura abgelagertes Sediment. Damals, in der Zeit des Lias, war Süddeutschland ein großes Binnenmeer, dessen untere Wasserschicht schlecht durchlüftet war. Am Meeresgrund bildeten sich Faulschlämme, die viel Schwefelwasserstoff enthielten. Im Laufe der Zeit kam es im Sediment zur Metamorphose: Das Gestein wurde zusammengedrückt und aus dem Faulschlamm entstanden bitumen- und pyritreiche Schiefer.

Daß in diesen Schiefern viel mehr Fossilien als nur ein paar Muschelschalen stecken, wurde im Oktober 1892 deutlich.

Der erst 24 Jahre alte Bernhard Hauff machte damals nämlich einen sensationellen Fund. Dreißig Jahre zuvor war sein Vater, der Chemiker Alwin Heinrich Hauff nach Holzmaden gekommen, um aus dem Posidonienschiefer Öl zu gewinnen. Der Schiefer enthält bis zu sieben Prozent Bitumen, das als Schieferöl dem Gestein entzogen werden konnte. Mit der Entdeckung von Erdöl im Osten der USA in den Achtzigern des vergangenen Jahrhunderts kam das lukrative Bitumengeschäft Hauffs allerdings weitgehend zum Erliegen. Die Familie wandte sich statt dessen dem Abbau einer festen Schieferschicht unter dem Ölflöz zu, die dann zu Fensterbänken und Tischplatten verarbeitet wurde.

Sohn Bernhard hatte schon als Kind in dem Steinbruch gespielt und später dort mitgearbeitet. Sein Interesse galt vor allem den Fos-

Ihren Namen erhielten die schwarzen Schichten des Posidonienschiefers von den fossilen Resten der darin vorkommenden Muschelgattung *Posidonomya*.

BILD 7.5.
Etwa 60 Zentimeter lang war dieser in Holzmaden gefundene Schmelzschuppenfisch

silien, die Steinbrucharbeiter immer wieder fanden. Was er jedoch im Oktober 1892 im Ölflöz freilegte, übertraf alle bisherigen Funde. Der junge Hauff entdeckte dort einen 1,20 Meter langen Ichtyosaurier. Sorgsam präparierte er nicht nur die Knochen dieser delphinähnlichen, räuberischen Meerechse heraus, ihm gelang es auch, die Haut und damit zum erstenmal den Körperumriß eines solchen Tieres freizulegen. Dieser Fund machte nicht nur seinen Finder, sondern auch den Ort Holzmaden unter Paläontologen weltberühmt.

GIFTIGER FAULSCHLAMM AUF DEM GRUND FLACHER SEEN

Ölschiefer entstanden in Deutschland aber nicht nur im Jura, sondern auch mehr als hundert Millionen Jahre später in dem zur Periode des Tertiär gehörenden Eozän. In der Nähe von Darmstadt am Rande des Odenwaldes muß es damals im Küstenbereich eines tropischen Ozeans flache Süßwasserwannen gegeben haben. Im warmen Seewasser gediehen üppige Algenkolonien, die nach ihrem Absterben dem ohnehin schlecht durchlüfteten Wasser in der Nähe des Seebodens auch noch den letzten Sauerstoff entzogen. Das machte den Seeboden zu einem Faulschlamm, der vor einer giftigen Atmosphäre aus Schwefelwasserstoff, Ammoniak und Methan umgeben war. Darin konnten selbst aaszersetzende Bakterien nicht mehr überleben. Deshalb wurden darin die Kadaver größerer Tiere, die auf den Grund des Sees gesunken waren, auch nicht abgebaut. Sie blieben zum Teil so gut erhalten, daß sogar noch die Weichteilstruktur ihrer Körper zu erkennen war.

Ähnlich wie in Holzmaden entstanden auch aus dem Faulschlamm am Grunde des eozänen Sees bituminöse Schiefer, von denen zwischen 1868 und 1971 mehr als 20 Millionen Tonnen in dem als Grube Messel bekannten Tagebau abgebaut wurden. Daraus wurden nicht nur Rohöl, Paraffin und Schwarzfarben gewonnen; immer wieder kamen auch wunderschön erhaltene Versteinerungen zutage. Das erste größere Stück kam schon 1875 zum Vorschein, als das Fossil eines Krokodils entdeckt wurde. Zu den Prunkstücken der Messeler Fossilien gehören zweifellos die Fledermäuse, von denen sogar die Flughäute erhalten sind. Eine wissenschaftliche Sensation war der Fund eines etwa einen halben Meter großen, antilopenartigen Säugetieres. Es stellte sich heraus, daß es sich dabei um ein etwa 50 Millionen Jahre altes Fossil eines Urpferdchens handelte. Dessen Vorderbeine hatten drei, die Hinterbeine vier Hufe. Es vertritt einen frühen europäischen Seitenzweig des Pferdestammbaums, war aber kein Grasfresser wie alle jüngeren Pferde. Daß es statt dessen Blätter von Sträuchern und

sogar Weintrauben fraß, schlossen die Paläontologen nicht nur aus der Form der Zähne. Vielmehr erlaubte die hervorragende Erhaltung der Magen- und Darminhalte vieler in Messel gefundenen Fossilien eine Analyse des Speisezettels der Tiere, wobei viele Überraschungen zu Tage traten. In vielen Fällen konnten sogar die Verhältnisse zwischen Wirtsorganismen und Parasiten entschlüsselt werden. Aus den Funden haben Paläontologen inzwischen eine Landschaft rekonstruiert, wie sie vor 50 Millionen Jahren, zu Beginn der explosiven Entwicklung der Lebewesen im Tertiär, für die Tropen typisch gewesen sein mag.

Verschiedene Versteinerungen von Urpferdchen wurden auch im Eckfelder Maar bei Manderscheid in der Eifel gefunden. Diese Säugetiere sind allerdings etwa fünf Millionen Jahre jünger als die Fossilien aus der Grube Messel. Ebenfalls aus dem Eozän stammen all jene Versteinerungen, die im Laufe der vergangenen 70 Jahre aus den Braunkohlen des Geiseltals, etwa 20 Kilometer südlich von Halle, gefunden wurden. Bei systematischen Grabungen wurden dort inzwischen mehr als 200 000 Fossilien, davon etwa 40 000 größere Stükke, geborgen. Zu den Prunkstücken dieser Sammlung gehören 60 vollständig erhaltene Skelette von bis zu 2,50 Meter langen Riesenschlangen. Wie eine *Boa constrictor* von heute erdrückten diese Schlangen damals ihre Beute.

Jede dieser Versteinerungen gibt aber nicht nur Auskunft über das Klima, das zur Vorzeit am Fundort geherrscht hat. Sie läßt auch Rückschlüsse auf das Ökosystem zu, in dem das Tier oder die Pflanze leb-

Der Fossilfundort Messel ist so bedeutend, weil dort guterhaltene Tier- und Pflanzenfossilien aus drei Lebensräumen, nämlich Seewasser Land und Luft, vorkommen.

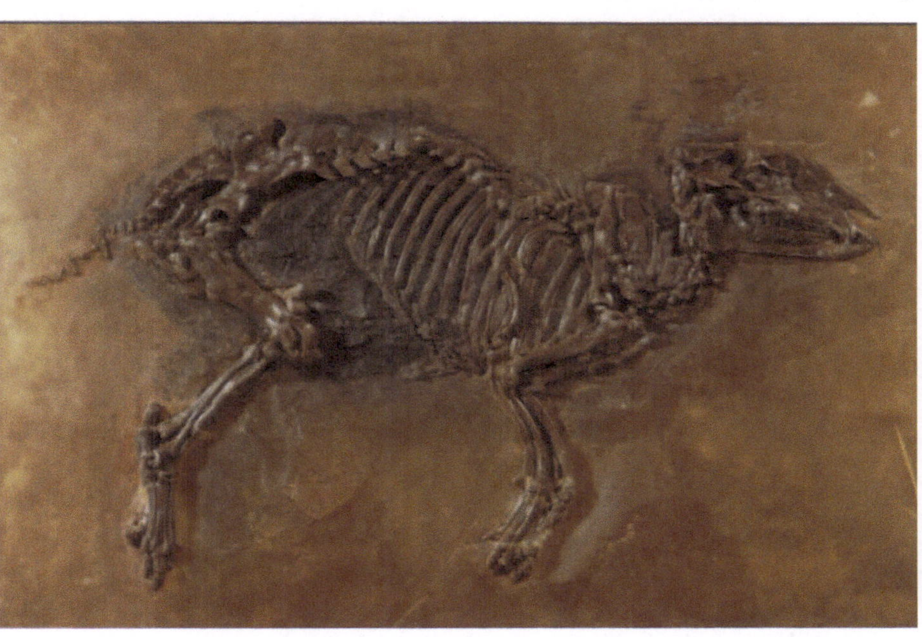

te und vermittelt damit einen Einblick in die vielen Veränderungen, die sich während der Erdgeschichte auf der Oberfläche der Erde ereigneten. Wer hätte beispielsweise gedacht, daß Deutschland während eines großen Teils der Erdhistorie nichts anderes als der Boden flacher Randmeere verschiedener tropischer Ozeane war? Zu anderen Zeiten dagegen waren große Bereiche unseres Landes von dicken Gletschern bedeckt, unter denen alles Leben in eisigem Tiefschlaf versank.

Fossilien sind vor allen Dingen auch ein zuverlässiges Mittel zur zeitlichen Einordnung jener Gesteinsschicht, in der die Versteinerung oder der Abdruck gefunden wurde. Im Grunde baut der gesamte Zweig der „Historischen Geologie" auf sogenannten Leitfossilien auf, also auf bestimmten Lebewesen, die für ein Erdzeitalter besonders charakteristisch gewesen sind. Der zuerst von Darwin beschriebene evolutionäre Wandel schafft nämlich neue Typen von Fauna und Flora – das sind die Eck- und Kernpunkte biochronologischer Entwicklungsreihen. Schon lange bevor es mit Hilfe der radiometrischen Altersbestimmung möglich wurde, das tatsächliche Alter vieler Gesteine zu bestimmen, hatten die Paläontologen bereits recht gute Abschätzungen über die relative Dauer und die Abfolge der verschiedenen erdgeschichtlichen Perioden entwickelt. Viele Phasen der Erdgeschichte lassen sich allein aufgrund umfassender biochronologischer Analysen mit hoher Zeitauflösung datieren, weshalb auch bis heute kein Geologe auf die biologische Altersbestimmung verzichten kann.

ARCHYS VERWANDTE IN SPANIEN UND CHINA

Mindestens ebenso wichtig ist eine weitere Eigenschaft der Fossilien. Jede Versteinerung ist ein kleines Mosaiksteinchen in dem riesigen, von Charles Darwin begonnenen Puzzle, mit dem die Geowissenschaftler hoffen, irgendwann einmal die vollständige Geschichte des Lebens entschlüsseln zu können. Auch die sieben Exemplare des *Archaeopteryx lithographica* aus den Solnhofener Plattenkalken sind solche Mosaiksteine. In den vergangenen Jahrzehnten wurden in Spanien, auf Madagaskar und vor allem in vulkanischen Ablagerungen in der chinesischen Provinz Liaoning zahlreiche weitere Skelette von Urvögeln gefunden.

Keines von ihnen entsprach vollständig den gefiederten Nachkommen der Saurier aus der Frankenalb. Es sind aber gerade die feinen Unterschiede bei den Versteinerungen, beispielsweise in der Form des Schnabels, in der Anlage der Krallen oder in der Form des Brustbeins, die es den Paläontologen erlauben, die Entwicklungsgeschichte der frühen Vögel nachzuzeichnen. Auf diese Weise ist inzwischen so etwas wie ein Stammbaum der Urvögel entstanden. Zwar ist der fränkische Archaeopteryx darin mit einem Alter von knapp 150 Millionen Jahren noch immer der Altmeister, allerdings stellte er auch eine Sackgasse der Evolution dar. Beim Vergleich mit modernen Vögeln und den anderen Fossilien wurde nämlich deutlich, daß „Archy" – wie er inzwischen vor allem in der englischsprachigen Welt liebevoll

Das umfangreiche Artensterben am Übergang zwischen Kreide und Tertiär wurde wahrscheinlich durch eine einschneidende, globale Klimaänderung ausgelöst. Sie wurde durch den Einschlag eines 10 Kilometer großen Meteoriten auf der Erde verursacht.

BILD 7.8.
Viel Geschick und Fingerspitzengefühl gehören zum Herauspräparieren eines Fossils, wie hier in der Grube Messel

genannt wird – zwar ein guter Baumkletterer war, flügge wie eine Taube war er aber nicht. Aus dem Astwerk heraus konnte er gesteuert segeln und vielleicht das eine oder andere Mal mit den Flügeln schlagen. Sich selbst vom Boden in die Luft zu schwingen, dafür fehlten ihm nicht nur die nötigen Muskeln, sondern auch der geeignete Knochenbau.

Auch seine entfernten Verwandten aus China, *Gobipteryx* und *Confuciusornis*, waren bestimmt keine Flugakrobaten, doch immerhin waren sie zu längeren Schwüngen fähig. Zusammen mit einigen in Spanien gefundenen Urvögeln werden die chinesischen Exemplare in die Gruppe der Enantiornithes, der Gegenvögel, eingestuft. Sie entwickelten sich in der Kreide, demnach mindestens 20 Millionen Jahre später als der Archaeopteryx. Sie starben vor Beginn des Tertiärs aus. Erst vor etwa 65 Millionen Jahren entwickelten sich aus einem dritten Ast des Vogelstammbaums, den Ornithurae, die modernen Vögel.

Wollen Paläontologen konstruktiv an der Entschlüsselung dieses Puzzles mitarbeiten, reicht es schon längst nicht mehr, daß sie – wie eingangs erwähnt – gelegentlich Petrefakte unter dem Mikroskop anschauen. Geowissenschaftler, die Fossilien untersuchen wollen, müssen vielseitig befähigt sein, denn sie haben Grabungen im Feld zum Teil unter schwierigen Bedingungen in fernen Landen zu organisieren. Sie müssen in der Lage sein, die Funde ohne Beschädigung zu präparieren. Ohne genaue Kenntnisse der Anatomie heutiger Tiere und der Biophysik kommt kein Paläontologe mehr aus. Schließlich müssen sie auch die Werkzeuge der mikrobiologischen Forschung beherrschen, denn die Genanalyse von Fossilien spielt eine immer größere Rolle, um einem Fund einen Platz im Puzzle des Lebens zuweisen zu können. Schon längst leben die Paläontologen nicht mehr im Elfenbeinturm. Sie sind vielmehr die modernen „Detektive" der Geowissenschaften, die Stück für Stück Indizien über die Geschichte des Lebens zusammentragen.

Vulkane üben eine eigenartige Faszination aus. In ihren Ausbrüchen steckt die vernichtende Urgewalt der Erde, dennoch siedeln Landwirte in allen Teilen der Welt oft gefährlich nahe an den Schloten der Feuerberge. Sind die heißen Ablagerungen der Vulkane erst einmal abgekühlt, verwandeln sie sich schnell in äußerst fruchtbares Ackerland. Den Geowissenschaften fällt nicht die Aufgabe zu, das Leben der Menschen in Vulkangebieten zu regulieren. Das ist Sache der Politiker und Landesplaner, die sich bei ihren Entscheidungen allerdings auf das Fachwissen der Vulkanologen verlassen müssen. Zur Erfassung des vulkanischen Risikos sind grundlegende geologische Untersuchungen ebenso notwendig wie geophysikalische Messungen vor und während eines Ausbruchs.

Die Vulkane bringen Tod und neues Leben, sie lassen Inseln entstehen, beeinflussen unser Klima und können – aus respektvoller Entfernung betrachtet – ein ästhetischer Genuß sondergleichen sein.

BILD 8.1.
Ein typischer Stratovulkan, der Licancabur im Norden Chiles

8

Vulkane

DIE SCHMIEDE DES HEPHAISTOS

Schnellen Schrittes führt Wolfgang Müller den Besucher über die Aschefelder am Südhang des Ätna, dem höchsten aktiven Vulkan Europas. Der scharfe Wind weht den Wanderern zwar immer wieder feinste Staubkörner ins Gesicht, er hat aber auch sämtliche Wolken vertrieben, die morgens noch bedrohlich den Gipfel des Feuerberges auf Sizilien einhüllten. Nun hat man aus 3 000 Metern Höhe einen freien Blick, weit hinaus auf das Ionische Meer; an der Küste nimmt der Besucher die Silhouetten der Städte Catania und Acireale wahr. Im Vordergrund tut sich das Valle del Bove auf, ein riesiger, mit wild erstarrter, dunkler Lava gefüllter Talkessel. Erst als die Wanderer den Südostkrater des Ätna erreichen, hält Müller inne. Immer wieder käme es in diesem Krater zu Eruptionen, erklärt der frühere Automobilbauingenieur. Besonders beeindruckten ihn dabei die „Springbrunnen aus Lava", bei denen glühendes Gestein Hunderte Meter hoch in die Luft geschleudert wird. Müller gilt als einer der besten deutschen Kenner des Ätna. Schon vor Jahren gab er seinen erlernten Beruf auf und widmet sich seitdem ganz der Vulkanforschung. Der Ätna und der Stromboli auf der gleichnamigen Insel im Tyrrhenischen Meer sind gleichsam Müllers „Hausberge".

Mehrmals in der Stunde speit der Stromboli aus einem seiner drei eng beieinanderliegenden Krater in wilden Fontänen glühende Asche aus. Das geht nun schon seit mehr als zweitausend Jahren so, ununterbrochen, jede Stunde, jeden Tag. Obwohl er schon Hunderte Ausbrüche des Stromboli zum Teil aus nächster Nähe beobachtet hat, ist Müller von jeder Eruption aufs neue beeindruckt. „Wo nehmen diese Berge nur ihre Energie her?" fragt er den Begleiter beim Abstieg vom Ätna, nachdem er von den vielen Eruptionen bei Nacht erzählt hatte, bei denen die glühenden Lavafontänen besonders faszinieren.

Die Frage nach der Energiequelle eines Vulkans und ihrer Umsetzung bei einem Ausbruch stellt sich auch Don Dingwell vom Bayerischen Geoinstitut in Bayreuth. Im Keller dieses modernen Forschungsinstitutes hat er sich einen Bunker bauen lassen. Der in Ka-

Vulkanologen sprechen von Magma, solange die Gesteinsschmelze im Innern des Vulkans verbleibt. Gelangt sie an die Erdoberfläche, wird sie zu Lava.

nada geborene Geowissenschaftler fürchtet sich dabei nicht etwa vor
einem Bombenangriff. Vielmehr will er sich selbst, seine Mitarbeiter
und die anderen Wissenschaftler im Gebäude vor den Auswirkungen
jener gefährlichen Experimente schützen, die er im Bunker vornimmt.
In einem hinter dicken Betonwänden verborgenen Stahlkessel simuliert Dingwell im kleinen die gewaltigen Explosionen, welche die
600 aktiven Feuerberge der Erde jederzeit im großen vorführen können. Mit einer automatischen Kamera fotografiert er, was passiert,
wenn unter Druck geschmolzenes Gestein plötzlich expandiert. Nach
jedem Versuch analysieren Mitarbeiter seiner Arbeitsgruppe die dabei entstehenden „Produkte".

Dazu gehören auch solche Vulkanaschen, durch die Müller seinen
Begleiter jetzt am Ätna führt. Auf dem Rückweg wird am „Torre del
Filosofo" gerastet, einem Ort, der noch heute an die längst vergangenen Bergwanderungen des sizilianischen Denkers Empedokles
erinnert. Er gilt als der Vater jener vier Elemente, aus denen angeb-

lich die ganze Welt bestehen soll. Jeder dieser „Urbausteine" aus der Antike soll ganz besondere Eigenschaften haben. Die Erde, das erste Element, ist kalt und trocken, Element zwei, das Wasser, ist kalt und naß, das Feuer warm und trocken und die Luft als vierter Baustoff ist schließlich warm und naß.

BERGE AUS DER GLUT DER ERDE

Angeblich legte sich Empedokles bei seinen Wanderungen am Ätna vor fast 2 500 Jahren dieses Gedankengebäude zurecht. Tatsächlich haben die Gedanken des Sizilianers in Bezug auf Vulkane auch heute noch eine gewisse Berechtigung. Vor allem bei einer Eruption spielen sich im Schlund der Feuerberge Dinge ab, an denen alle vier klassischen Elemente beteiligt sind. Dabei gibt es kein anderes Naturereignis, das sich mit der Urgewalt eines explosiven Ausbruchs eines Vulkans vergleichen ließe. Solche Eruptionen sind die kraftvollsten Demonstrationen von Energie, welche die Natur auf der Erde zu bieten hat. Selbst schwere Erdbeben verblassen im Vergleich zu einem ausbrechenden Vulkan. Und auch die Detonation einer Wasserstoffbombe ist im Vergleich dazu ein kleiner Streichholzbrand. Innerhalb weniger Stunden kann eine explosive Eruption mehrere Kubikkilometer flüssigen und festen Gesteins zu feiner Asche verdampfen. Beim Ausbruch des Vesuv im Jahre 79 waren es etwa ein Dutzend Kubikkilometer. Die Eruption des Novarupta im Katmaikomplex Alaskas im Jahre 1912 verpuffte dreißig Kubikkilometer Gestein. Gösse man das Stadtgebiet Frankfurts etwa 300 Meter dick mit Beton ein, erhielte man etwa ein Volumen von 50 Kubikkilometern. Nun stelle man sich vor, dieser Beton und alles unter ihm Verschwundene würden innerhalb weniger Stunden zu einer feinstäubigen Asche verdampfen, die dann noch zwanzig Kilometer hoch in die Atmosphäre geschleudert wird. Genau das geschah im Jahre 1815 bei der Explosion des Tambora auf der indonesischen Insel Sumbawa, als 50 Kubikkilometer Gestein innerhalb weniger Stunden in die Atmosphäre geschleudert wurden. Wo früher ein gewaltiger Berg von über 3 000 Metern Höhe stand, klafft heute eine enorme Kraterschüssel, eine sogenannte Caldera.

Das Aufsteigen einer solchen Aschewolke in die Stratosphäre ist – aus sicherer Entfernung betrachtet – ein überwältigendes Schauspiel. Die Hitze der Eruption trägt die Asche lautlos in immer größere Höhen. Das ist keine Rauchfahne, die da über dem explodierenden Berg steht. Das ist eine undurchsichtige, aufquellende Wolke, in der jede Schattierung von Grau vorkommt. Bedrohend wie eine vom Horizont herankommende Gewitterfront wächst diese Wolke und verdunkelt

die Sonne. „Die Wolke sah aus wie Blumenkohl," sagten viele der Au-
genzeugen, die den Ausbruch des Mount St. Helens im amerikanischen Bundesstaat Washington im Mai 1980 erlebten. Tatsächlich hat
die äußere Seite der Aschewolke eine gewisse Ähnlichkeit mit der
runzeligen Oberfläche eines solchen Kohlkopfes. Der Grund: Aus dem
Inneren der Wolke quillt ständig heiße Asche in den kühleren Außen-
bereich vor.

HEISSE LAWINEN AUS GLÜHENDER ASCHE

Während Asche in die Atmosphäre aufsteigt, spielen sich an den
Hängen eines ausbrechenden Vulkans Szenen unvergleichlicher Zerstörung ab. Heiße Lawinen aus Gas, glühender Asche und Tonnen von
Geröll rasen mit der Geschwindigkeit von Rennwagen die Hänge hinab. Herculaneum versank beim Ausbruch des Vesuv im Jahre 79 in
solchen pyroklastischen Wolken. Ähnliche Glutlawinen kosteten die
Wissenschaftler und Fernsehreporter, die im Juni 1991 den ausbrechenden Vulkan Unzen in Japan besteigen wollten, das Leben.

Auch die Aschewolke selbst birgt große Gefahren für die nähere
Umgebung eines Vulkans. Wenn sie thermisch instabil wird, kann sie
kollabieren. Dann regnet aus ihr stundenlang Asche auf die Hänge
des Vulkans. Auf Pompeji ging im Jahre 79 soviel Asche nieder, daß

diese Stadt unter einer bis zu 20 Meter hohen Schicht begraben wurde. Auch bei der Eruption des Pinatubo im Jahre 1991 und beim Ausbruch der Vulkane bei Rabaul in Papua-Neuguinea richtete der Ascheregen die größten Schäden an. Auf der Karibikinsel Montserrat hüllte im Jahre 1997 der Ascheregen des Vulkans Soufriere Hills die Inselhauptstadt Plymouth innerhalb weniger Minuten in eine Geisterstadt. Zum Glück war der Ort wenige Wochen vor dem Ausbruch weitgehend evakuiert worden, so daß keine Todesopfer zu beklagen waren.

Nicht weit von der britischen Kolonie Montserrat entfernt, auf der französischen Insel Martinique, gab es im Jahre 1912 allerdings keine Warnung. Die Eruption des als erloschen gegoltenen Vulkans Mont Pelé geschah damals ohne irgendwelche Vorboten. In der Nacht ergoß sich plötzlich eine heiße Glutwolke auf die Inselhauptstadt Saint Pierre. Innerhalb weniger Minuten zerstörte diese sogenannte Nuée Ardente nahezu alles Leben in der Stadt. 29 000 Einwohner starben, indem sie entweder in der heißen Wolke verglühten oder in der Asche erstickten. Lediglich ein Sträfling, der in einem tiefen Kerker einsaß, überlebte die Eruption.

BILD 8.4.
Im Ascheregen versank Plymouth, die Hauptstadt der Karibikinsel Montserrat, während des Ausbruchs des Vulkans Soufriere Hills

Daß in Montserrat eine Warnung möglich war, in Martinique aber nicht, ist nicht unbedingt eine Folge des wissenschaftlichen Fortschrittes, den Vulkanologen in den 85 Jahren zwischen diesen beiden Vulkanausbrüchen erreicht haben. Häufig lassen es sich die Feuerberge einfach nicht anmerken, daß sich in ihrem Inneren etwas Bedrohliches zusammenbraut. Das mußte am 14. Januar 1993 auch eine Gruppe von Geowissenschaftlern erfahren, die gerade in den Krater des Galerasvulkans im Süden Kolumbiens hinabgestiegen war. Plötzlich, ohne Vorwarnung, ohne irgendein äußeres Anzeichen, gab es eine Gas- und Dampferuption, bei der sechs Vulkanologen und drei Touristen umkamen. Das Unglück war besonders tragisch, weil die Expertengruppe zum Galeras gereist war, um festzustellen, ob ein Vulkan überhaupt natürliche Signale abgibt, bevor er ausbricht und wie sie gegebenenfalls aussehen könnten.

Eigentlich ist es schwer verständlich, daß sich ein Vulkan in seinem Inneren vor einem Ausbruch völlig ruhig verhält, denn wie bereits erwähnt, gibt es kein Ereignis auf der Welt, bei dem in so kurzer Zeit so viel Energie umgesetzt wird wie bei einer Vulkaneruption. Beim Ausbruch des Pinatubo auf den Philippinen im Juni 1991 wur-

BILD 8.5.
Der Vulkan Semeru in Ostjava, Indonesien, stößt in regelmäßigen Abständen Dampfwolken aus. Die Bildsequenz zeigt den typischen Verlauf einer solchen Eruption

Der feinverteilte Staub des Pinatubo reflektierte auch einen kleinen Teil der Sonnenstrahlung. Eine leichte Abkühlung der Erdatmosphäre war die Folge.

Maare

Zeugen besonders virulenter Vulkanexplosionen

Aktive Vulkane gibt es in Deutschland keine; dennoch findet man auch hierzulande Spuren früheren Vulkanismus', so unter anderem am Kaiserstuhl im Oberrheintal, am Vogelsberg, im Hegau, im Siebengebirge und vor allem in der Eifel. Mehr als 240 ehemalige vulkanische Förderpunkte haben Geologen zwischen Mosel, Rhein und Ardennen entdeckt, 59 davon sind Maare. Dabei handelt es sich um trichterförmige Hohlformen, also Vulkankrater, die in die ehemalige Geländeoberfläche eingeschnitten sind. Viele dieser runden, oft von einem Wall umgebenen Trichter sind mit Wasser gefüllt. Eifelmaare können einen Durchmesser von bis zu 1,7 Kilometer haben und sind bis zu 180 Meter tief.

Lange Zeit war die Art der Entstehung der Maare umstritten. In den vergangenen zwanzig Jahren konnten Geologen aber nachweisen, daß die Maare Endprodukte besonders virulenter Vulkaneruptionen sind. Sie entstanden, als aus dem Erdinneren aufsteigendes Magma mit Grundwasser in Kontakt kam. Die große Hitze der Gesteinsschmelze ließ das Grundwasser dabei schlagartig verdampfen. Die Folge waren schwere explosive Eruptionen. Bei solchen „phreatomagmatischen" Ausbrüchen entstehen Eruptionswolken aus Asche, Lapilli, einigen vulkanischen Bomben und sehr großen Mengen Wasserdampf. Die freiwerdende Kraft ist so gewaltig, daß sie tiefe trichterförmige Löcher in den Erdboden reißen kann. Nach dem Abklingen der vulkanischen Tätigkeit füllten sich diese Trichter schnell mit Grund- und Regenwasser, wobei die für die Vulkaneifel typischen Maarseen entstanden. Maare gibt es auch in anderen Teilen der Welt, so im französischen Zentralmassiv und auf den Philippinen. Diese Vulkanform ist mit jenen Vulkanschloten in Südafrika, Sibirien und Australien verwandt, aus denen Diamanten aus dem Erdmantel zu Tage gefördert wurden. Allerdings sind aus der Eifel keine derartigen Edelsteinfunde bekannt.

BILD 8.6.
Maarseen, wie hier in der Eifel, sind mit Wasser gefüllte ehemalige Vulkanschlote

den innerhalb eines halben Tages etwa 10^{19} Joule thermischer Energie in kinetische Energie umgewandelt. Das entspricht der Gewalt von etwa 100 000 Hiroshimabomben. In den zwölf Stunden des Ausbruchs wurden etwa 15 Kubikkilometer pulverisierten Gesteins aus dem Schlot des Pinatubo geschleudert. Der feine Staub drang bis weit in die Stratosphäre. Das dort an ihm gestreute Sonnenlicht sorgte noch Jahre nach dem Ausbruch für farbenprächtige Sonnenuntergänge in allen Teilen der Welt.

Ein möglicher Indikator für eine bevorstehende Eruption könnte im Gas verborgen sein, das ein Vulkan nahezu kontinuierlich aus Fumarolen und Solfataren emittiert. Eckhard Faber von der Bundesanstalt für Geowissenschaften und Rohstoffe (BGR) in Hannover und seine Mitarbeiter haben daher verschiedene Methoden entwickelt, die chemische Zusammensetzung der vulkanischen Gase in Echtzeit zu messen. Mit einer Pumpe saugen sie durch einen Schlauch das Gas aus einer Fumarole an und führen es einem Massenspektrometer zu. Darin wird das Gas analysiert. Kohlendioxyd, Schwefeldioxyd und Schwefelwasserstoff sind die wichtigsten Bestandteile. Faber hat aber auch Edelgase, Methan und verschiedene Schwefelverbindungen gefunden.

Wenn Schwefel in den Bronchien sticht

Nicht immer sind solche Untersuchungen einfach. Testmessungen an den Fumarolen auf der Insel Vulcano in den Äolen fanden bei herrlichem Wetter statt. Die Meßeinrichtung war in einem Kleinbus untergebracht. Nachdem alles aufgebaut war, hatten die Geochemiker auch etwas Zeit, die herrliche Landschaft auf dieser Liparischen Insel zu genießen. Völlig anders war die Situation dagegen einige Monate später, als die Hannoveraner Gruppe ihre Apparaturen auf dem 4 200 Meter hohen Gipfel des berüchtigten Galeras aufbaute. Starker Regen, orkanartige Windböen und in den Bronchien stechende Schwefeldämpfe machten den Geochemikern in der ohnehin dünnen Atemluft das Leben schwer.

Am Ätna und am ebenfalls zu den Äolischen Inseln gehörenden Vulkan Stromboli suchen unterdessen Rolf Schick und seine Mitarbeiter der Universität Stuttgart nach einer anderen Klasse möglicher Eruptionsvorboten. Wenn sich Magma und Gase im Inneren eines Vulkans regen, so meinen die Geophysiker, müßte diese Bewegung Geräusche erzeugen, so ähnlich wie Wasser in Rohrleitungen rauscht oder ein Gebirgsbach plätschert. Diese Dauertöne aus den Tiefen ei-

Nicht immer braucht man Seismometer, um Vulkangeräuschen zu lauschen. Oft faucht es im Krater wie beim Anfahren einer Dampflok oder es pfeift wie beim Zünden einer Silvesterrakete.

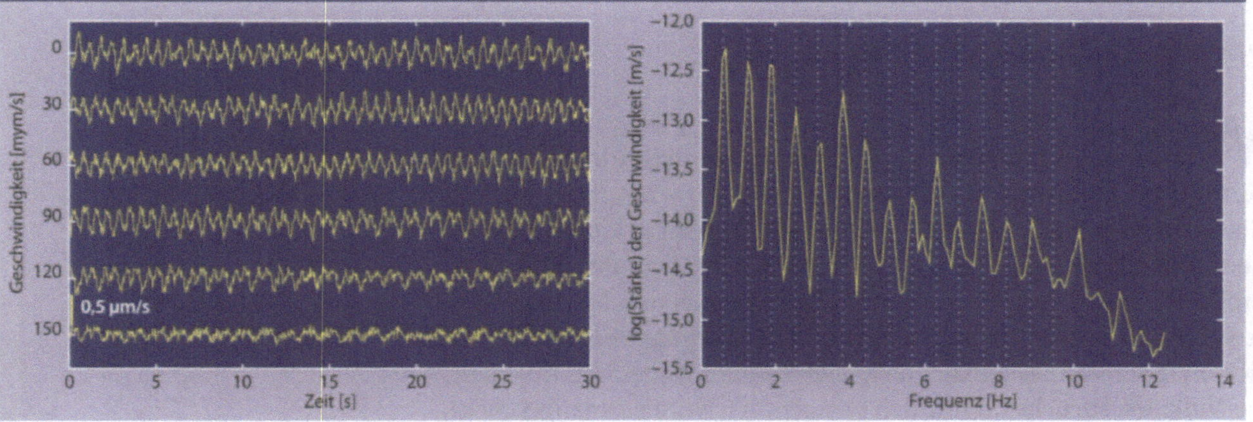

BILD 8.7.
Eine besondere Form der seismischen Signale eines Vulkans. Dieser Tremor des Lascar im Norden Chiles heißt harmonisch (*links*), weil die in dem Signal enthaltenen Frequenzen Vielfache einer Grundfrequenz sind. Das wird im Spektrum (*rechts*) deutlich

nes Feuerberges wurden schon im Jahre 1911 in Japan entdeckt und heißen seitdem „vulkanischer Tremor". An der Erdoberfläche können sie mit empfindlichen Seismometern aufgezeichnet werden. Intensität und Frequenzgehalt des Tremors dienen den Geophysikern als recht gute Zustandsindikatoren des Vulkans – eine verläßliche Vorhersage von Ausbrüchen ist damit allerdings noch nicht möglich.

Die Arbeit der Geowissensschaftler an aktiven Vulkanen läßt sich mit der diagnostischen Tätigkeit von Ärzten vergleichen. Auch sie können nicht direkt in den menschlichen Körper schauen und sind deshalb ebenfalls auf die Beobachtung von außen angewiesen. Das Stethoskop, mit dem ein Arzt etwas über den Zustand der Atemwege und des Herzens erfahren kann, ist für die Geowissenschaftler das Seismometer, mit dem sich gleichsam der Puls des Vulkans messen läßt. Das Fieberthermometer wird am Vulkan durch die Infrarotkamera ersetzt. Dem Blutdruckmeßgerät entsprechen Neigungsmesser, die an den Hängen der Vulkane installiert werden. Erhöht sich der Gasdruck innerhalb des Berges, wölben sich seine Flanken nach außen.

Wie Ärzte können auch Vulkanologen keine zuverlässige Diagnose aufgrund der Ergebnisse eines einzigen Meßverfahrens stellen. Deshalb müssen sie möglichst viele physikalische und chemische Kenngrößen eines Vulkans gleichzeitig über einen langen Zeitraum messen, vom Tremor über die Neigung und die Zusammensetzung der Gase bis zur Temperatur sowie den elektrischen und magnetischen Feldern. Deutsche Geowissenschaftler sind bei der Verwirklichung solcher „Multiparametermessungen" führend. Neben der am kolumbianischen Galeras arbeitenden BGR-Gruppe messen Mitarbeiter zahlreicher Universitätsinstitute unter Koordination des GeoForschungsZentrums in Potsdam am Merapi in Zentraljava in Indonesien.

DAS GEHEIMNIS DER SEKTFLASCHE

Mit derartigen Messungen wird allerdings nicht nur der Zweck verfolgt, rechtzeitig vor Vulkanausbrüchen zu warnen und damit Großstädten wie Pasto am Galeras oder Yogyakarta am Merapi die Zeit zu geben, die Saint Pierre auf Martinique im Jahre 1912, als es dem Erdboden gleichgemacht wurde, nicht hatte. Aus den Meßergebnissen können Geophysiker auch Modelle jener Vorgänge berechnen, die sich im Inneren eines Vulkans abspielen können. Angesichts des Leids, das Vulkanausbrüche oft mit sich bringen, erscheint es unangebracht, über Champagner zu reden. Doch ist gerade das Öffnen einer Sektflasche ein gutes Modell für jene Vorgänge, die sich zu Beginn eines Vulkanausbruchs abspielen. Solange nämlich der Korken den Flaschenhals verschließt, kann das im Schaumwein gelöste Kohlendioxyd nicht entweichen. Entfernt man aber die Drahtsicherung, läßt der in der Flasche herrschende Überdruck den Korken knallen. Das entweichende Gas schäumt den Champagner auf. Er spritzt mit hoher Geschwindigkeit aus der Flasche.

BILD 8.8.
In fünf Monaten wurde dieser Vulkankegel am Kilauea, Hawaii, aufgeschichtet

Die kegelförmigen Feuerberge sind oft für Jahrhunderte wie eine Sektflasche verkorkt. Als Korken wirkt eine Säule erkalteter Lava, die den Vulkanschlot hermetisch verschließt. Aus den tiefen Schichten des Erdmantels aufsteigendes Magma kann deshalb nicht entweichen, sondern sammelt sich in Kammern unterhalb des Schlotes. Beim Aufsteigen kann die Silikatschmelze Phasenänderungen durchlaufen. Dabei kristallisieren Minerale aus – gleichzeitig wird in der Schmelze gelöstes Gas frei. Je mehr Magma nun von unten aufsteigt und auskristallisiert, desto höher wird der Gasüberdruck in der Kammer. Der Druck kann so weit ansteigen, daß er den als Korken wirkenden Lavapfropfen in einer gewaltigen Explosion wegsprengt.

Weder die mathematischen Modelle noch die gleichzeitige Messung mehrerer physikalischer Parameter ergeben jedoch ein vollständiges Bild des Verhaltens eines Vulkans. Zum Beispiel beschreibt das Modell „Sektflasche" lediglich den Beginn einer Eruption. Stundenlang dauernde Ausbrüche wie im Jahre 79 am Vesuv oder 1991 am Pinatubo sind gleichsam stationäre Zustände, für deren Beschreibung das Sektmodell völlig ungeeignet ist. Die Geschichte eines Vulkans und seine Verhaltensweisen erschließen sich dem Vulkanologen nur, wenn er zusätzlich geologische Befunde früherer Ausbrüche auswertet, das Vulkangebäude also so detailliert untersucht, wie es ein Pathologe mit dem menschlichen Körper tut. Einer der ersten auf diesem Gebiet tätigen Forscher war Baron Sartorius von Waltershausen. Als Professor für Mineralogie in Göttingen verbrachte er im vergangenen Jahrhundert viele Jahre am Ätna. Mit seinen Untersuchungen im Valle del Bove erschloß er die Ausbruchsgeschichte des Hausbergs des Empedokles in bis dahin nicht gekannten Details.

Vulkanische Ozeaninseln sind wie Eisberge. Weit weniger als 10 Prozent ihres Volumens reichen über die Meeresoberfläche.

In dieser Tradition haben Hans-Ulrich Schmincke und seine Mitarbeiter vom GEOMAR-Forschungszentrum für Marine Geowissenschaften in Kiel die im Kanarischen Archipel vor der afrikanischen Küste gelegene Vulkaninsel Gran Canaria gründlich untersucht. Dabei beschränkten sie sich nicht nur auf die geologische Bestandsaufnahme an Land, sondern setzten auch die modernsten Werkzeuge der geologischen Forschung auf dem Meer, wie das Bohrschiff „Joides Resolution" und das deutsche Forschungsschiff „Meteor", ein. Solche ozeanischen Inselvulkane unterscheiden sich in zwei Aspekten grundsätzlich von großen Landvulkanen, wie beispielsweise dem Pinatubo, dem Merapi oder dem Galeras. Die Feuerberge der Ozeane sind durchweg einige dutzendemal größer als Vulkane an Land. Das Volumen des Fujijama beträgt beispielsweise 800 Kubikkilometer, Schmincke schätzt das von Gran Canaria auf etwa 50 000 Kubikkilometer. Außerdem sind Landvulkane vielleicht einige Millionen Jahre aktiv, die großen ozeanischen Vulkaninseln dagegen um eine Zehnerpotenz älter. So reicht die geologische Ge-

schichte der Kanarischen Inseln mindestens 20 Millionen Jahre zurück.

Zu den interessanten Ergebnissen der Kieler Arbeitsgruppe gehört, daß sich auf Gran Canaria konstruktive geologische Vorgänge immer wieder mit destruktiven Prozessen abgewechselt haben. Zu den konstruktiven Phasen zählt dabei alles, was zum Aufbau der Insel beiträgt, also Magmaintrusionen und Eruptionen, die Gestein in Form von Laven, Aschen oder Tephra an die Erdoberfläche brachten.

Dem stehen die zerstörerischen Prozesse, beispielsweise gewaltige Schuttlawinen und Flankenabbrüche gegenüber, die immer wieder Teile des Vulkans im Meer versinken ließen. Zum Teil erzeugten sie große Flutwellen, die Nachbarinseln überschwemmten.

BILD 8.9.
Bei einer Eruption des Kilauea auf Hawaii zerstörte dieser Lavastrom Waldstücke, die auf seinem Weg lagen

ÜBER NACHT AUF EINEM PULVERFASS

Bei aller Gefahr, denen sich Vulkanologen gelegentlich aussetzen und bei aller Ernsthaftigkeit ihrer wissenschaftlichen Fragestellungen, bietet dieser Zweig der geowissenschaftlichen Forschung auch heute noch eine Prise Abenteuer und einen Schuß Romantik; so auf dem abgelegenen und schwer zugänglichen Vulkan Krakatau in der Sundastraße, zwischen den indonesischen Inseln Java und Sumatra. Er ist nur mit einem Boot zu erreichen. Für 400 000 Rupien ist Kapitän Jao bereit, eine Gruppe von Forschern mit seinem Fischkutter „Simpati" auf die Insel zu bringen. Schon am Strand, beim Ausbooten, riecht man den Vulkan. Vom Gipfel weht der Wind schweflige Dämpfe in die tropische Mittagshitze. Wissenschaftler haben auf dem Berg, der im Jahre 1883 in einer kataklysmischen Explosion ausbrach, Meßgeräte aufgebaut. Auch heute noch rumort in seinem Inneren ständig der vulkanische Tremor, ein sicheres Zeichen, daß sich unter seiner Oberfläche wieder Magma ansammelt. Irgendwann, vielleicht morgen, vielleicht in zwanzig Jahren, wird der Überdruck so groß werden, daß er den Lavapfropfen im Schlot des Krakatau wegsprengt. Wer sich an diesem Tag auf dem Berg aufhält, hat keine Überlebenschance.

Doch wenn kurz nach achtzehn Uhr die tropische Nacht über dem Krakatau hereinbricht und gut eine Stunde nach Sonnenuntergang das Kreuz des Südens in der Milchstraße zu funkeln beginnt, vergißt man die Gefahr. Es kommt eine Brise auf, von der die über der Insel stehende Schwüle hinweggeblasen wird. In der Meeresbrandung blitzt leuchtendes Plankton und Tausende von Glühwürmchen umschwirren das niedrig brennende Lagerfeuer. So kann es nur auf einer einsamen tropischen Paradiesinsel zugehen – auch wenn der Sandstrand von Krakatau nicht blendend weiß, sondern durch die Vulkanasche schwarz gefärbt ist. Daß unter dem Krakatau wirklich Magma brodelt und der Vulkan dabei unmerklich vibriert, scheint in dieser Nacht kaum mehr als eine unwichtige wissenschaftliche Hypothese zu sein.

Es ist, als verlöre man den Halt. Der Boden unter den Füßen schwankt. Die Welt, die gerade noch fest, solide und haltbar erschien, ist ins Wanken geraten. Regale stürzen zusammen, Schränke fallen um, das ganze Haus scheint in Bewegung. Der Mensch verliert in diesem Ausnahmezustand der sinnlichen Wahrnehmung Orientierung und Gleichgewicht. Wer je ein schweres Erdbeben mitgemacht – und überlebt – hat, wird das Gefühl der Ohnmacht nicht vergessen, das ihn dabei überkam. Wenn sich die Erde wie ein unbändiger Rodeohengst unter ihm aufbäumt, werden die Sekunden des Schwankens und der Haltlosigkeit zur Ewigkeit. Überall, wo sich Erdbeben ereignen, verbreiten sie Angst und Schrecken – nicht nur, weil sie das gewohnte Bezugssystem von oben und unten, von rechts und links durcheinanderbringen. Es ist das unverhoffte Auftreten und die Unberechenbarkeit, die Menschen ängstigen. Jahrzehntelang haben sich Seismologen in der Vorhersage von Erdbeben versucht – nur um immer wieder enttäuscht festzustellen, daß für die gigantischen tektonischen Kräfte andere Gesetze gelten, als sie die Forschung bisher kennt. Dennoch ist die Seismologie einer der wichtigsten Zweige der Geowissenschaften, denn ohne die Untersuchung von Erdbebenwellen wüßten wir wenig über den Aufbau des tiefen Erdinnern. Das Fachwissen der Seismologen kann aber auch helfen, die unvermeidlichen Erdbebenschäden zu minimieren.

9 Erdbeben

DER STAUB VON BERSTENDEM BETON

Es war einer dieser herrlichen Herbstnachmittage, wie es sie nur in der Bucht von San Francisco gibt. Trotz einer leichten Brise fühlte sich die Luft angenehm warm an. Der Himmel war wolkenlos, und wegen der späten Jahreszeit – es war immerhin schon Mitte Oktober – brannte die Sonne auch nicht mehr subtropisch. Um 17.30 Uhr sollte das Endspiel um die Meisterschaft im Baseball zwischen den San Francisco Giants und dem Lokalrivalen, den Oakland Athletics, beginnen. Das Candlestickstadion in San Francisco ist berüchtigt für seinen Nebel und den eiskalten Wind, der dort gelegentlich die Zuschauer auf Mark und Bein durchfriert. An diesem Tag hatte freilich kaum einer der 60 000 Zuschauer Decken und warme Pullover mitgebracht. Die laue Oktoberluft war ideal für Meisterschaftsbaseball. Zum Anwurf des Spiels kam es jedoch nicht. Um 17.04 Uhr wurde ganz Nordkalifornien von einem schweren Erdbeben erschüttert. Binnen weniger Minuten füllte sich die klare Herbstluft mit Staub von berstendem Beton und brechendem Mörtel, mit dem Geruch von Bränden und dem Gestank von Benzin, das aus zerstörten Automobilen auslief. Die fünf Millionen Einwohner entlang der Bucht von San Francisco erlebten ein schweres Erdbeben. Es geschah zur denkbar ungünstigsten Zeit – genau während des Berufsverkehrs.

Während des Bebens saß der Beobachter in einem geparkten Auto. Zuerst schaukelte der Wagen langsam, doch dann trafen die Erdbebenwellen genau die Resonanzfrequenz der Stoßdämpfer. Man hatte das Gefühl, der Wagen wollte unter seinem Fahrer weghüpfen. Nach gut zehn Sekunden war der Spuk vorüber. In dem Villenvorort auf der Ostseite der Bucht schien alles normal. Die Häuser und die nahe Schule hatten keinen Schaden erlitten. Lediglich einige Hunde bellten und Kinder schrien aufgeregt: „Erdbeben, Erdbeben!" Das Autoradio aber schwieg plötzlich. Keiner der drei Rundfunksender, die Nordkalifornien rund um die Uhr mit Nachrichten versorgten, sendete mehr. Auch auf den Frequenzen anderer Stationen hörte man nur noch Rauschen. Lediglich ein Rockmusiksender stampf-

Die von schweren Erdbeben ausgelösten seismischen Wellen haben Schwingungsperioden von einer Sekunde und mehr.

te noch dumpf vor sich hin – bis ein aufgeregter Diskjockey das Programm unterbrach. „Wow", jaulte er ins Mikrophon, „that was the Big One!"

„Das große Beben" – wie oft hatte man die Einwohner der Bucht davor gewarnt. Es würde schlimmer kommen als am 18. April 1906, hieß es. Damals war San Francisco schon einmal von einem Beben und den folgenden Bränden in Schutt und Asche gelegt worden. Zu jener Zeit gab es jedoch weder in San Francisco noch in Oakland Hochhäuser. Und die Ufer der Bucht waren noch nicht mit Schutt und

Schlick zu neuem Bauland aufgeschüttet worden. Ein solcher Untergrund verhält sich bei einem Erdbeben genauso wie Wackelpudding. Damals gab es auch noch keine Brücken über die Bucht und keine Hochstraßen, auf denen täglich Hunderttausende von Pendlern fahren. Wenn das „The Big One" war, kommt dem Beobachter in den Sinn, muß die Stadt jetzt in Trümmern liegen.

Obwohl bei dem Erdbeben am 17. Oktober 1989 mehr als 60 Menschen ums Leben kamen, lag die Stadt nicht in Schutt und Asche. Die schweren Sachschäden waren auf das Marinaviertel am Yachthafen von San Francisco, die doppelstöckige Autobahn am Containerhafen von Oakland sowie auf die Innenstädte von Santa Cruz und Watsonville beschränkt. Auch im Waldgebiet des Küstengebirges, südlich von San Francisco, gab es schwere Schäden. Dort, unter dem Loma-Prieta-Gipfel, befand sich das Hypozentrum, an dem die weltberühmte San-Andreas-Verwerfung geborsten war.

Kein Wissenschaftler hat je mit eigenen Augen beobachtet, was sich in einem Bebenherd im Moment des Berstens genau abspielt. Dennoch haben die Seismologen im Laufe der Jahre aus instrumentellen Messungen ein ziemlich umfassendes Bild dieses sogenannten Herdvorgangs gewonnen. Das kritische Element ist dabei die Scherfestigkeit des Gesteins, gleichsam die Haftreibung, welche die zwei gegenüberliegenden Gesteinsschollen entlang einer Verwerfung miteinander verklebt. Solange die durch die Bewegung der Lithosphärenplatten auf die Verwerfung wirkende tektonische Kraft kleiner ist als die Reibungskraft, geschieht überhaupt nichts. Früher oder später lädt aber die ewige Drift der Platten die Verwerfung derart mit tektonischer Spannung auf, daß die Haftreibung die beiden Schollen nicht mehr zusammenhalten kann. Dann kommt es zum Bruch im Gestein, die Schollen verschieben sich entlang der Verwerfung ruckartig gegeneinander.

Die mechanische Energie, die bei einem solchen Ruck frei wird, ist gewaltig. Millionen Tonnen von Gestein werden innerhalb von Bruchteilen von Sekunden zum Teil mehrere Meter weit gegeneinander verschoben. Ein Teil dieser kinetischen Energie zerstört entlang der Herdfläche den Gesteinsverbund und wird in Wärme umgesetzt. Ein anderer Teil wird in die Schwingungsenergie seismischer Wellen umgewandelt, ähnlich, wie die kinetische Energie eines geworfenen Steins beim Aufprall auf eine Wasseroberfläche Wellen erzeugt. Diese Erdbebenwellen breiten sich mit Geschwindigkeiten von mehreren Kilometern pro Sekunde im Erdinneren als Raumwellen und entlang der Erdoberfläche als Oberflächenwellen aus. Bei schweren Erdbeben können diese Oberflächenwellen den Globus sogar mehrfach umrunden.

FERNE KUNDE AUS SCHWANKENDEM FELS

Selbst wenn diese Wellen Tausende Kilometer vom Erdbebenherd entfernt aufgezeichnet werden, enthalten sie noch derart viele Informationen, daß sich ein ganzer Zweig der Seismologie mit ihrer Interpretation befaßt. Der Göttinger Seismologe Emil Wiechert – er war 1898 zum weltweit ersten Professor für Geophysik berufen worden – drückte diese Aufgabe Anfang des 20. Jahrhunderts prosaisch aus, als er folgenden Spruch in den Türsturz seines Observatoriums auf dem Göttinger Hainberg meißeln ließ: „Ferne Kunde bringt Dir der schwankende Fels. Deute die Zeichen." Tatsächlich erlauben die seismischen Wellen dem Geophysiker einen Blick ins Erdinnere, ähnlich, wie sich ein Arzt mit Röntgenstrahlen das Innenleben des menschlichen Körpers erschließt. Schon im Jahre 1910 entwickelte Wiechert zusammen mit dem Mathematiker Herglotz ein analytisches Verfahren, mit dem an der Erdoberfläche aufgezeichneten seismischen Wellen Informationen über den Aufbau des Erdinneren entnommen werden können.

Was dabei in den vergangenen hundert Jahren alles zutage trat, ist in der Tat erstaunlich. Zunächst offenbarte die Erde ihren schalenförmigen Aufbau, bei dem deutlich ausgeprägte Grenzschichten verschiedene Gesteinslagen voneinander trennen. So separiert unter den Kontinenten die „Moho" in etwa 40 Kilometern Tiefe die dünne Erdkruste von dem mächtigen Erdmantel. Ebenfalls bei der Auswertung von Seismogrammen kam der britische Geologe Richard Oldham im Jahre 1906 erstmals der Grenze zwischen Erdmantel und Erdkern auf die Spur. Acht Jahre später bestimmte Wiecherts Schüler Benno Gutenberg dessen Tiefe mit 2 900 Kilometern, ein Wert, der bis heute seine Gültigkeit behalten hat. Einen ihrer größten Erfolge feierte die „Wissenschaft vom schwankenden Fels" schließlich im Jahre 1936, als die Seismologin Inge Lehmann entdeckte, daß der Erdkern aus zwei Teilen besteht. In 5 150 Kilometern Tiefe geht nämlich der flüssige äußere Kern in den festen inneren Erdkern über. Das Innerste der Erde besteht aus Eisen und Nickel und ist etwas kleiner als der Mond.

Mittlerweile lassen sich diese als Diskontinuitäten bezeichneten Grenzschichten im tiefen Erdinneren zum Teil kilometergenau kartieren. Rainer Kind vom Potsdamer GeoForschungsZentrum (GFZ) untersucht schon lange mit verschiedenen Methoden solche Übergangszonen in 410 und 660 Kilometern Tiefe des oberen Erdmantels. Sie werden gemeinhin als Bereiche gedeutet, in denen es zu Phasenübergängen in der Kristallstruktur der Silikatgesteine kommt (siehe Kapitel 1). Gerhard Müller und seine Schüler von der Universität

Wiechert entwickelte einen der ersten Seismographen der Welt, ein Pendel mit einer Masse von einer Tonne.

Frankfurt haben die Struktur der Kern-Mantel-Grenze intensiv untersucht und – neben anderem – festgestellt, daß es sich nicht um eine
exakt kugelförmige Schichtgrenze handelt. Vielmehr ist sie voller
Beulen und Dellen. Frank Scherbaum und Frank Krüger von der
Universität Potsdam haben gemeinsam mit Michael Weber vom GFZ
ein neues Verfahren entwickelt, die Topographie dieser Schicht noch
genauer zu untersuchen.

Für eine Reihe derartiger Untersuchungen ist es notwendig, daß
Seismologen ihre Meßgeräte ganz in der Nähe des zu untersuchen-
den Gebietes aufstellen. So bauten Wissenschaftler des GFZ Potsdam
mit ihren türkischen Kollegen ein leistungsfähiges Beobachtungs-
und Meßsystem in erdbebengefährdeten Gebieten der Türkei. Diese
war auch schon Ziel mehrerer Einsätze der sogenannten „Disaster-
Task-Force" des GeoForschungsZentrums, deren Aufgabe es ist, im
Falle von Erdbeben und Vulkanausbrüchen rasch und unbürokratisch
Experten in die Katastrophengebiete zu entsenden. Durch die rasche
Vor-Ort-Analyse der Bebenschäden und die eingehende Untersuchung der Nachbebentätigkeit hoffen die Wissenschaftler, das Ausmaß zukünftiger Katastrophen eindämmen zu können.

Moderne Meßtechnik und ein internationaler Datenverbund gestatten vielen Erdbebenkundlern heute, seismologische Forschung auch
ohne den klassischen „Feldeinsatz" zu betreiben. Sie können sich vielmehr die Meßergebnisse Dutzender Stationen aus allen Teilen der Welt
innerhalb weniger Stunden über das Internet auf ihre Computer holen.

Eine besondere Rolle spielen dabei die seismologischen Meßein-
richtungen in Deutschland. Obwohl das Erdbebenrisiko in unserem

Land, verglichen mit dem der Türkei, Griechenlands, Japans oder
sogar Chiles gering ist, gehören die deutschen Erdbebenwarten zu
den modernsten der Welt. Das Kernstück ist dabei das Seismologische Zentralobservatorium Gräfenberg mit Sitz in Erlangen. Dieses
Observatorium wird gemeinsam von der Deutschen Forschungsgemeinschaft (DFG) sowie der Bundesanstalt für Geowissenschaften
und Rohstoffe (BGR) getragen. Seit 1976 werden dort kontinuierlich
Erdbeben mit modernen Breitbandseismometern aufgezeichnet. Diese Gemeinschaftseinrichtung bietet nicht nur den Wissenschaftlern
der geophysikalischen Institute deutscher Hochschulen Zugang zu
einer seismologischen Datenbank von Weltruf. Die Dauermessungen
dieses Observatoriums wurden inzwischen auch von Hunderten von
Seismologen aus allen Teilen der Welt für eine breite Palette seismologischer Untersuchungen benutzt. Mehr als 10 000 Anforderungen
von Meßdaten sind die Erlanger Wissenschaftler in den vergangenen
20 Jahren nachgekommen.

Im Zentralobservatorium laufen auch die kontinuierlich gesammelten Meßdaten des sogenannten „Regionalnetzes" zusammen.
Dabei handelt es sich um 15 automatisch arbeitende, instrumentell
weitgehend identische seismologische Stationen, die von Hochschulinstituten in zehn Bundesländern betrieben werden. Zusammen mit
dem empfindlichen Geressarray im Bayerischen Wald (siehe Kapitel 10) entgeht diesen „seismischen Ohren" praktisch kein größeres
Erdbeben auf der Welt. Gleichzeitig sind diese empfindlichen Seismometer in der Lage, nicht nur alle in Mitteleuropa von Menschen
gespürten Erdbeben aufzuzeichnen, sondern auch noch viel schwä-
chere Ereignisse. Angesichts dieser Fülle von Breitbandseismometern
mit elektronischer Datenübertragung mag es auf den ersten Blick
überflüssig erscheinen, daß Hochschulinstitute und Geologische
Landesämter zusätzlich noch eigene Meßstationen mit mehr als hundert weiteren Seismometern in Deutschland betreiben. Solche Netze
sind aber absolut notwendig, um die lokale Seismizität einzelner
Gebiete detailliert zu überwachen.

Wenn im Revier der Berggeist poltert

Beispielsweise widmet sich der Landeserdbebendienst Baden-
Württemberg in Freiburg unter anderem der genauen Untersuchung
seismischer Ereignisse auf der Schwäbischen Alb. Immer wieder
kommt es in der Umgebung von Albstadt zu Beben, die zum Teil
schwere Sachschäden anrichten. Mitarbeiter dieser Behörde beantworten auch Fragen von Haus- und Grundbesitzern nach erdbeben-

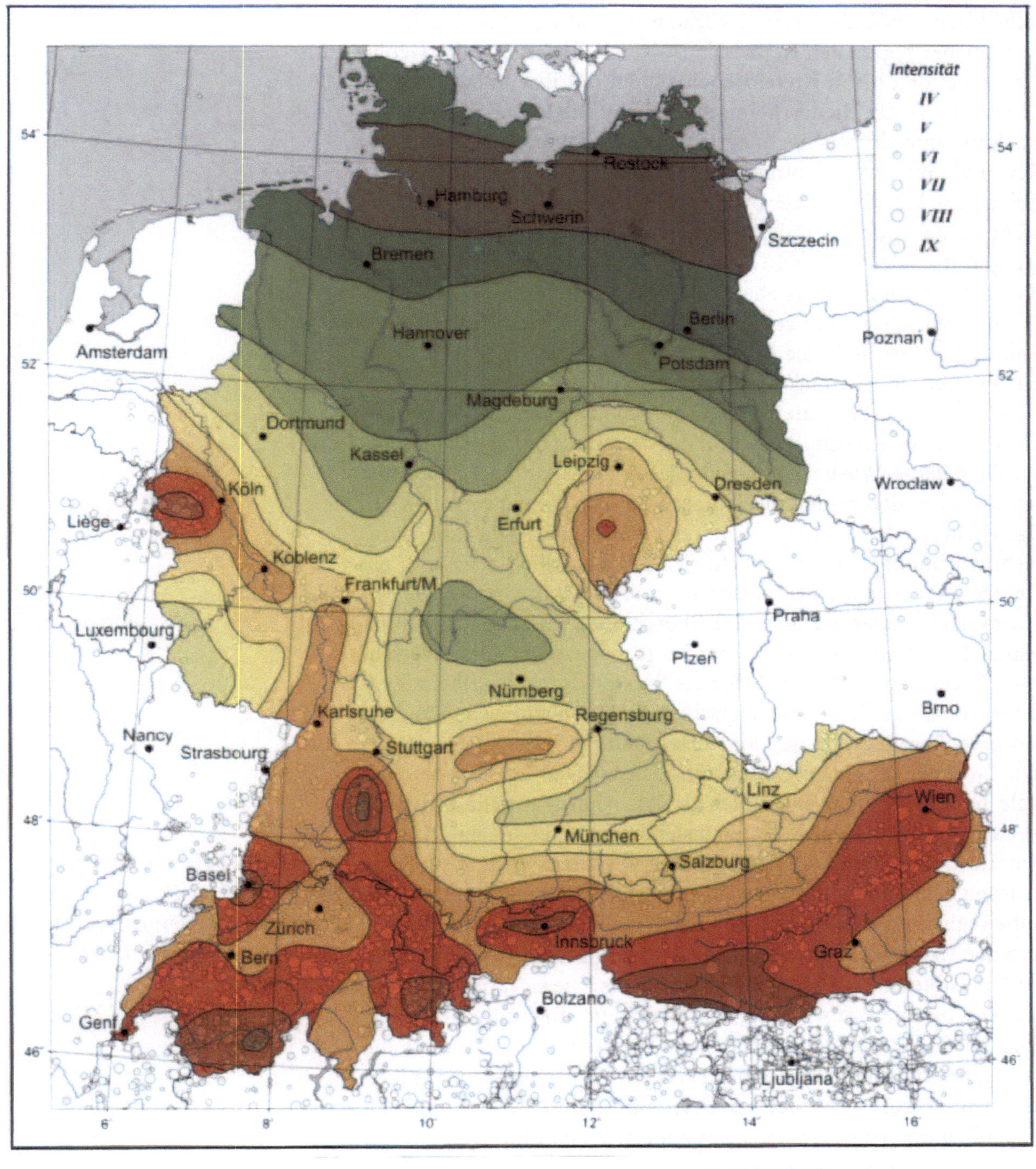

Bild 9.4.
Auch im deutschsprachigen Raum kann es zu schweren Erdbeben kommen.
Diese Karte zeigt die seismische Gefährdung. In dunkelrot gekennzeichneten
Gebieten ist sie am höchsten, im grünen Bereich am geringsten

sicheren Baumaßnahmen. In Nordrhein-Westfalen gibt es gleich mehrere solcher regionalen Netze. Die Universität Köln und das Geologische Landesamt in Krefeld überwachen mit ihren Stationen die Seismizität in der Niederrheinischen Bucht. Die Ruhr-Universität in Bochum unterdessen zeichnet die mit dem Steinkohlebergbau im Revier verbundenen Gebirgsschläge auf. Noch kleinräumiger ist ein Gebiet, das Mitarbeiter der BGR mit einem besonderen seismischen Meßnetz überwachen. Dabei geht es um kleinste tektonische Bewegungen im Salzstock von Gorleben, dem geplanten Endlager für hochaktiven Atommüll (siehe Kapitel 19).

Obwohl Deutschland von einer geologisch aktiven Plattengrenze weit entfernt ist, steht die Erdkruste zwischen Bodensee und Nordsee unter erheblichen tektonischen Spannungen.

Der Grund dafür ist die Kollision zwischen der langsam nach Norden driftenden Afrikanischen und der nahezu unbeweglichen Europäischen Platte. Wie bei der Knautschzone eines Automobils türmen sich zwischen den beiden zusammenstoßenden Platten die Alpen auf. Das entstehende Gebirge verzehrt die „Aufprallenergie" allerdings nicht vollständig. Deshalb macht sich auch nördlich der Alpen ein kleiner Teil der plattentektonischen Kollisionskräfte bemerkbar.

Am deutlichsten wird das im Oberrheintal zwischen Basel und Mainz. Dieses etwa 300 Kilometer lange, nahezu geradlinig verlaufende Tal ist nicht etwa eine Folge der Erosion durch den Rhein. Vielmehr handelt es sich im geologischen Sinne um einen Graben, dessen gegenüberliegende Ränder sich allmählich voneinander entfernen. Zwischen diesen auseinanderstrebenden Flanken sinkt der zentrale Teil des Grabens allmählich ab. Das ostafrikanische Riftvalley ist ein typisches Beispiel für einen sich heute aktiv dehnenden Graben. Im Oberrheintal ist die Spreizung allerdings weitgehend zum Erliegen gekommen. Der zentrale Teil senkt sich gegenüber den als unbeweglich anzusehenden Mittelgebirgszügen des Schwarzwaldes und der Vogesen um etwa einen halben Millimeter pro Jahr. Diese Senkungsrate ist etwa hundertmal kleiner als jene an aktiven Plattenrändern, beispielsweise an der kalifornischen San-Andreas-Verwerfung, gemessenen Geschwindigkeiten. Dennoch reicht dieser kleine Betrag im Oberrheintal aus, um dort jährlich Dutzende kleinerer Erdbeben zu erzeugen. An den Rändern eines ähnlichen, wenngleich wesentlich kleineren Grabens, ereignen sich die Erdbeben auf der Schwäbischen Alb.

Das Rheinische Schiefergebirge blockiert nach Norden zu die weitere Ausdehnung des Oberrheingrabens. Weil sich aber auch unter den aus dem Erdzeitalter des Devon stammenden Gesteinen des Taunus, des Hunsrück, des Westerwaldes und der Eifel ständig kleinere Erdbeben ereignen, vermutete der Kölner Geologe Ludwig Ahorner bereits im Jahre 1975, daß sich die in Basel beginnende „Rheinische Erdbebenzone", dem Laufe des Rheins folgend, nach Norden fortsetzt. Denn vor allem in der nördlich des Schiefergebirges liegenden Niederrheinischen Bucht ereigneten sich in den letzten Jahrhunderten immer wieder schwere Erdbeben.

Aus dem Jahre 1223 stammt der älteste Hinweis auf ein Beben im Rheinland. Es richtete damals in Köln schwere Schäden an. Im Jahre 1349 wurde Jülich von einem Beben heimgesucht, Aachen im Jahre 1759 und der Ort Gressenich im Jahre 1755 gleich zweimal. Das stärkste Beben ereignete sich aber im Jahre 1756 in Düren, einer Stadt, in der es bereits im Jahre 1640 und erneut im Jahre 1760 erhebliche Schäden durch Erdbeben gab. Im Jahre 1951 ereignete sich unter Euskirchen ein Beben der Magnitude 5,2. Das schwerste in Deutschland in diesem Jahrhundert registrierte Erdbeben fand am 13. April 1992 ebenfalls in der Niederrheinischen Bucht statt. Dabei entstanden Sachschäden in Höhe von etwa 250 Millionen Mark.

Spannung unter den Sedimenten der Eiszeit

Die Erdbeben der Rheinischen Bucht entstehen an mehreren, nahezu parallel durch die Bucht verlaufenden Verwerfungslinien. Eine der westlichen Verwerfungen ist der sogenannte Rurtalgraben.

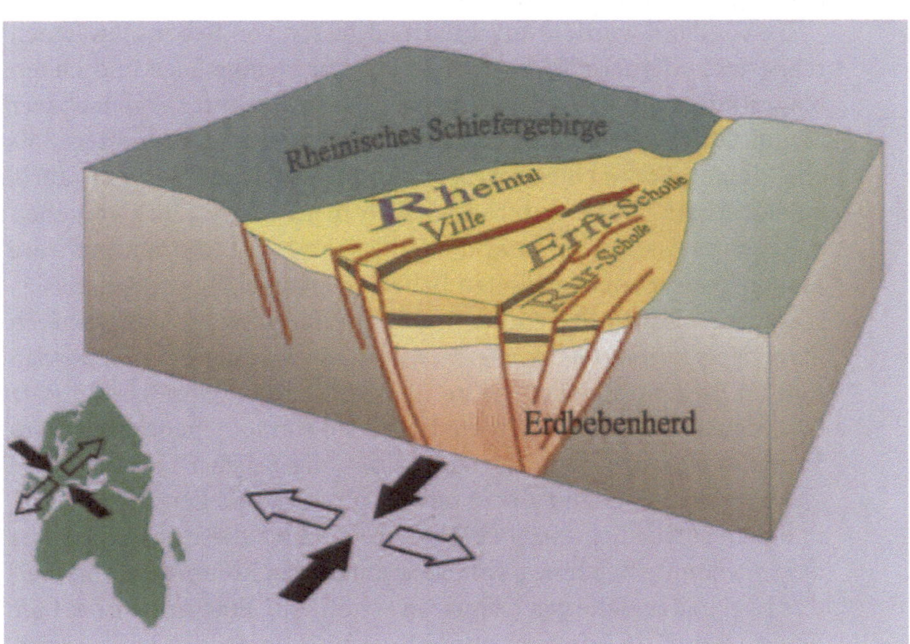

BILD 9.5.
Im April 1992 bebte die Erde dort, wo sich unter der Niederrheinischen Bucht die Rurscholle gegen die Erftscholle verschiebt

Diese kleine „Riftzone" beginnt nahe der Stadt Düren und erstreckt sich nach Nordwesten über Roermond, am Zusammenfluß von Rur und Maas, bis tief in die Niederlande. Der Rurtalgraben fällt in der Landschaft weit weniger auf als sein größeres Gegenstück am Oberrhein. Er ist nämlich weitgehend von einer mächtigen Sedimentschicht bedeckt, die von den Gletschern der Eiszeit in die Rheinische Bucht geschoben wurde. Relativ zu den Rändern sinkt das Innere dieses Grabens jährlich um etwa einen Millimeter, also doppelt so schnell wie am Oberrhein, ab. Diese Senkung verursacht Spannungen im Gestein, die sich in den erwähnten historischen Beben von Jülich und Düren äußerten.

Das zweifellos interessanteste Erdbebengebiet Deutschlands liegt im Südosten, in der Grenzregion zur Tschechischen Republik. Es wird in etwa durch das von den Städten Hof, Chemnitz und Marienbad gebildete Dreieck begrenzt. Dort, unter dem Vogtland, kommt es in wenigen Kilometern Tiefe regelmäßig zu Schwärmen tausender kleiner, meist nur sehr geringe Sachschäden anrichtender Beben. Schwarmbeben unterscheiden sich grundsätzlich von den Erdstößen innerhalb einer herkömmlichen Erdbebenabfolge, denn es gibt weder Vorbeben noch einen starken Hauptstoß noch die zahlreichen Nachbeben, die Seismologen sonst soviel über den Erdbebenherd verraten. Bei Bebenschwärmen wird vielmehr die in der Erde aufgestaute Spannung nicht auf einen Schlag, sondern während vieler kleiner Beben freigesetzt. Die meisten Beben eines Schwarms haben vergleichbare, geringe Magnituden. Ein deutlich herausragendes Hauptbeben gibt es unter ihnen nicht.

Im Vogtland wurden verschiedene Klassen von Bebenschwärmen registriert. Kleinere Schwärme dauern nur wenige Tage und haben Magnituden von bis zu 2,5. Einzelne Ereignisse mit vergleichbarer Magnitude folgen einander dabei im Abstand weniger Minuten. Solche kleinen Schwärme ereignen sich im Vogtland alle paar Jahre, zuletzt Anfang 1997. Durchschnittlich mehr als 70 Jahre vergehen dagegen zwischen den starken Schwärmen. Sie können mehrere Monate dauern; die beteiligten Beben erreichen Magnituden bis 4,5. Diese seismischen Ereignisse sind immerhin so stark, daß sie noch in mehr als hundert Kilometern Entfernung wahrgenommen werden und im Epizentralgebiet leichte Gebäudeschäden wie Risse in Putz und Mauern anrichten können. Der letzte starke Bebenschwarm im Vogtland fand zwischen November 1985 und Februar 1986 statt.

Außer dem Vogtland gibt es nur einige wenige Stellen auf der Welt, in denen solche Schwarmbeben auftreten. Eine dieser Gegenden ist das sogenannte Bebennest von Bucaramanga in Kolumbien, eine weitere liegt in der Nähe von Comrie in Schottland. Eine Antwort auf die Frage, warum im Vogtland nur Schwarmbeben, jedoch keine „regu-

Tsunami

Die heimtückischen Folgen mancher Erdbeben

Gäbe es eine Skala, auf der man ablesen könnte, wie heimtückisch Naturkatastrophen sind, stünden von Erdbeben ausgelöste Flutwellen sicherlich an erster Stelle. Solche hauptsächlich im Pazifischen Ozean vorkommende Wellen können bis zu dreißig Meter hoch werden. Sie werden häufig fälschlicherweise als Seebeben bezeichnet. In der geowissenschaftlichen Fachwelt sind sie dagegen unter ihrer japanischen Bezeichnung „Tsunami" – der Begriff ließe sich in etwa mit „Hafenwelle" übersetzen – bekannt.

Diese Wellen entstehen, wenn es zu einer heftigen Bewegung des Meeresbodens in Küstennähe kommt. Stark vereinfacht läßt sich das Entstehen einer solchen Flutwelle durch einen Vergleich mit einem gefüllten Wassereimer beschreiben. Tritt man gegen den auf dem Boden stehenden Eimer, schwappt das Wasser über. In der Natur kann ein derartiger „Tritt", also die ruckartige Bewegung des Meeresbodens, durch mehrere Vorgänge ausgelöst werden. Eine mögliche Ursache ist beispielsweise die bei einem Erdbeben auftretende Verschiebung des Untergrundes. Aber auch untermeerische Hangrutsche können zur Entstehung von Tsunamis führen.

Wie bei allen anderen Wasserwellen gilt auch für Tsunamis, daß die Höhe ihres Wellenkammes von der augenblicklichen Wassertiefe abhängt. Auf dem offenen Meer sind solche Flutwellen daher oft nur wenige Dezimeter hoch. Laufen sie dagegen auf eine flache Küste zu, türmt die in ihnen steckende Energie das Wasser zu einem mehrere Meter hohen Wellenberg auf, der als gewaltiger Brecher alles wegschwemmt, was sich ihm in den Weg stellt.

Tsunamis treten deshalb vornehmlich im Pazifik auf, weil es an fast allen Küsten dieses Ozeans immer wieder zu schweren Erdbeben kommt. Der amerikanische Wetterdienst unterhält auf der Hawaii-Insel Oahu ein Warnzentrum, in dem die Wahrscheinlichkeit des Auftretens von Flutwellen nach schweren Erdbeben berechnet wird. Tsunamis können den gesamten Stillen Ozean durchlaufen. So haben schon Flutwellen, die durch Erdbeben vor der Küste Chiles ausgelöst wurden, zu schweren Schäden in Japan geführt. Auch die Stadt Hilo auf der Insel Hawaii wurde mehrmals durch Flutwellen zerstört, die bei Erdbeben in Alaska entstanden. Da es mehrere Stunden dauert, bis eine solche Welle den Pazifik durchlaufen hat, ist für weit vom Ursprungsort entfernte Küsten eine rechtzeitige Warnung möglich. Entsteht eine Tsunami dagegen in Küstennähe, dauert es oft nur wenige Minuten, bis die Flutwelle das Festland erreicht. Eine Warnung ist dann nicht mehr möglich.

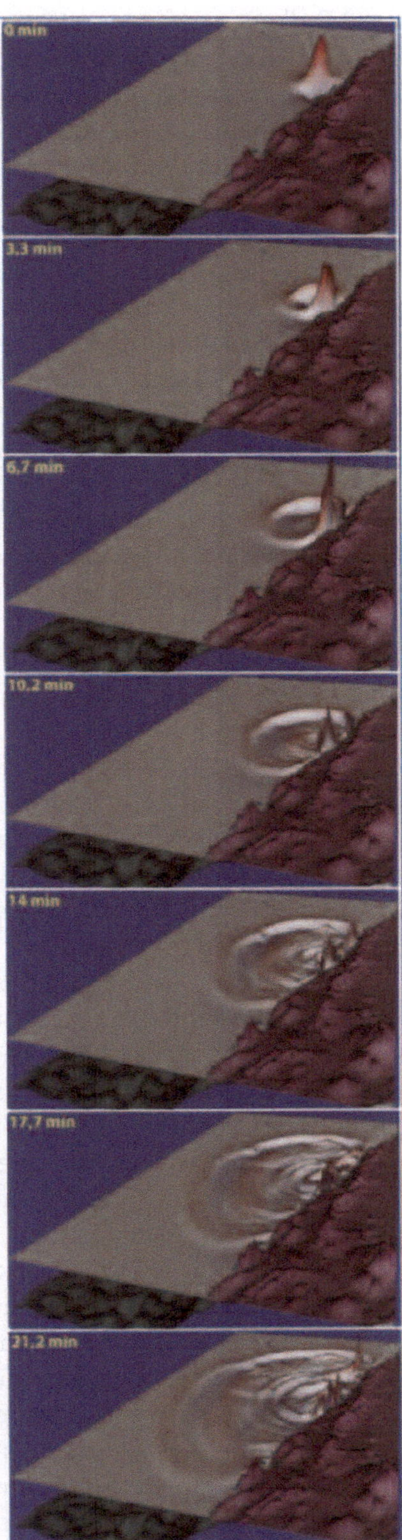

BILD 9.6.
Computermodell einer Tsunami, die an der Nordküste Papua-Neuguineas im Jahre 1998 schwere Zerstörungen anrichtete

lären" Erdbeben auftreten, steht noch aus. Geowissenschaftler vermuten, daß die Erdkruste dort tektonischen Kräften gegenüber weniger Widerstand entgegensetzt als anderswo. Deshalb können schon geringe mechanische Spannungen zu Gesteinsbrüchen führen. Tatsächlich spricht einiges für die Hypothese einer geschwächten Erdkruste unter dem Vogtland, denn dort kreuzen sich zwei geologische Störungszonen: die in Nord-Süd-Richtung verlaufende Marienbader Verwerfungslinie und der nahezu senkrecht dazu gelegene Egergraben. Im Vogtland waren während der geologischen Neuzeit, dem Quartär, außerdem einige Vulkane aktiv, zuletzt, vor etwa einer Million Jahren, der Kammerbühl und der Eisenbühl. Wohl als Folge dieses Vulkanismus ist der obere Erdmantel unter dem Vogtland aufgewölbt. Es wird deshalb vermutet, daß ein großer Teil der in den Quellwassern der Heilbäder Karlsbad, Marienbad, Franzensbad im tschechischen sowie Bad Brambach und Bad Elster im deutschen Teil des Vogtlandes gelösten Mineralien aus der unteren Erdkruste oder sogar aus dem Erdmantel stammt.

Wo sich die Karpaten biegen, bebt die Erde

Eine Gruppe von Wissenschaftlern verschiedener Forschungsinstitute in Bayern, Sachsen, Thüringen und der Tschechischen Republik ist nun dabei, die Schwarmbeben im Vogtland mit verschiedenen geowissenschaftlichen Methoden genauer zu untersuchen. Dabei will man nicht nur den Ursachen dieser außergewöhnlichen Erdbeben auf die Spur kommen, sondern auch ergründen, was vor dem Auftreten von Beben zum beobachteten Anstieg des Edelgases Radon im Quellwasser einiger Heilbäder führen könnte. Eine solche intensive Zusammenarbeit ist erst durch die deutsche Wiedervereinigung möglich geworden. Bis zum Jahre 1989 verhinderte der Eiserne Vorhang den intensiven Austausch von Meßdaten und Ideen über die ganz in seiner Nähe stattfindenden Erdbeben.

Auf enge Zusammenarbeit mit einem Land des ehemaligen Ostblocks ist auch der SFB 461 „Starkbeben" an der Universität Karlsruhe ausgelegt. Ziel dieses Forschungsvorhabens ist es, das Risikopotential im Gebiet um die rumänische Hauptstadt Bukarest zu untersuchen. Das letzte zerstörerische Erdbeben in dieser sogenannten Vranceazone des Karpatenbogens ereignete sich am 4. März 1977. Mit einer Magnitude von 7,4 forderte es 1 500 Menschenleben, vorwiegend in Bukarest und näherer Umgebung. Bei der von der DFG geförderten Untersuchung geht es aber nicht allein um die Abschätzung der Erdbebenwahrscheinlichkeit.

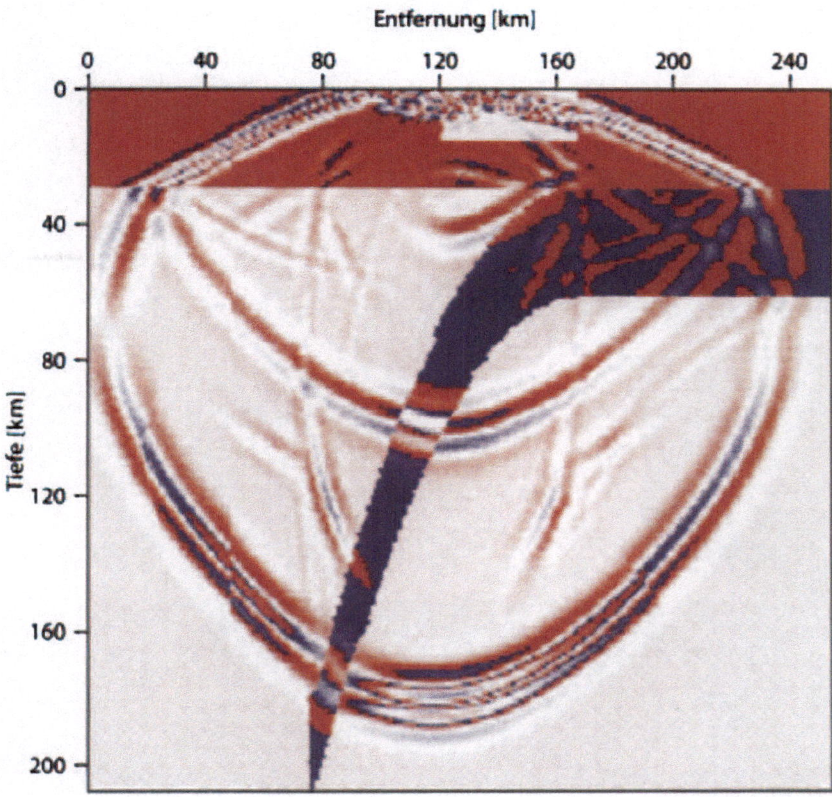

BILD 9.7.
So modellieren Seismologen die Ausbreitung seismischer Wellen, ausgelöst von einem Erdbeben in der abtauchenden Platte unter Rumänien

Derartige Untersuchungen sind zwar die Grundlage für die Bestimmung des seismischen Risikos einer Region. Die bei einem Erdbeben entstehenden Schäden an Leib und Leben der Bewohner sowie an Gebäuden und Infrastruktur sind allerdings auch stark von der Bauweise und der Beschaffenheit des Baugrundes sowie von städteplanerischen Maßnahmen abhängig. Im Karlsruher SFB arbeiten nun Geophysiker, Geodäten und Bauingenieure zusammen, um gemeinsam mit rumänischen Wissenschaftlern und Vertretern der dortigen Behörden das von Erdbeben ausgehende Schadensrisiko für diese Region genau zu kartieren und Maßnahmen zu dessen Minderung zu treffen. Denn nur auf diese Weise können Geowissenschaftler ihre vornehmste Pflicht erfüllen, Menschen bei Erdbebenkatastrophen vor Schaden zu bewahren.

Fünfzig Jahre lang hielten die Atommächte mit ihren Kernwaffen die Welt in Atem und einander als Geiseln. Seit in den frühen Morgenstunden des 16. Juli 1945 J. Robert Oppenheimer in der Wüste Jornada del Muerto in New Mexico den ersten nuklearen Sprengsatz detonieren ließ, gab es insgesamt fast 2 100 Kernexplosionen auf der Welt – im Durchschnitt knapp eine pro Woche. Bis auf zwei, die Atombomben von Hiroshima und Nagasaki, wurden all diese Sprengsätze zu Testzwecken gezündet. Im Sommer 1996 kamen schließlich 146 Nationen überein, diesem gefährlichen nuklearen Feuerwerk ein Ende zu setzen. Feierlich paraphierte man bei den Vereinten Nationen das „Umfassende Teststoppabkommen". Politiker und Diplomaten setzen nun auf das fachliche Können der Seismologen und die Qualität ihrer Meßinstrumente, denn seismologische Meßverfahren bilden das Rückgrat zur Überwachung dieses Vertrages. Daß dabei eine Fülle von für Geowissenschaftler interessanten Meßdaten anfällt, ist eine angenehme Begleiterscheinung der wichtigen gesellschaftlichen Verpflichtung, die die Seismologen übernommen haben.

10 Unterirdische Atomversuche

COUNTDOWN IN DER WÜSTE VON NEVADA

Im Bunker unter dem Kontrollraum war lediglich eine kleine Erschütterung zu spüren, ein leichtes Vibrieren des Bodens. Die Kaffeetasse auf dem Schreibtisch hatte gewackelt, der Stuhl, auf dem man saß, schien für einen Moment nachzugeben. Dieser kurze Erdstoß war nichts zum Fürchten, etwas beunruhigend vielleicht, aber auf den ersten Blick gewiß nicht besorgniserregend. Das leichte Schütteln des Bunkers war zunächst das einzige, was der Beobachter merkte. Kurze Zeit später hörte er aber Beifall und Jubel aus jenem Lautsprecher, der alle Geräusche aus dem Kontrollraum über ihm übertrug. Wie nach allen geglückten Atomwaffenversuchen üblich, applaudierten sich die Ingenieure im Kontrollzentrum CP-1 auf dem Testgelände in Nevada an diesem Morgen selber.

Knapp zehn Sekunden bevor der leichte Erdstoß zu spüren war, hatte Testdirektor Jim Magruder den Countdown ausgezählt. Ein Mikrowellensender funkte dabei die Sekundenmarken aus dem Kontrollraum auf einen 50 Kilometer entfernten Tafelberg. Dort, auf der Pahute Mesa, detonierte bei „Null" in einem 615 Meter tiefen Bohrloch eine Kernwaffe mit der zehnfachen Energie jener Atombombe, die 43 Jahre und zwölf Tage zuvor Hiroshima ausgelöscht hatte. Die Detonation, die der Beobachter im Bunker miterlebte, war der 684. Atomversuch auf dem Testgelände, gut 150 Kilometer nördlich von Las Vegas, seit am 27. Januar 1951 ein B-47-Bomber eine Atombombe über der Frenchman-Flat abgeworfen hatte. In dieser gnadenlosen Einöde klettert im Sommer das Thermometer leicht auf über fünfzig Grad. Angesichts der Zerstörungskraft der Massenvernichtungswaffen glich der Applaus der Ingenieure bei den 683 früheren Atomversuchen in Nevada häufig einem tiefen Aufatmen. Man war jedesmal froh, die in den Bomben steckende Energie gezähmt zu haben. Statt in irgendeinem Kriegsgebiet totale Vernichtung anzurichten, hatte die Gewalt der Bomben lediglich unterirdische Kavernen in das Tuffgestein geschmolzen oder Krater in die menschenleere Wüste Nevadas gerissen. Die Zerstörungskraft und die Radioaktivität der nuklearen Sprengsätze blieben im Gestein oder zumindest auf das Testgelände beschränkt.

Nach dem 684. Kernwaffentest, der am 17. August 1988 um Punkt zehn Uhr morgens Ortszeit unter dem Codenamen „Kearsarge" detonierte, bestand aber noch ein weiterer Grund zum Applaus. Zum erstenmal in der Geschichte des Atomzeitalters hatten die Amerikaner unter den kritischen Augen von 43 sowjetischen Technikern und Diplomaten eine jener Waffen gezündet, mit der sich beide Seiten mehr als vier Jahrzehnte lang im „Gleichgewicht des Schreckens" in Schach gehalten hatten. Die Chefunterhändler der beiden Supermächte, Paul Robinson und Igor Palenik, sprachen nach dem Atomtest von einem historischen Ereignis.

KOMPROMISS UM HAARESBREITE VERFEHLT

In der Tat war es dieser Atomversuch wert, später einmal in Geschichtsbüchern erwähnt zu werden. Nach Jahren des Kalten Krieges hatten die Regierungen der Supermächte endlich den politischen Willen gezeigt, die technischen Grundlagen für die Verhandlungen über ein vollständiges Verbot aller Atomversuche zu legen. Gut 25 Jahre vor dem Kearsargetest, am 5. August 1963, hatten die USA und die damalige Sowjetunion in Moskau schon einmal einen Teststoppvertrag unterzeichnet. Darin wurden alle Kernwaffenversuche in den Ozeanen, in der Atmosphäre und im Weltraum verboten. Unterirdische Detonationen waren von dem Abkommen ausgenommen, weil damals wissenschaftlich einwandfreie Methoden zur Verifikation fehlten. Dabei hatten die Unterhändler beider Seiten bei den Verhandlungen über diesen Punkt einen Kompromiß nur um Haaresbreite verfehlt. Jerome Wiesner, damals Wissenschaftsberater von Präsident Kennedy und später Rektor des Massachusetts Institute of Technology, erinnert sich, wie nah sich die Delegationen bei den Verhandlungen gekommen waren. Der kritische Punkt war die Anzahl der Ortsinspektionen, welche eine Seite nach einem vermuteten Kernwaffenversuch auf dem Atomtestgelände der anderen Seite hätte ausüben können. Die Amerikaner hatten damals jeweils sieben Ortsinspektionen pro Jahr gefordert, die Sowjets wollten aber nur drei zugestehen. Den logischen Mittelwert von fünf Inspektionen wollte keine Seite akzeptieren, mit der Folge, daß das atomare Wettrüsten fast dreißig Jahre weiterging.

Ortsinspektionen wurden Anfang der sechziger Jahre als absolut notwendig erachtet. Der damalige Stand seismologischer Meßtechnik erlaubte nämlich keine zuverlässige Detektion von Atomwaffen-

Bei einem Scherbruch bricht das Gestein entlang einer weitgehend ebenen Fläche, die mehrere Quadratkilometer groß sein kann. Die Detonation von Kernwaffen spielt sich dagegen in einem kleinen Volumen von wenigen Kubikmetern ab.

BILD 10.2.
Mit Kratern übersät ist die Landschaft auf der Nevada Test Site, dem amerikanischen Versuchsgelände

versuchen allein aufgrund der von ihnen ausgelösten seismischen Wellen. Dabei ist es technisch keineswegs einfach, unterirdische Atomversuche geheimzuhalten, denn abgesehen vom eigentlichen physikalischen Herdvorgang unterscheidet sich eine unterirdische Kernexplosion nicht sonderlich von einem kräftigen Erdbeben. In beiden Fällen werden mechanische Kräfte – bei Erdbeben ein Scherbruch, bei der Atomexplosion ein plötzlicher Druckanstieg – auf das Gestein übertragen. Dabei entstehen elastische Wellen, die sich nach den Gesetzen der Seismologie im Erdinneren ausbreiten. Das Vibrieren der Kaffeetasse im Bunker kurz nach der Detonation des Kearsargesprengsatzes wurde durch eine solche seismische Welle verursacht. Mit empfindlichen Meßinstrumenten, den modernen, elektronisch gesteuerten Seismometern, lassen sich heute selbst kleinste Schwingungen des Bodens von wenigen Nanometern pro

Sekunde aufzeichnen. Als 1963 im Kreml über ein Teststoppabkommen verhandelt wurde, gab es derart empfindliche Meßgeräte
noch nicht.

Unterirdischer Schall verrät Atomtests

Der technische und wissenschaftliche Fortschritt, den die Seismologie in den sechziger und siebziger Jahren machte, ließ später
keinen Zweifel mehr daran aufkommen, daß unterirdische Kernexplosionen mit ausreichender Genauigkeit lokalisiert und von
natürlichen Erdbeben unterschieden werden können. Öffentliches
Aufsehen erregten zwei amerikanische Seismologen im Jahre 1982,
als sie in der Zeitschrift „Scientific American" beschrieben, wie sich
unter bestimmten Bedingungen selbst schwache Kernexplosionen
durch ihre Druckwellen auf empfindlichen Seismometern verraten
würden. Einen bedeutenden Schritt taten dann im Jahre 1985 vier
deutsche Geophysiker bei der Abrüstungskonferenz der Vereinten
Nationen in Genf. Im Auftrag der Deutschen Geophysikalischen
Gesellschaft legten Hans-Peter Harjes (Ruhr-Universität Bochum),
Manfred Henger (Bundesanstalt für Geowissenschaften und Rohstoffe (BGR, Hannover), Gerhard Müller (Universität Frankfurt) und
 Helmut Wilhelm (Universität Karlsruhe) einen detaillierten Stufen-
plan zum Aufbau eines Netzes moderner Seismometer zur Überwachung eines Teststoppabkommens vor. Die vier waren, wie die
meisten Geowissenschaftler, inzwischen davon überzeugt, daß der
Fortschritt in der seismologischen Meßtechnik weit genug gediehen
war, um als Grundlage für die Überwachung eines Vertrages zum
Verbot aller Kernwaffenversuche zu dienen. Aber erst, nachdem
Michail Gorbatschow die Macht im Kreml errungen hatte, wurden die
politischen Rahmenbedingungen für konkrete Vertragsverhandlun-
gen geschaffen.

Beim Kearsargeversuch und einem vergleichbaren Atomtest am
14. September 1988 auf dem sowjetischen Testgelände in der Nähe
von Semipalatinsk in der kasachischen Steppe handelte es sich um
das „Joint Verification Experiment". Dabei ging es um die Überprüfung und Eichung meßtechnischer Verfahren zur Überwachung des
sogenannten Schwellenvertrags. Darin hatten sich die beiden Supermächte im Jahre 1974 geeinigt, die Ladungsstärke unterirdischer
Kernexplosionen auf 150 Kilotonnen zu begrenzen. Bei diesem Experiment setzten beide Seiten zur Messung der Explosionsstärke
hydrodynamische Verfahren ein. Obwohl es der Name vermuten
läßt, spielen Flüssigkeiten dabei keine Rolle. Statt dessen wird die

Die Sprengkraft einer Kernwaffe ist
so groß, daß sie in Einheiten von
tausend Tonnen des chemischen
Sprengstoffs TNT gemessen wird.

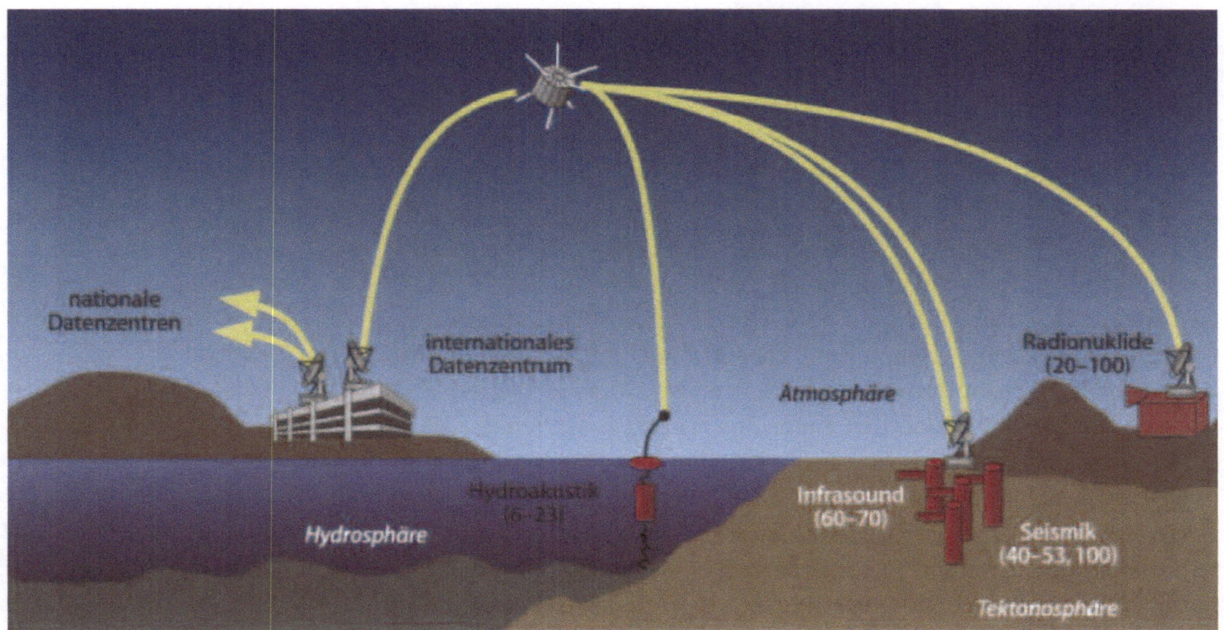

BILD 10.3.
Die Überwachung des vollständigen Teststoppabkommens geschieht auf vier Wegen. Seismometer nehmen unterirdische Atomversuche auf. Mit Hydrophonen werden die Ozeane überwacht. Infraschallsensoren und Meßstellen für Radionuklide würden Spuren von Atomversuchen in der Atmosphäre aufzeichnen

Stärke einer Kernexplosion mit mathematischen Methoden berechnet, die ursprünglich aus der Hydrodynamik stammen. Amerikanische Techniker haben dazu das „Corrtex-Verfahren" entwickelt. Aus der Sowjetunion stammt die auf dem gleichen Prinzip beruhende „Miz-Methode". In beiden Fällen zerstört die von der Explosion ausgehende Schockwelle unterirdisch verlegte, von hochfrequenten Wechselströmen gespeiste Kabel. Mit den hydrodynamischen Formeln kann man aus der Geschwindigkeit, mit der das Kabel von der Explosionswelle „aufgefressen" wird, die Stärke einer Explosion berechnen.

Obwohl diese Messungen allein nicht dazu geeignet sind, ein Teststoppabkommen zu überwachen, standen sie bei den Atomversuchen in der zweiten Hälfte des Jahres 1988 im Blickpunkt der Öffentlichkeit. Konkret richtete sich das Interesse dabei allerdings weniger auf die technischen Details der Messungen selbst, als vielmehr auf die Tatsache, daß Sowjets und Amerikaner nach Jahren des Kalten Krieges plötzlich bei diesem heiklen Thema eng und intensiv zusammenarbeiteten. Die Anwesenheit sowjetischer Techniker, Ingenieure und Diplomaten auf der „Nevada Test Site" war das Thema, auf das sich damals die Journalisten aus aller Welt stürzten. Deshalb blieb auch das zweite Ziel des „Joint Verification Experiments" in der Berichterstattung weitgehend ungenannt. In vielen Erdbebenwarten saßen an diesem Tag Seismologen vor ihren Computerbildschirmen und Aufzeichnungsgeräten, um den Test zu verfolgen.

Die Sprengkraft der beim Kearsargetest eingesetzten Atomwaffe lag dicht unter der vertraglich erlaubten Grenze von 150 Kilotonnen. Die Wucht dieser starken Explosion ließ nicht nur die Kaffeetasse auf dem Schreibtisch des Beobachters in 50 Kilometern Entfernung von „Ground Zero" wackeln. Ihre seismischen Wellen drangen vielmehr bis in die entlegensten Teile der Erde vor. Nach etwa zwanzig Minuten registrierten beispielsweise auch die Seismometer des von der Deutschen Forschungsgemeinschaft (DFG) und der BGR gemeinsam finanzierten Seismologischen Zentralobservatoriums Gräfenberg in Erlangen die Detonation. So lange hatten seismische Wellen gebraucht, um die fast 10 000 Kilometer Entfernung zwischen der Wüste Nevadas und den jurassischen Kalksteinen der Fränkischen Alb, in welche die Erlanger Seismometer eingelassen sind, zurückzulegen. Einen Monat später registrierten die Erdbebenwarten auch den zweiten Teil des gemeinsamen amerikanisch-sowjetischen Experimentes, nämlich den unterirdischen Atomversuch in Kasachstan. Obwohl die auf beiden Testgeländen eingesetzten Atomwaffen etwa die gleiche Sprengkraft besaßen, gab es in den seismischen Aufzeichnungen deutliche Unterschiede. Die Amplitude der vom sowjetischen Kernwaffenversuch ausgelösten seismischen Wellen war deutlich größer als die der Atomexplosion in Nevada. Das bewies, was Seismologen schon lange vermutet hatten. Die Unterschiede in der Stärke seismischer Bodenbewegungen zwischen Atomversuchen in Nevada und Kasachstan beruht auf der stärkeren Dämpfung der seismischen Wellen im Erdmantel unter dem amerikanischen Kontinent und war nicht – wie die amerikanische Regierung bisher immer behauptet hatte – auf eine Vertragsverletzung seitens der Sowjetunion zurückzuführen.

RICHTANTENNE FÜR ERDBEBENWELLEN

Von einer einzelnen Erdbebenwarte allein – und sei sie auch noch so modern – lassen sich Atomwaffenversuche in verschiedenen Testgebieten auf der Welt nicht umfassend überwachen. Dazu ist vielmehr ein Netz weltweit verteilter Erdbebenstationen notwendig. Schon zu Beginn der sechziger Jahre begannen amerikanische Regierungsstellen damit, in vielen Ländern Erdbebenmeßstationen aufzustellen, mit deren Hilfe sowjetische und chinesische Atomtests überwacht wurden. Dabei kam auch erstmals die sogenannte „Arraytechnik" in der Seismologie zum Einsatz, bei der Seismometer so zusammengeschaltet wurden, daß sie gemeinsam wie eine Richtantenne für Erdbebenwellen wirkten.

Seismogramme

Unterschiede stecken im Detail

Die seismische Überwachung des Verbots unterirdischer Atomversuche ist nur deshalb möglich, weil bei Kernexplosionen unter Tage ebenso wie bei Erdbeben elastische Wellen entstehen. Sie breiten sich im Erdinneren aus und können an der Erdoberfläche oder in Bohrlöchern mit Seismometern registriert werden. Daß die Erdbebenkundler meist schon nach einem kurzen Blick auf ein Seismogramm entscheiden können, ob es sich um eine Nuklearexplosion oder ein natürliches Beben handelt, liegt daran, daß sich die Aufzeichnungen dieser beiden Ereignisse in aller Regel deutlich voneinander unterscheiden. Die Ursache liegt in den grundsätzlich verschiedenen physikalischen Vorgängen, die zum Aussenden seismischer Wellen führen.

Die meisten Erdbeben sind Scherbrüche des Gesteins. Sie kommen als Reaktion auf tektonische Kräfte zustande, die so groß sind, daß sie die Scherfestigkeit des Gebirges überschreiten und den Gesteinsverband bersten lassen. Die tektonischen Kräfte wirken dabei allerdings nicht aus allen Richtungen gleichzeitig auf das Gestein, sondern besitzen eine Vorzugsrichtung. Sie wiederum hängt von der Bewegungsrichtung der Platten und dem daraus resultierenden Spannungsfeld in der Erdkruste ab. Die Richtung der größten mechanischen Spannung bestimmt die Ebene, entlang derer ein Scherbruch abläuft. Das führt dazu, daß die seismische Energie eines Erdbebens nicht kugelsymmetrisch abgestrahlt wird, sondern Vorzugsrichtungen aufweist.

Da sich der Scherbruch auf einer bestimmten Länge auf einer mehr oder weniger ebenen Fläche ereignet, erfährt ein senkrecht auf diese Fläche schauender Beobachter eine laterale Bewegung. Sie wird bei einem Erdbeben in die sogenannten Transversal- oder Sekundärwellen umgewandelt. Bei einer Kernexplosion entsteht dieser Wellentyp dagegen nicht. Die Detonation des Sprengsatzes erzeugt vielmehr eine unterirdische Druckwelle, die sich weitgehend kugelsymmetrisch ausbreitet. Von jedem Punkt außerhalb des Detonationspunktes aus betrachtet, sähe ein Beobachter nur eine Stoßwelle auf sich zu kommen und würde keine laterale Bewegung wahrnehmen.

Dieser wichtige Unterschied – Kugelsymmetrie und damit keine laterale Bewegung – schlägt sich in den Seismogrammen nieder. Bei einer unterirdischen Kernexplosion ist der Erstausschlag immer nach oben gerichtet, da das Seismometer von der Druckwelle ein wenig gehoben wird. Der Ersteinsatz einer Erdbebenwelle kann wegen der Richtungsabhängigkeit des Scherbruches positiv oder negativ sein. Außerdem ist der größte Teil der seismischen Energie bei einer Kernexplosion im vordersten Teil des Seismogramms konzentriert. Bei einem Erdbeben kommt dagegen ein großer Teil der seismischen Energie erst nach dem Ersteinsatz an. Er steckt in den langsamen Transversalwellen und in den noch trägeren Oberflächenwellen, die im Seismogramm im unteren Teil des Bildes erst bei etwa 22 Minuten zu sehen sind. Sie fehlen im oberen Seismogramm völlig.

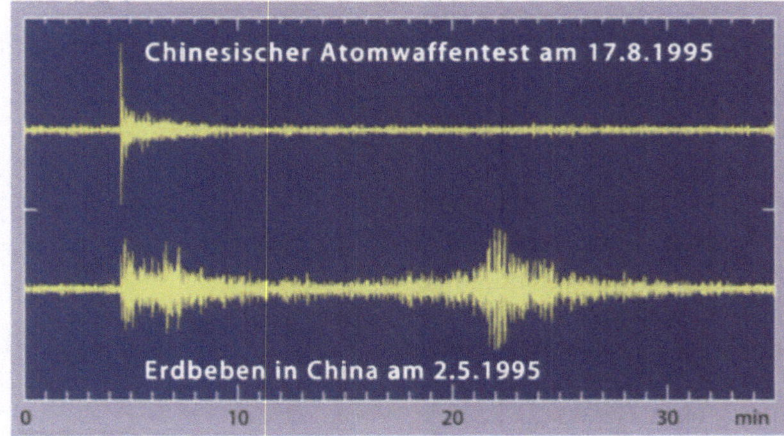

BILD 10.4.
Seismogramme eines chinesischen Atomversuches (oben) und eines Erdbebens in der Nähe des Testgeländes, registriert von einer Erdbebenstation im Bayerischen Wald

Land	erster Test	letzter Test	Zahl der Atomtests	davon unterirdisch
USA	16.07.1945	23.09.1992	1054	815
Sowjetunion	29.08.1949	24.10.1990	715	496
Frankreich	13.02.1960	27.01.1996	210	159
Großbritannien	03.10.1952	26.11.1991	45	24
China	16.10.1964	29.07.1996	45	21
Indien	18.05.1974	13.05.1998	6	6
Pakistan	28.05.1998	30.05.1998	6	6
gesamt			2081	1527

TABELLE 10.1.
Zeitraum und Anzahl der von den Atommächten durchgeführten Kernwaffenversuchen

Solche Arrays entstanden unter anderem im amerikanischen Bundesstaat Montana, in den kanadischen Nordprovinzen, in der Nähe von Oslo und auch in Alice Springs, mitten auf dem australischen Kontinent. Ein kleines derartiges Netz in der Fränkischen Schweiz war damals der Ursprung des Seismologischen Zentralobservatoriums Gräfenberg. Für das Aufstellen einer derartigen Meßeinrichtung in Oberfranken sprachen zwei Gründe. Zum einen war der Osten Bayerns im vom Eisernen Vorhang durchzogenen Europa ein „vorgeschobener Horchposten" zur Detektion von Kernwaffentests auf dem sowjetischen Versuchsgebiet in Kasachstan. Zum anderen bot der 140 Millionen Jahre alte Kalkstein des Fränkischen Jura besonders günstige Bedingungen zum „Empfang" seismischer Wellen.

Neben diesen Arrays bauten amerikanische Techniker auch Netze von Einzelstationen auf, wie beispielsweise das „World Wide Standard Seismograph Network" (WWSSN), für das der Landeserdbebendienst Baden-Württemberg eine Station in Stuttgart unterhielt. Dieses noch auf lichtempfindlichen Filmen registrierende Netz wurde Ende der siebziger Jahre durch die digitalen Stationen des „Seismic Research Observatory" (SRO) ergänzt, von denen heute noch eine in Gräfenberg betrieben wird. Alle diese Meßstationen zeichneten natürlich um ein Vielfaches mehr Erdbeben als Atomexplosionen auf. Ihre Meßergebnisse wurden deshalb auch der seismologischen Forschung zur Verfügung gestellt. Dadurch waren wesentlich genauere Ortsbestimmungen der Bebenherde möglich, was wiederum die Theorie der Plattentektonik etablieren half. Ebenso wichtig waren die Untersuchungen über den Aufbau des Erdinneren, die mit diesen weltweit gewonnenen, einheitlichen Meßergebnissen möglich waren.

LÜCKENLOSE ÜBERWACHUNG MÖGLICH

Das umfassende Atomteststoppabkommen wird nur dann potentielle Missetäter von heimlichen Kernwaffentests abhalten, wenn dessen lückenlose Überwachung zu Lande, zu Wasser und in der Luft gesichert ist. Jahrelang bestimmte deshalb die Diskussion von Experten verschiedener geowissenschaftlicher Fachbereiche die diplomatischen Verhandlungen über den Vertrag in Genf. Schließlich einigte man sich auf ein Netz von insgesamt etwa 320 auf alle Erdteile verteilten Meßstationen, welche die notwendigen Daten liefern sollen.

Zu diesem Netz gehören 170 seismische Stationen zur Überwachung unterirdischer Tests und elf hydroakustische Meßinstrumente zur Detektion untermeerischer Atomversuche. Mögliche Kernwaffentests in der Atmosphäre sollen mit Hilfe von 60 Sensoren für Infraschall und 80 Stationen, in denen der Radionuklidgehalt der Luft gemessen wird, entdeckt werden. Über Satelliten und Glasfaserleitungen ist zur Zeit etwa ein Drittel dieser Meßstationen dauernd mit dem Datenzentrum im „Center for Monitoring Research" (CMR) in Rosslyn, einem Vorort der amerikanischen Hauptstadt Washington, verbunden. Ihre Meßdaten werden dort in Echtzeit verarbeitet und von einem aus internationalen Experten bestehenden Team begutachtet.

BILD 10.5.
Mit einem dichten Meßnetz wird künftig von Wien aus das Teststoppabkommen überwacht

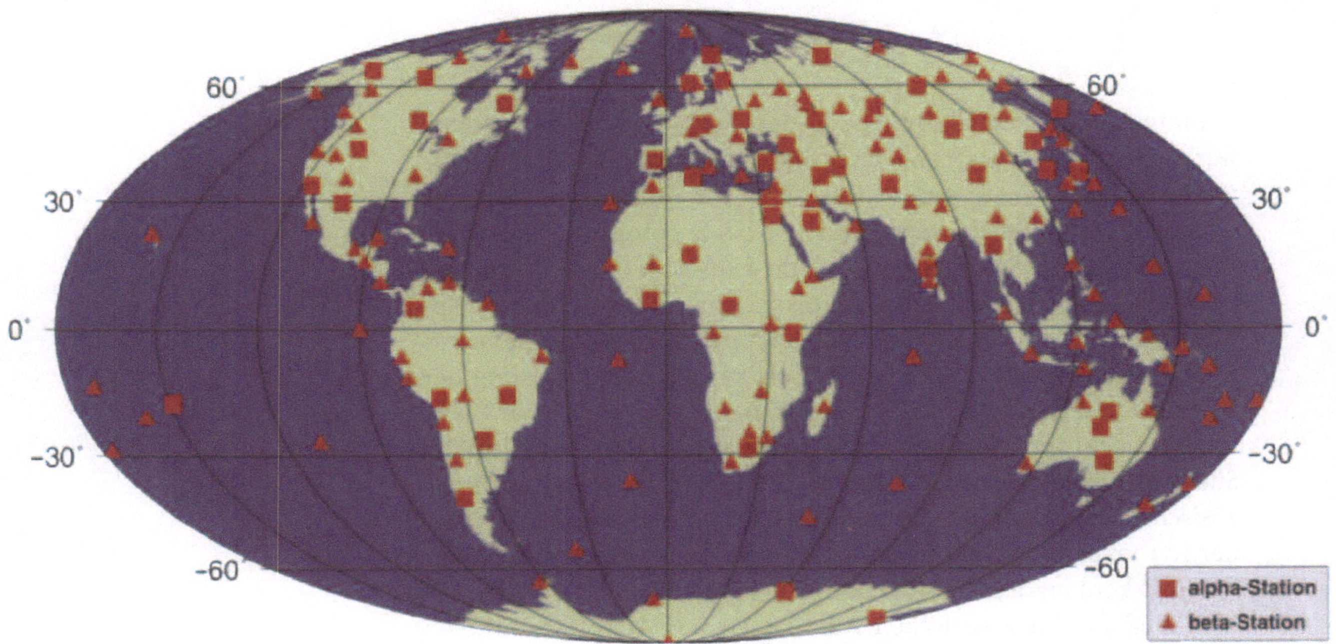

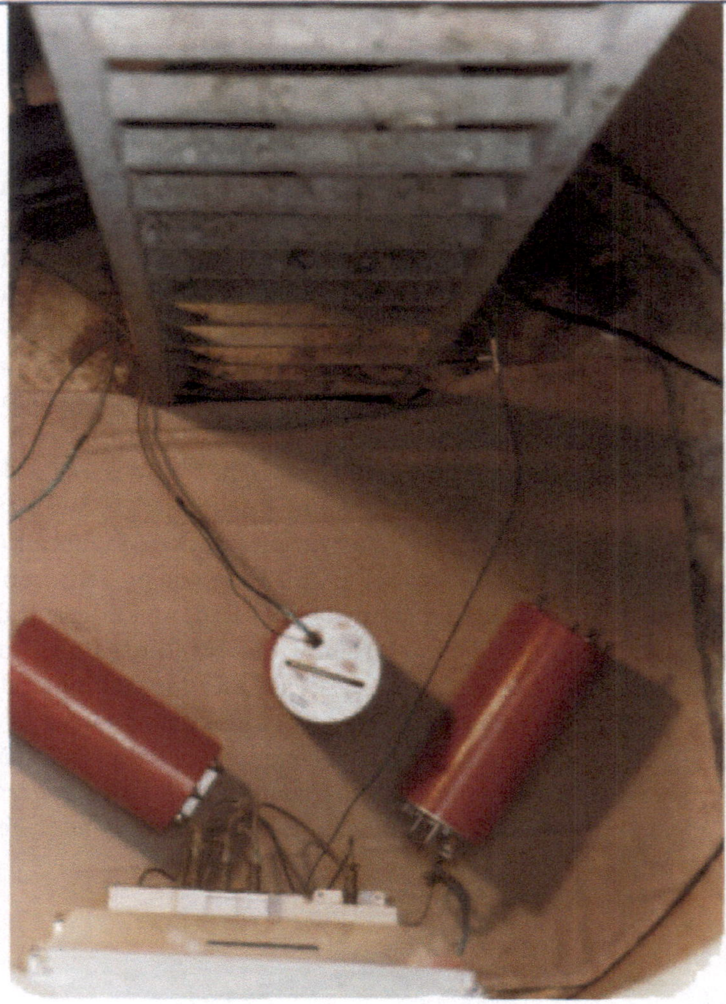

Einige der zu dem Überwachungsnetz gehörenden Meßstationen werden auch von deutschen Wissenschaftlern betrieben, so beispielsweise das seismische Array „Geress" – die Abkürzung steht für German Experimental Seismic System – bei Freyung im Bayerischen Wald. Hier bauten Seismologen der Ruhr-Universität Bochum und der Southern Methodist University der texanischen Stadt Dallas die empfindlichste seismische Antenne Mitteleuropas. Wenngleich dieses aus 25 Seismometern bestehende Meßnetz primär zur Erfassung der Seismizität in Europa entworfen wurde, eignet es sich auch zur Überwachung der französischen Atomversuche auf dem Mururoa-Atoll im Südpazifik. Der Bayerische Wald liegt fast am Antipoden zu den französischen Testgebieten. Seismische Wellen eines Erdbebens oder einer Kernexplosion werden am Antipoden des Epizentrums gebündelt und können deshalb dort besonders gut registriert werden. Mit dem Meßnetz im Bayerischen Wald lassen sich Atomtests auf dem

Mururoa-Atoll bis hinunter zu einer Ladungsstärke von einer Kilotonne entdecken. Deutsche Wissenschaftler unterhalten außerdem eine Meßstation für Radionuklide auf dem Schauinsland im Schwarzwald sowie eine Erdbebenstation und einen Infraschallsensor in der Antarktis.

Sobald das im Jahre 1996 von insgesamt 146 Staaten – darunter auch den fünf „klassischen" Atommächten, den USA, der Gemeinschaft Unabhängiger Staaten, Großbritannien, Frankreich und China, nicht jedoch von den „Neulingen" Indien und Pakistan – paraphierte Teststoppabkommen in Kraft tritt, wird das Auswertezentrum in Rosslyn nach Wien verlegt und als ständige Einrichtung etabliert. Die dort tätigen Wissenschaftler haben allerdings nicht zu entscheiden, ob ein fragwürdiges Ereignis ein heimlicher Atomversuch oder ein Erdbeben war. Das soll nach Inkrafttreten des Vertrages vielmehr in den „Nationalen Datenzentren" der Signatarstaaten untersucht werden. Das deutsche Datenzentrum befindet sich bei der BGR in Hannover. Zu den wichtigen Aufgaben der dort arbeitenden Fachleute wird es gehören, die Bundesregierung über einen bei der Auswertung erkannten möglichen Vertragsbruch zu unterrichten. Mit diplomatischen und politischen Mitteln könnte dann im Rahmen des Abkommens der Sache nachgegangen werden.

Verdächtiges unter dem Eismeer

Der erste „Ernstfall" trat am 16. August 1997 ein, als von Meßstationen in Norwegen seismische Erschütterungen registriert wurden, die von der russischen Eismeerinsel Nowaja Semlja zu stammen schienen. Die Auswerter im Datenzentrum in Rosslyn stellten ihre Meßergebnisse wie üblich allen Signatarstaaten über das Internet zur Verfügung. Unterdessen hatte der amerikanische Geheimdienst CIA aber schon ein Auge auf die Aktivitäten auf der russischen Insel geworfen. Auf einem Teil dieser, die Barentssee von der Karasee im Arktischen Ozean trennenden Insel fanden von 1964 bis 1990 einige hundert sowjetische Kernwaffenversuche statt. In den Tagen vor den seismischen Erschütterungen hatten russische Wissenschaftler, so glaubte die CIA erfahren zu haben, auf Nowaja Semlja die nuklearen Bauteile von Kernwaffen unter anderem auf mechanische Beanspruchung und Feuer getestet. Solche Versuche zur Überprüfung der Funktionstüchtigkeit der Kernwaffenbestände sind nach dem Teststoppabkommen erlaubt, so lange es dabei zu keiner Detonation der Sprengköpfe kommt. Amerikaner haben seit der Paraphierung des Abkommens schon mehrmals ähnliche Versuche auf ihrem Testgelände in

Nevada unternommen. Daß aber nun kurz nach ähnlichen russischen Experimenten seismische Signale von Nowaja Semlja kamen, stimmte die CIA-Experten nachdenklich. Weil sie fürchteten, die Russen hätten heimlich einen Atomversuch unternommen, informierten sie das Weiße Haus und das Außenministerium in Washington. Über diplomatische Kanäle wurde Moskau zu einer Stellungnahme aufgefordert. Aus dem Kreml kam daraufhin ein Dementi. Man habe keinen Atomversuch unternommen und stehe zu den Vereinbarungen des Abkommens.

Fast zwei Wochen ließen sich die amerikanischen Befürchtungen und der diplomatische Notenwechsel geheimhalten, bis eine Zeitung in Washington über den mutmaßlichen Atomtest der Russen berichtete. Zu diesem Bericht befragt, ließ das Weiße Haus lediglich mitteilen, man untersuche das vorhandene Datenmaterial noch. Als Folge dieser wenig aussagekräftigen Bemerkung kam es zur Veröffentlichung zahlreicher Gerüchte. Unter anderem hieß es, die Russen hätten die bei einem Atomtest unvermeidlich auftretenden seismischen Wellen auf verschiedene Arten gedämpft, um den Versuch geheimzuhalten.

Unterdessen werteten Seismologen an verschiedenen Hochschulen die vorhandenen Daten aus. Sie kamen dabei recht schnell zu dem Schluß, daß es sich bei dem „Ereignis" um ein natürliches Erdbeben und keine Kernexplosion gehandelt haben mußte. Sein Herd lag nämlich nicht unter dem ehemaligen Testgebiet, sondern 130 Kilometer südöstlich davon in der Karasee. Außerdem glich die aufgezeichnete Signalform überhaupt nicht den Registrierungen früherer Atomversuche auf Nowaja Semlja. Sie sah statt dessen denen von Erdbeben verblüffend ähnlich. In der ersten wissenschaftlichen Veröffentlichung über das Ereignis stellten Paul Richards und Won-Young Kim, zwei Seismologen vom Lamont-Doherty Observatorium der New Yorker Columbia-Universität, im Herbst 1997 alle Meßdaten über das Ereignis zusammen. Sie konnten dabei belegen, daß es sich mit der allergrößten Wahrscheinlichkeit um ein Erdbeben gehandelt hat. Kurz nach dieser Veröffentlichung gab schließlich auch die amerikanische Regierung bekannt, ihre Bedenken seien ausgeräumt.

Die Bearbeitung des kontinuierlich im Auswertungszentrum einlaufenden Datenstromes dient allerdings nicht nur dazu, die Einhaltung des nuklearen Teststoppabkommens zu überwachen. Da nicht nur verschiedene nationale Datenzentren, sondern jeder interessierte Wissenschaftler über das Internet Zugriff auf aktuelle Meßergebnisse und das Archiv hat und das Zentrum eine Fülle von Meßdaten anbietet, ist eine Reihe von bisher nicht durchführbaren geowissenschaftlichen Untersuchungen möglich geworden. So wäre es z. B. denkbar, den untermeerischen Vulkanismus aus der Kombination seismischer und hydroakustischer Daten wesentlich besser als bisher zu überwachen. Auch das weltweite Netz von Infraschallsensoren läßt vulkanologische Untersuchungen und die bessere Erfassung von Meteoriteneinschlägen zu. Schließlich dürften die Daten der 170 seismischen Meßstationen ein genaueres Bild vom Aufbau des Erdinneren und auch ein viel detaillierteres Bild der globalen Seismizität liefern, als es mit den bisherigen Beobachtungen möglich war.

Auf den ersten Blick scheint es, als würde sich an der Erdoberfläche nie etwas ändern. Gäbe es den Menschen nicht, bliebe das Antlitz der Erde für immer gleich – so jedenfalls kommt es uns oft vor. Tatsächlich ist auf der Oberfläche der Erde nichts stetig. Erosion trägt Berge ab, Wattenmeere und Flußdeltas wachsen und Seen verlanden mit den zuvor abgetragenen Sedimenten. Meist laufen solche Vorgänge so langsam ab, daß selbst ein aufmerksamer Beobachter Mühe hat, die Veränderungen festzustellen. Gelegentlich geschieht jedoch in Sekundenschnelle, was sonst Jahrtausende dauert: Bergstürze reißen halbe Berge weg, Hangrutschungen begraben ganze Dörfer. Zu den Aufgaben der Geowissenschaften gehört es nicht nur, vor dem Auftreten solcher Massenbewegungen zu warnen. Die Geotechnik trägt auch dazu bei, den Menschen vor den Folgen dieser Katastrophen zu schützen. Ingenieurgeologen sorgen auch dafür, daß die Infrastruktur der modernen Industriegesellschaft nicht im Malstrom der sich dauernd bewegenden Erdoberfläche Schaden nimmt, sei es durch die Beurteilung der Standsicherheit von Bauwerken oder bei der Durchtunnelung großer Gebirgsmassive.

11 Geotechnik

Von Muren, Bergstürzen und Erdfällen

Niemand, der als Kind je in einem Sandkasten gespielt hat, kann behaupten, er verstünde nichts von Geotechnik. Hat sich denn früher nicht jeder oft gefragt, warum es so schwierig war, ein Loch in den Sand zu graben? Immer wieder rutschte Sand von oben nach und füllte das Loch unerbittlich auf. Die meisten Kinder bekommen jedoch schnell heraus, daß weniger Sand von oben nachrieselt, wenn die Wände der Löcher im Sandkasten weniger steil sind. Intuitiv verstehen sie es, den korrekten Böschungswinkel abzuschätzen, so daß ihr Loch nicht dauernd einfällt. Im jungen Alter lernt man auch schon, daß es sich in Lehm viel steiler graben läßt als in Sand. Beim Burgenbau im Sommerurlaub an der Nordsee folgten schließlich weitere Lektionen in Sachen Geotechnik. Der nasse Sand am Strand verhielt sich ganz anders als der trockene Sand zu Hause. War der Strand mit Wasser gesättigt, begann der Sand in ihm zu fließen. Auch für Fels gibt es Modelle, die jedem vertraut sind: Bauklötze, die für sich allein ziemlich fest sind wie Gestein, bilden aufeinandergetürmt nur ein labiles Gebilde und simulieren damit stark geklüfteten, aufgelockerten Fels.

Werden jedoch die Bauklötze fest aneinandergepreßt und vielleicht miteinander verkittet, wie eine mit Mörtel gebaute Wand, dann entsteht ein realistisches Felsmodell.

Nun glaube niemand, die moderne Ingenieurgeologie habe etwas mit Spielereien im Sandkasten und mit Bauklötzen zu tun oder sei vielleicht ein Kinderspiel. Dennoch gelten beim Buddeln im Sandkasten die gleichen physikalischen Gesetze wie beim Tiefbau in der Welt der Ingenieure. Die Summe völlig unterschiedlicher Kräfte, wie Haftreibung, Schwerkraft und die Kohäsionskraft zwischen den Bodenpartikeln, bestimmt den Winkel, unter dem eine Böschung stabil bleibt. Was zunächst so einfach klingt, hat jedoch in unserer modernen Industriegesellschaft eine besondere Bedeutung. Die Effektivität der Infrastruktur, von Kanälen und Tunneln, von Autobahnen und Fernstraßen oder den ICE-Strecken der Deutschen Bahn, hängt nicht zuletzt davon ab, ob die an der Bauplanung und -ausführung beteiligten Geotechniker ihr Handwerk verstanden haben. Kommt nämlich eine Böschung ins Rutschen oder erleidet ein Tunnel einen Schaden, sind nicht nur Menschenleben in Gefahr. Wenn heutzutage eine der Verkehrsschlagadern auch nur für kurze Zeit unterbrochen wird, entstehen der Volkswirtschaft erhebliche Verluste.

Eine der wichtigsten Aufgaben der Geotechnik ist es also, unzulässige Verformungen von Boden oder Fels sowie größere „Massenbewegungen" entweder ganz zu verhindern oder wenigstens deren Folgen so gering wie möglich zu halten. Hinter diesen so nichtssagend nüchtern klingenden Fachbegriffen aus dem Vokabular der Geowissenschaftler verbergen sich Vorgänge, die im allgemeinen Sprachgebrauch oft recht martialische Namen haben: Bergzerreißung, Bergsturz, Steinschlag, Murenabgang, Sturzstrom. Solche Naturkatastrophen kommen hauptsächlich in den gebirgigen Regionen der Tropen vor. Eines der schwersten Unglücke dieser Art ereignete sich im Jahre 1970 in den Anden Perus, als die Huascaranfelslawine zwei Städte und 20 000 Menschen unter sich begrub. Aus Papua-Neuguinea sind Hangrutschungen bekannt, die nicht nur in das Tal hinabglitten, sondern auch noch den Bergrücken der anderen Talseite überwanden und im Nachbartal Dörfer zerstörten.

Aber auch Europa wird von solch katastrophalen Massenbewegungen nicht verschont. So glitten im Jahre 1963 mehr als 250 Millionen Kubikmeter Festgestein mit hoher Geschwindigkeit in den Vajontstausee in den friulischen Alpen. Dabei entstand eine hundert Meter hohe Flutwelle. Sie überspülte die Staumauer und zerstörte stromab die Ortschaft Longarone. Etwa 3 000 Menschen kamen dabei ums Leben. Auch in den bayerischen Alpen ereignen sich immer wieder Massenbewegungen, wenngleich sie zumindest in den vergangenen Jahrzehnten keine katastrophalen Ausmaße annahmen. Im Jahre 1991 bedrohte aber ein von der Flanke des Teisenberges abrutschender Schuttstrom das zur Gemeinde Inzell gehörende Dorf Hutterer.

Der Schuttstrom von Hutterer bewegte sich tagelang mit einer Geschwindigkeit von 50 Metern pro Tag auf die Häuser am Ortsrand zu, machte dann aber 400 Meter vor dem ersten Gehöft Halt.

Schuttströme sind mit Wasser gesättigte Massen aus Schlamm, Sand, Steinen, Blöcken und sogar Bäumen, die mit mäßiger Geschwindigkeit talwärts fließen.

WENN DER FELS AM ALBTRAUF KRIECHT

Geowissenschaftler spielen eine wichtige Rolle, wenn es um den Schutz von Menschen und ihrer Sachgüter vor solchen Massenbewegungen geht. Eine ihrer Aufgaben ist es, die Gefährdung eines

Gebietes zu identifizieren und anschließend das damit verbundene Risiko abzuschätzen. Zu diesem Zweck werden auch in vielen potentiell gefährdeten Gebieten Deutschlands entsprechende Kartierungen vorgenommen. Besonders intensiv wird beispielsweise der steile Nordhang der Schwäbischen Alb untersucht. Dort, am sogenannten Albtrauf, kommt es immer wieder zu Rutschungen, Kriechbewegungen und vereinzelten Felsstürzen, die im Vergleich zu den Ereignissen im Hochgebirge oder in den Tropen zwar klein sind, aber dennoch zu Sach- oder Personenschäden führen können. Als Vorsorgemaßnahme werden hier die geologischen, geomorphologischen und hydrologischen Verhältnisse erkundet, die Daten in ein digitales Geländemodell übertragen und anschließend im Hinblick auf eine Risikobetrachtung statistisch ausgewertet. Die dabei gewonnenen

Erkenntnisse können Einfluß auf die Raumplanung haben und so eine Wohnbebauung in gefährdeten Gebieten verhindern.

Wegen der dichten Besiedlung in vielen Teilen der Erde und der daraus folgenden Knappheit an Siedlungs- und Verkehrsflächen, läßt sich das Bauen in geologisch problematischen Gebieten aber oft nicht vermeiden. Es wird in Zukunft wegen der wachsenden Weltbevölkerung eher noch zunehmen und muß dann von entsprechenden

BILD 11.3.
Mit Stahlmatten und Felsnägeln wird hier ein Hang gegen Abrutschen gesichert

Schutzmaßnahmen begleitet werden. Hat beispielsweise eine Massenbewegung eingesetzt, müssen möglichst schnell Mittel und Wege gefunden werden, einen Hang oder eine Böschung zu sichern oder zu stabilisieren. Zu den wichtigen Aufgaben von Ingenieur- und Hydrogeologen sowie der Bauingenieure in großen Städten gehört nicht nur das Beherrschen natürlicher und künstlicher Böschungen. Sie müssen die Stabilität tiefer Baugruben sicherstellen und die damit möglichen Auswirkungen auf die Nachbarbebauung untersuchen. Außerdem ist zu klären, ob Grundwasserabsenkungen zulässig sind und wie sie begrenzt werden können. In vielen, rasch wachsenden Metropolen der Entwicklungsländer ist die unkontrollierte Besiedlung steiler Hänge ein großes Problem. Bei starken Niederschlägen setzen dort oft Schutt- und Schlammströme ein, die dann ganze Stadtteile unter sich begraben können.

Es gilt, in jedem Fall die geologische Gefährdung zu untersuchen, das damit verbundene Risiko abzuschätzen und dann Mittel zu finden, möglichen Schäden vorzubeugen. Dazu werden immer häufiger sogenannte Geographische Informationssysteme (GIS) eingesetzt. Ihre Datenbanken sowie die daraus mögliche Konstruktion digitaler Karten und dreidimensionaler Untergrundbilder werden in Zukunft das entscheidende Mittel sein, um geowissenschaftliche Informationen Fachleuten anderer Gebiete und der Öffentlichkeit zu vermitteln. Schon heute werden ingenieurgeologische und hydrogeologische Informationssysteme in den Industrieregionen von öffentlichen und privaten Stellen genutzt.

Geographische Informationssysteme setzen sich immer mehr zur Darstellung und Vermittlung geowissenschaftlicher Daten und Erkenntnisse durch.

Häufig geht die Gefährdung aber nicht – wie im Fall des Schuttstroms von Inzell oder der Hangrutschungen am Albtrauf – allein von der Natur aus. Einer von vielen Fällen, bei denen auch der Mensch seine Hand im Spiel hatte, ist ein Felsrutsch, der sich in Bacharach am Mittelrhein ereignete. Erste Zeichen für eine Bewegung im Fels unterhalb der Burg Stahleck fanden sich am 28. August 1986, als Risse im Burgweg oberhalb des Ortes entdeckt wurden. Innerhalb weniger Tage nahmen die Risse an Breite zu und der Hang begann zu rutschen. Weil mehrere tausend Kubikmeter Fels auf den erst wenige Monate zuvor eröffneten Neubau einer Bankfiliale zu stürzen drohten, begannen Ingenieurgeologen mit Maßnahmen zur Hangsicherung. Unter anderem wurden die vom Abrutschen bedrohten Felsmassen mit mehr als 200 Felsnägeln stabilisiert.

Außerdem verfüllte man mit Hilfe von Injektionslanzen die Risse und Spalten mit Beton, so daß der gesamte Hang zu einer stabilen Einheit aus „Erdbeton" wurde. Bei der Suche nach den Ursachen der Felsrutschung stellte sich schließlich heraus, daß während der Aushubarbeiten für den Neubau der Bank zahlreiche Stützgewölbe der Altbebauung zerstört und nicht ersetzt worden waren. Diese Gewölbe hatten dem Hang an seiner Basis die nötige Stabilität gegeben. Nachdem die alten Gemäuer entfernt worden waren, entfiel ihre Stützfunktion, und durch diesen Eingriff des Menschen verlor der untere Teil des Hanges seine Stabilität. Unter seinem eigenen Gewicht drohte daraufhin der obere Teil abzustürzen.

TUNNEL FÜR DIE SCHNELLE EISENBAHN

Eine ganz besondere – im Gegensatz zur Stabilisierung rutschender Hänge sogar vorbeugende – Aufgabe stellte sich den deutschen Ingenieurgeologen in den vergangenen Jahren beim Bau der neuen Bahnstrecken für den ICE. Weil diese Züge mit Geschwindigkeiten von bis zu 300 Stundenkilometern durch das Land brausen, dürfen die Kurven nicht zu eng und die Steigungen nicht zu steil sein. Eine Anpassung der Bahntrasse an das Gelände, wie beispielsweise bei der Eisenbahnlinie durch das Rheintal, ist nicht mehr möglich, wenn Kurven einen Radius von mindestens sieben Kilometern haben müssen. So verläuft die neue ICE-Bahnlinie zwischen Frankfurt und Köln nicht mehr entlang des Stromes, sondern weitgehend parallel zur Autobahn A3 über die Höhen von Taunus und Westerwald.

Beim Bau dieser jüngsten Strecke in Hessen, Rheinland-Pfalz und Nordrhein-Westfalen kann auf die zahlreichen Erfahrungen zurückgegriffen werden, die Ingenieurgeologen bei der Planung und beim Bau der ersten ICE-Strecken zwischen Würzburg und Kassel machten. Diese Strecke führt weitgehend durch Buntsandstein, einer Schichtenfolge aus Sand- und Tonsteinen, die in der Trias, also vor rund 240 Millionen Jahren, abgelagert wurden. Diese Schichten verlaufen zwar überwiegend horizontal, sind aber zum Teil stark geklüftet und merklich aufgelockert. Die noch immer anhaltende Heraushebung der deutschen Mittelgebirge seit dem jüngeren Tertiär führte, zusammen mit der Auslaugung von Salzvorkommen, zu einer tiefgehenden Verwitterung des Gesteins.

Die Salzauslaugung in der Tiefe führte auch zu Erdfällen. Dies sind runde, schachtartige Einbruchsschlote mit Durchmessern von 10 bis 100 Metern, an denen das Deckgebirge eingebrochen ist. Heute sind diese Einbruchsschlote mit jungen Sedimenten und nachgebrochenem Schutt gefüllt. Sie können fossil oder noch aktiv sein, wobei sich die Erde mit wenigen Millimetern pro Jahr senken kann. Nach langen Zeiten der Ruhe können auch plötzliche Einbrüche auftreten. Solche katastrophalen Geländesenkungen ereignen sich in Hessen etwa dreimal pro Jahrzehnt. Es galt, bei der Trassenplanung solche

Erdfälle sind runde Einbruchskrater mit Durchmessern von 10 bis 100 Metern, bei denen das Deckgestein über Hohlräumen eingebrochen ist.

Sorgfältig muß ein Tunnel ausgebaut werden, damit es nicht zu Einbrüchen und Steinschlag kommt

Erdfälle trotz deren großer Zahl nach Möglichkeit zu meiden. Wo das nicht möglich war, wurde die jüngere Geschichte dieser Einbruchsschlote detailliert erkundet und nach Lösungen gesucht, die einen Bau der Bahnstrecken unter Beachtung des gefährdeten Sicherheitsniveaus erlaubten.

Ebensowenig wie auf der Strecke südlich von Kassel können die Tunnelbauer auf der westlichen Schnellverbindung mit idealen geologischen Verhältnissen rechnen. In den Tunneln bei Limburg treffen so unterschiedliche Gesteine wie Grauwacken, Schiefer, feste Quarzite und Kalksteine zusammen. Mit Probebohrungen, Untersuchungen von der Oberfläche aus sowie Messungen der mechanischen Eigenschaften des zu durchtunnelnden Felses schaffen sich die Ingenieurgeologen zunächst ein Bild vom Zustand des Gesteins. Daraus wird gemeinsam mit den Bauingenieuren für jeden Streckenabschnitt ein Felsmodell entwickelt, nach dem sich die eigentliche Bauplanung und -ausführung richtet.

Die Aufgabe der Geologen beschränkt sich nicht nur auf die Planung einer Tunnelstrecke. Auch auf den Baustellen selbst sind sie unentbehrlich. Zum Beispiel müssen sie gemeinsam mit Tunnelbauern und Felsmechanikern das Gefährdungspotential von Klüften abschätzen, die beim Tunnelvortrieb aufgeschlossen werden. Große Kluftkörper können aus der Firste, also dem Dach des Tunnels, niederbrechen und schlimmstenfalls zum Einsturz des gesamten Tunnels führen. Bei großen Tunneln ist die Vorhersage der Firstsetzungen und der Wandungsverformungen ein wesentliches Element des Sicherheitskonzepts. Felsmechaniker weiten dazu Bohrlöcher oder Sägeschlitze auf, messen die darin auftretenden Verformungen des Gebirges und schließen so auf dessen Steifigkeit. Abweichungen von vorhergesagten Verformungen treten vor allem dann auf, wenn sich nach dem Ausbruch des Großtunnels scheinbar „kleine" geologische Inhomogenitäten wie Flexuren, Kluftzonen oder blättrige und sehr weiche Sandsteine setzen. Die Beträge dieser zusätzlichen Verformungen lassen sich mit Feldversuchen kaum bestimmen. Statt dessen erweist sich die Kombination sorgfältiger geologischer Dokumentation, moderner Meßtechnik und deren gemeinsame Interpretation durch Geologen und Felsmechaniker als hilfreich.

Die von den zerklüfteten deutschen Mittelgebirgen ausgehende Problematik beim Tunnelbau ist gering, verglichen mit den Schwierigkeiten, vor denen die Konstrukteure des neuen Gotthardtunnels in der Schweiz stehen. Er soll zwischen dem wenige Kilometer südlich des Urnersees gelegenen Ort Erstfeld und Biasca im südlichen Ticinotal verlaufen. Seine Trasse wird dabei mehrere Dutzend Kilometer östlich der bestehenden Verkehrstunnel durch das Gotthardmassiv geführt. Zur Zeit durchstoßen ein im Jahre 1880 fertiggestellter, schnurgerader Eisenbahntunnel von 14 Kilometer Länge, ein ein-

BILD 11.5.
Wie hoch ist der Gebirgsdruck? Mit diesen Lastplatten lassen sich vor Ort die Kräfte messen

hundert Jahre später eröffneter, fast 17 Kilometer langer Straßentunnel sowie zahlreiche Kraftwerks- und Militärstollen den Berg. Der neue, in zwei Röhren anzulegende Tunnel wird mit einer Länge von 57 Kilometern der längste Tunnel der Welt werden. Mit einer derart langen Trassenführung erreichen die Schweizerischen Bundesbahnen (SBB) als Bauherren, daß der Scheitelpunkt des Basistunnels nur 571 Meter über dem Meeresspiegel liegt. Die Scheitelpunkte der bestehenden Verkehrstunnel liegen jeweils um mindestens 580 Meter höher. Die Steigungen in den Zufahrten zum existierenden Eisenbahntunnel zwischen Göschenen und Airolo sind steil und kurvenreich und damit für die neuen Hochgeschwindigkeitszüge ungeeignet. Der neue Tunnel soll dagegen auch diesen Zügen erlauben, die Alpen mit Geschwindigkeiten von mehr als 200 Kilometern pro Stunde zu durchqueren. Die Reisezeit von Zürich nach Bellinzona wird sich dabei um mehr als eine Stunde auf knapp 65 Minuten verkürzen.

Zwischen Erstfeld und Biasco wird der neue Tunnel zwar nominell die Zentralalpen durchqueren. Aus geologischer Sicht führt er dabei jedoch durch drei sich erheblich voneinander unterscheidende Gebirgszüge. Der nördliche Teil der Strecke zwischen den Orten Erstfeld im Reusstal und Sedrun in Vorderrheintal durchquert das hauptsächlich aus Graniten bestehende Aarmassiv. Das aus Graniten und Gneisen aufgebaute eigentliche Gotthardmassiv wird etwa zwischen Sedrun und Faido im Tessin durchfahren. Daran schließen sich im Süden die Leventinagneise der sogenannten Penninischen Gneiszone an. Die meisten Geologen stimmen darin überein, daß die Tunnelbauer innerhalb dieser drei Gebirgszüge selbst kaum mit außergewöhnlichen geologischen Verhältnissen zu rechnen haben werden. Die Granite und Gneise in diesen Zonen sind derart „kompetente" Gesteine, daß sie von den fast neun Meter großen Tunnelbohrmaschinen ohne große Schwierigkeiten durchteuft werden können.

Eine Ausnahme bildet eine knapp 900 Meter lange Strecke innerhalb des Aarmassivs. Die „Intschizone", etwa zehn Kilometer südlich des Nordportals des Tunnels, besteht nicht wie die Umgebung aus Aargraniten, sondern vorwiegend aus Vulkaniten und graphithaltigen Sedimenten. Diese Gesteine sind mindestens 250 Millionen Jahre alt und auch weitgehend verfestigt. Dennoch gibt es darin einige schmale Zonen lockeren Gesteins. Als dieser Bereich vor einigen Jahren beim Bau eines Stollens für das Wasserkraftwerk Amsteg durchstoßen wurde, mußten die Tunnelbauer besonders vorsichtig vorgehen. Nach Meinung des die SBB beratenden Geologen Toni Schneider lassen sich die zu erwartenden Probleme aber mit gängigen bergmännischen Techniken beherrschen.

Kritischer dürfte sich dagegen die Durchtunnelung des Tavetscher Zwischenmassivs, der Übergangszone zwischen den Aargraniten und dem eigentlichen Gotthard, gestalten. In diesem, in etwa durch den Lauf des Vorderrheins östlich des Oberalppasses markierten Gebietes, kommen Gneise, Schiefer und feinkörnige metamorphe Gesteine, die sogenannten Phyllite, vor. Üblicherweise führt die Gesteinsmetamorphose dazu, daß sich die Festigkeit und Härte von Gesteinen erhöht. In seltenen Fällen können feste Gesteine bei der Metamorphose infolge der gleichzeitig fast immer stattfindenden tektonischen Prozesse sowie der Anlage neuer Scherflächen auch zerrüttet werden, was ihre Bruchfestigkeit erheblich herabsetzt. Im Tavetscher Zwischenmassiv kommen solche „karkiritisierten" Gesteine vor. Wie sie sich beim Bau des Gotthardtunnels verhalten werden, ist den Geologen allerdings noch ziemlich unklar, denn bisher gibt es keine tiefen Stollen in diesem Bereich. Nahe der Ortschaft Sedrun wird deshalb vor dem eigentlichen Baubeginn ein Schacht abgeteuft, von dem aus genauer untersucht werden soll, wo genau das brüchige Gestein vorkommt.

EIN GESTEIN MIT DER KONSISTENZ VON ZUCKER

Die größte Ungewißheit stellt für die Geologen die sogenannte Pioramulde im südlichen Teil des Gotthardmassives nahe dem Übergang zur Penninischen Gneiszone dar. Die Gesteine dieser Zone sind südlich der Paßhöhe des Lukmanierpasses an der Erdoberfläche auf einer Breite von etwa 600 Metern aufgeschlossen. Besonders augenfällig ist dabei ein weißes, bröseliges Gestein, das die Konsistenz von Zucker besitzt. Diesen Zuckerdolomit fürchten die Tunnelbauer besonders, denn in der Tiefe des Berges ist er mit Wasser gesättigt. Wird eine solche Gesteinsschicht angebohrt, kommt es zu einem gewaltigen Schlammeinbruch in den Tunneln. Da es keine Methode gibt, die Tiefenerstreckung des Dolomits in der Pioramulde von der Erdoberfläche aus zu erkunden, ließen die SBB diese kritische Zone vor Beginn des eigentlichen Tunnelbaus bergmännisch untersuchen. Dazu wurde von der Tessiner Seite ein mehrere Kilometer langer Explorationsstollen in Richtung Pioramulde vorgetrieben. Nach 5 553 Metern trafen die Tunnelbauer dabei, wie befürchtet, auf den „schwimmenden Berg" aus wassergesättigtem Zuckerdolomit. Mit einem Druck von 150 Bar drangen mehrere tausend Kubikmeter feinkörniger Schlamm in den Sondierstollen ein. Es dauerte drei Monate, bis die Tunnelarbeiter den Schlammzufluß zum Erliegen bringen konnten.

Um neue Verfahren zur „Durchörterung" dieser Piorazone zu testen, ist das Ende des Stollens zu einem wissenschaftlichen Laboratorium für Felsbau und Gebirgsmechanik ausgebaut worden. Darin

Tunnelbohrmaschinen
High-Tech-Lindwürmer fressen sich durch den Berg

Ihre Arbeit bleibt der Öffentlichkeit meist verborgen. Riesigen Lindwürmern gleich, fressen sich Tunnelbohrmaschinen durch Berge, sie graben Röhren unterhalb von Seen und Meeren oder schaffen dicht unter der Erdoberfläche Raum für U-Bahn-Schächte und Autobahnstollen. Unter den drei führenden Herstellern solcher Maschinengiganten befinden sich zwei deutsche Unternehmen. Um auf dem Weltmarkt bei harter Konkurrenz erfolgreich zu sein, arbeiten in diesen Firmen Maschinenbauer eng mit Geologen und Geotechnikern zusammen. Das erfolgreiche „Durchfahren" eines Gesteins stellt nämlich nicht nur hohe Anforderungen an die Entwicklungsingenieure. Es setzt auch voraus, daß Geowissenschaftler ihre Erfahrungen und Kenntnisse im Umgang mit den verschiedenen Gesteinsarten zur Verfügung stellen. Ein Unternehmen im badischen Schwanau gilt als Marktführer auf dem Gebiet der Weichgesteinmaschinen. Damit können Tunnelröhren in Lockergestein geschaffen werden. Die mit einem Durchmesser von 14 und einer Länge von 58 Metern größte Maschine wird zur Zeit bei Hamburg eingesetzt. Sie schafft einen vierten Elbtunnel, der etwa drei Kilometer lang werden und etwa 50 Meter westlich der schon bestehenden Autobahnröhren verlaufen wird. Der Untergrund besteht aus einer ungeordneten Ansammlung von Sand, Schlick, Geröll und Ton, in dem gelegentlich noch riesige Findlinge aus Granit auftreten – Überbleibsel aus der letzten Eiszeit. Um die komplizierten Verhältnisse im Untergrund beherrschen zu können, wird unter der Elbe erstmals eine „vorauseilende" Seismik eingesetzt. Man erwartet dadurch, rechtzeitig über größere Findlinge informiert zu werden. Dabei machen große Granitbrocken weniger Ärger als etwa metergroße Steine, denn bei relativ kleinen Findlingen besteht die Gefahr, daß sie von dem Speichenrad mitgerissen werden, so daß vor dem Bohrkopf Kavernen entstehen, die dann plötzlich zusammenfallen können. Diese Gefahr besteht bei sehr großen Findlingen nicht. Die werden von den Meißeln am Bohrkopf zerstört.

Hauptsächlich durch Hartgestein fressen sich dagegen die Tunnelbohrmaschinen des zweiten Herstellers in Deutschland. Dieses Unternehmen im rheinischen Erkelenz lieferte unter anderem zwei Maschinen für den 18,5 Kilometer langen Qinlingtunnel nach China. Er wird zur Zeit beim Ausbau einer Eisenbahnstrecke in der Provinz Shaanxi aufgefahren. Tunnelbohrmaschinen werden auch beim Bau des neuen Gotthardtunnels zum Einsatz kommen. Bei den Neubaustrecken der Deutschen Bahn werden allerdings keine Tunnelvortriebsmaschinen eingesetzt. Die konventionellen Ausbruchsverfahren mit Bohren und Sprengen lassen sich leichter an rasch wechselnde Gebirgsverhältnisse und Tunnelprofile anpassen. Außerdem sind die Tunnel der Deutschen Bahn stets zweigleisig, während durch den Gotthard zwei eingleisige Röhren laufen sollen.

BILD 11.6.
Mehr als 50 Meter lang ist diese von einem Unternehmen in Erkelenz gebaute Tunnelbohrmaschine

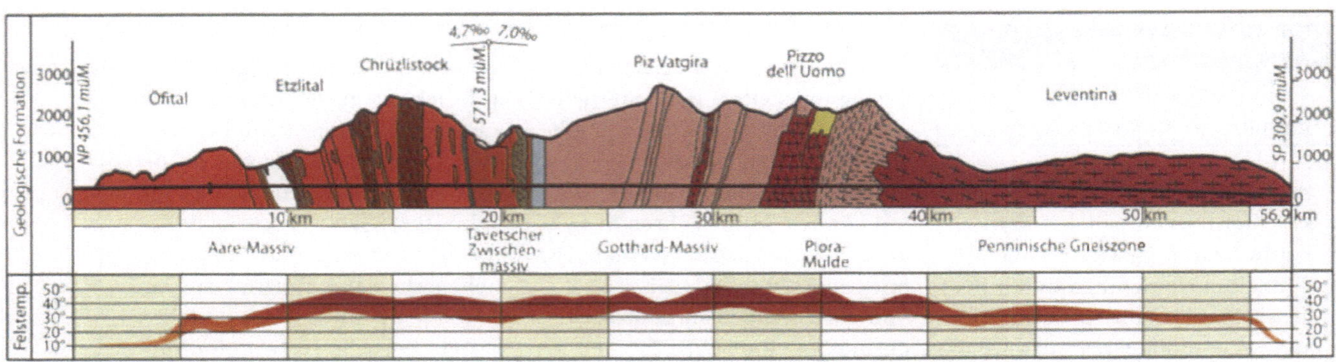

werden nun drei Techniken erprobt. Zum einen könnte der Dolomit abgedichtet werden. Dazu würden perforierte Metallrohre in den Schlamm getrieben, durch die anschließend unter hohem Druck Beton gepreßt wird. Der Zement dringt in den Zuckerdolomit ein, härtet dort aus und verschließt so dessen Porenräume. Damit würde ein Nachfließen des Grundwassers unterbunden und der Dolomit könnte in der mit Zement verhärteten Zone durchtunnelt werden.

Ein anderer Vorschlag sieht die Entwässerung der Zone durch eine unterirdische Kanalisation vor. Schließlich könnte der Zuckerdolomit auch durch Injektionen mit Kunstharz verfestigt werden. In jedem Falle müßten anschließend die beiden Tunnelröhren (Durchmesser jeweils 9 Meter) mit gußeisernen Rohren ausgekleidet werden, bevor darin der eigentliche Ausbau der Eisenbahnstrecke beginnen kann. Bei den Versuchen im Sondierstollen geht es aber nicht nur darum, die geeignete Vortriebsmethode zu finden. Man will gleichzeitig feststellen, wie lange der Tunnelbau mit den verschiedenen Verfahren dauert und was er kostet. Selbst Optimisten rechnen nicht damit, daß die Bergleute beim „Bauen im Brei" der Pioramulde viel schneller als 20 Zentimeter pro Tag fortschreiten können. Damit würde allein die Durchquerung dieser 200 Meter breiten Zone mindestens drei Jahre dauern und nach vorsichtigen Schätzungen wahrscheinlich mehr als eine Milliarde Mark kosten.

Der Tunnel und die Staumauer

Doch nicht nur im Inneren des Gebirges kann der neue Tunnel zu Problemen führen. Einige Experten fürchten, daß der Tunnel auch einige der zahlreichen Stauseen im Gotthardgebiet gefährden könnte. Die Furcht ist nicht ganz unberechtigt, denn im nördlichen Wallis wäre es wegen eines Tunnelbaus beinahe zum Zusammenbruch einer Staumauer gekommen. Seit dem Jahre 1957 wird nördlich von Sierre der Fluß Lienne durch eine 156 Meter hohe Bogenstaumauer zum Zeuziersee aufgestaut. Als im Jahre 1978, knapp eineinhalb Kilometer von der Staumauer entfernt, der Rawiltunnel abgeteuft wurde, begann sich das Betonbauwerk zu senken. Die Mauer setzte sich dabei um 12,5 Zentimeter und wölbte sich in der Mitte um mehr als 11 Zentimeter nach außen. Um ein Bersten zu verhindern, mußte das Wasser weitgehend abgelassen werden.

Es stellte sich schließlich heraus, das die Ursache für die Setzung der 720 000 Tonnen Beton enthaltenden Staumauer von Zeuzier die vom Tunnelbau erheblich beeinflußte Drainage des Gebirges war. Gesteinsklüfte veränderten ihre Ausbildung und das wiederum führte zu einer Verformung des Gebirges. Im Einzugsbereich des neuen Gotthardtunnels liegen mindestens vier Stauseen, darunter als größter der Santa-Maria-See mit einem Fassungsvermögen von 67 Millionen Kubikmetern Wasser. Die vorgesehene Tunneltrasse macht zwei Schlenker, damit sie nicht direkt unter einem der Stauseen verläuft. Dadurch hoffen die Planer, die möglichen Auswirkungen auf die Staumauern gering zu halten. Dennoch will niemand Setzungserscheinungen ausschließen.

Auch wenn in den Augen von Laien manche dieser Großprojekte gigantomanisch wirken, wenn Tausende Kubikmeter Beton gegossen, Millionen Kubikmeter Erdreich bewegt und Milliarden von Mark verbaut werden, geht es den an solchen Vorhaben beteiligten Ingenieurgeologen nicht darum, die ohnehin nur begrenzt berechenbaren Kräfte der Erde zu beherrschen. Vielmehr helfen sie mit, jene Symbiose zwischen der Erhaltung der Natur und Entwicklung von Infrastruktur zu finden, ohne die eine moderne, umweltbewußte Industriegesellschaft nicht mehr funktionieren kann. Ihre Aufgabe ist es, einen Schutz vor den möglichen Unbilden der Erde zu schaffen, ohne den Planeten dabei zu vergewaltigen. Sie sorgen dafür, daß sich moderne Großbauten in die Landschaft fügen, ohne die Landschaft selbst und das in ihr lebende Ökosystem zu gefährden.

Das Problem der Zerstörung historischer Natursteinbauwerke ist so alt wie sie selbst. Schon in der Antike finden sich Berichte über deren Zerfall und Zerstörung. Bis in die jüngste Vergangenheit waren es die Folgen von Krieg und Vandalismus, die die Existenz der steinernen Bauten und Denkmäler gefährdeten. Im Mittelalter dienten viele gar als Steinbruch, und waren damit Rohstofflieferant für „Neubauten". Heute hat sich die Einstellung gegenüber dem Erbe unserer Vorfahren grundlegend geändert. Mit der Erkenntnis um ihre kulturelle Bedeutung trat ein Wandel ihrer Wertschätzung ein. Nicht der Zerstörung, sondern dem Erhalt dieses kulturellen Erbes gelten nun die Bemühungen. Schutzmaßnahmen sind dringend notwendig, denn weltweit sind Baudenkmäler – erneut durch den Menschen – vom Zerfall bedroht. Die Schadstoffemissionen unserer Industriegesellschaft haben den Prozeß der Verwitterung, dem jedes Gestein an der Erdoberfläche unterliegt, erheblich beschleunigt. Die Anzeichen sind alarmierend. Nahezu glattgewaschene, einst reich verzierte Strebwerke an sakralen wie weltlichen Bauten, Materialab- und -auflösungen an Bauzier oder die mitunter nur noch leblosen Gesichter einst ausdrucksvoller Steinskulpturen sind in unseren Städten heute keine Seltenheit mehr. Wie stumme Botschafter künden sie vom raschen Verfall unwiederbringlichen Kulturgutes. Die besorgniserregende Entwicklung veranlaßte die UNESCO 1972 ein „Übereinkommen zum Schutz des Kultur- und Naturerbes der Welt" zu treffen. Eine entsprechende Liste erfaßt inzwischen über 400 Kultur- und Naturdenkmäler. Nicht zuletzt durch diese Initiative angeregt, beschäftigen sich heute zahllose nationale wie internationale Forschergruppen mit dem komplizierten System „Stein" und seinen Reaktionen auf die vielfältigen

Bild 12.1.
Am Kölner Dom, einem der bedeutendsten sakralen Bauwerke der Welt, sind ständig mehrere Baustellen eingerichtet, die vor allem der Steinerhaltung dienen

Angriffe. Im Zusammenspiel mit ihren Kollegen aus den benachbarten Natur- und Ingenieurwissenschaften leisten Geologen, Mineralogen und Geochemiker als beste Kenner der „Materie Stein" hierzu einen wichtigen Beitrag.

12 Schutz von Kulturdenkmälern

Gesteine im Wartezimmer der Wissenschaft

Der Wind zerrt knatternd an den grünlich schimmernden Kunststoffplanen, die einen der Türme des Naumburger Domes bereits zur Hälfte eingehüllt haben. Es ist jedoch nicht der berühmte Christo, der hier im Begriff ist, seine neuesten Verpackungskünste zu präsentieren. Baugerüste und Schutzfolien sind vielmehr wichtige Requisiten zur Erhaltung dieses bekannten Bauwerkes, das mit seinen berühmten Stifterfiguren zu den wichtigsten Kirchenbauten der Spätgotik zählt. Von seinen Türmen hat man an klaren Tagen eine großartige Fernsicht über die Saale und das angrenzende sächsische Hügelland, wo in geschützten Lagen sogar der Anbau von Wein möglich ist. Kurt Heinrichs, der in schwindelnder Höhe an der Fassade des Naumburger Domes zu kleben scheint, bleibt jedoch nur wenig Zeit, die Aussicht auf diese liebliche Landschaft zu genießen. Zu sehr ist der Geologe von der Technischen Hochschule Aachen damit beschäftigt, sich an seinem luftigen Arbeitsplatz zu behaupten und dabei akribisch genau die Schäden aufzunehmen, die Wind und Wasser, vor allem aber die Schadstoffe unserer modernen Industriegesellschaft über die Jahre in dem Mauerwerk hinterlassen haben. Keine noch so kleine Veränderung des Gesteins entgeht dem aufmerksamen Auge des Wissenschaftlers, und so finden sich bald alle Gesteinsrisse, Verfärbungen, Verwitterungskrusten oder Gesteinsablösungen in einem detailgetreuen Bauwerksplan wieder, der eine wichtige Grundlage für spätere Restaurierungs- oder Konservierungsmaßnahmen darstellt.

Geowissenschaftler sind aber nicht nur in Deutschland im Dienste des Denkmalschutzes tätig. Die Untersuchungen haben längst internationale Dimensionen erreicht. In der Osttürkei beispielsweise ist der „Thron der Götter" auf dem mehr als 2 000 m hohen Nemrud Dag Gegenstand ihrer Bemühungen. Die riesige Grabanlage mit ihren kolossalen Götterstatuen und Kulturreliefs ließ sich Antiochos I von Kommagene um 50 v. Chr. hoch über den Ufern des Euphrat errichten. Sie zählt heute zu den bedeutendsten antiken Kulturstätten

Natursteine wie Kalkstein, Marmor oder Sandstein waren aufgrund ihrer ausgezeichneten Gestaltungsfähigkeit und hohen Beständigkeit bei den frühen Baumeistern besonders beliebt.

Nur ein Windhauch scheint zu genügen, um diese Statue für immer zu zerstören

der Erde. Ein Gewirr aus Rissen und Sprüngen in den Kalksteinstatuen sowie abgeplatzte Gesteinsbrocken auf Grab- und Reliefplatten sind aber auch hier bereits eindringliches Indiz für ihre beginnende Zerstörung.

Für Bernd Fitzner, Leiter der Arbeitsgruppe „Natursteine und Verwitterung" am Geologischen Institut der Rheinisch-Westfälischen Technischen Hochschule Aachen, sind der Naumburger Dom und die Grabanlage auf dem Nemrud Dag zwei typische Beispiele, wie komplex die Prozesse und Wechselwirkungen bei der Verwitterung von Naturwerksteinen sein können. So beruhen die Schäden am Nemrud Dag ausschließlich auf der zerstörenden Wirkung von Eis, Schnee, Regen und Wind, die seit mehr als 2 000 Jahren am „Thron der Götter" sägen. Luftschadstoffe spielen in dieser Gegend, fernab jeglicher Industrieansiedlung, keine Rolle. Ganz anders stellt sich die Situation am Naumburger Dom dar. Hier können die katastrophalen Schäden im wesentlichen auf Luftschadstoffe zurückgeführt werden, die vielfach mit dem Regenwasser in das Mauerwerk eingespült werden.

Tatsächlich gilt Wasser in flüssiger, gasförmiger oder fester Form als der größte Feind des Mauerwerkes. Schon der römische Dichter Lucretius bemerkte: „Steter Tropfen höhlt auch den härtesten Stein". Was Lucretius jedoch nicht wußte, ist, daß die eigentlich schädigende Wirkung des Wassers weniger von außen nach innen als vielmehr von innen nach außen gerichtet ist. Der Grund sind die unzähligen, miteinander vernetzten Hohlräume – Poren oder Kapillaren genannt – die, nur unter dem Mikroskop erkennbar, fast jedes Gestein in unterschiedlicher Zahl und Größe durchziehen. Auf den ersten Blick zwar homogen und dicht erscheinend, saugt das Gestein über dieses Porensystem – einem Schwamm gleich – die Feuchtigkeit auf.

Erst einmal ins Innere vorgedrungen, kann das Wasser sein Zerstörungswerk beginnen. So sprengt gefrierendes Wasser das Gestein, einem Keil gleich, auseinander und führt damit im Laufe der Zeit zur Auflockerung des Materialverbandes. Am Ende steht das Abplatzen ganzer Gesteinsbrocken. Unregelmäßige Befeuchtung und Austrocknung führt besonders in Sandsteinen zur Quellung und Schrumpfung tonhaltiger Bindemittel; eine mechanische Beanspruchung, die das Gestein mit der Zeit ebenfalls zermürbt. Von besonderer Bedeutung sind gesteinsfremde, über das Wasser in das Baumaterial eingebrachte Substanzen. Sie können gleich eine ganze Reihe von Schädigungsprozessen in Gang setzen. Wichtigster „Partner" der natürlichen Verwitterung ist dabei das Schwefeldioxyd, das hauptsächlich beim Verbrennen schwefelhaltiger Energieträger wie Kohle und Heizöl entsteht und in der Atmosphäre zu Schwefelsäure umgewandelt wird. Die katastrophalen Folgen des „sauren Regens" sind in unseren Wäldern heute bereits vielfach zu beobachten. Bei der Zerstörung historischer Bausubstanz wirkt diese aggressive – im Regenwasser zwar sehr verdünnte – Säure gleich im doppelten Sinne. Zunächst löst sie das wenig säureresistente Kalziumkarbonat des Kalksteines und der oft kalkhaltigen Sandsteine. Das bei dieser chemischen Reaktion entstehende Kalziumsulfat, besser bekannt unter dem Namen „Gips", übt zusätzlichen Druck auf das Gestein aus: Kommt es mit Wasser in Berührung, bläht sich dieses Mineral um ein Vielfaches seines Eigen-

In Gebieten mit starker Sonneneinstrahlung können an der Gesteinsoberfläche Temperaturschwankungen von über 100 °C auftreten. Die hiermit verbundenen Volumenänderungen der gesteinsbildenden Minerale rufen starke Spannungen im Gestein hervor.

volumens auf und kann so das Gestein regelrecht auseinandersprengen. Ein eindrucksvolles Beispiel der Wirkungsweise der „Schwefelsäureverwitterung", wie diese Verwitterungsform von den Wissenschaftlern bezeichnet wird, geben die Wasserspeier am Naumburger Dom.

Vom Ruß der Umgebungsluft schwarz gefärbte Gipskrusten treten hier bevorzugt auf den regengeschützten Bereichen der Skulpturen auf. Die Bausubstanz ist jedoch noch vergleichsweise intakt. Auf der regenexponierten Seite dagegen zeigt der Kalkstein bereits Anzeichen fortgeschrittener Zerstörung, da hier das einmal gelockerte Material schneller ausgewaschen und fortgespült werden konnte.

Neue Einblicke in altes Gestein

Noch sind das komplizierte System Stein und seine Reaktionen auf die vielfältigen Angriffe von außen erst in ihren Anfängen verstanden. Bernd Fitzner vergleicht die Vorgehensweise bei Schutz- und Restaurierungsmaßnahmen gerne mit der eines guten Arztes. Blickt man in die geschundenen Gesichter mancher sehr menschlich anmutender Steinskulpturen, drängt sich ein solcher Vergleich zwangsläufig auf. Zusammen mit Kollegen anderer Forschungsinstitutionen in Deutschland gehören Fitzner und sein Team heute zu einer auch international vielgefragten Expertengruppe, wenn es um die Erhaltung historischer Bausubstanz geht. Anschaulich schildert der „Gesteins-

Allein in Ostdeutschland rechnen Experten mit Kosten von mehreren Zehner Milliarden DM, die für den Denkmalschutz aufgewendet werden müssen.

doktor" – wie er mitunter scherzhaft genannt wird –, wie ein solches Untersuchungskonzept aussieht.

Ähnlich der Anamnese gilt es zunächst die „Krankengeschichte" des „Patienten" Bauwerk zu beleuchten. Eine besondere Bedeutung kommt dabei einer genauen Analyse des Standortes zu, dem ein wesentlicher Einfluß auf Verwitterungsverlauf und Schadensbild zugeschrieben wird. So unterliegen klimatisch exponierte Orte, wie Nemrud Dag, ganz anderen Verwitterungsmechanismen als solche in Industrie- und Ballungszentren mit einem hohen Luftschadstoffanteil.

Der nächste Schritt besteht darin, die verbauten Gesteinsarten und den Grad der Beschädigung detailliert aufzunehmen. Der Wissenschaftler spricht in diesem Fall von der Kartierung des Bauwerkes. Tatsächlich entstehen, maßstabsgerecht projiziert, große Kartenblätter, die – einem Flickenteppich gleich – in unterschiedlichen Farbsignaturen die verwendeten Gesteinstypen und deren Verwitterungsgrad wiedergeben. Eine, wie Fitzner stolz erklärt, in Aachen entwik-

BILD 12.4.
Schadensaufnahme in Petra, der antiken Felsenstadt der Nabatäer, im heutigen Südjordanien

kelte und in der Praxis seit langem fest etablierte Untersuchungsmethode.

Ist eine aufgrund der rein äußerlich sichtbaren Schäden geschaffene Planungsgrundlage erst einmal erstellt, geht es in einem weiteren Schritt darum, das Innere des Baukörpers genauer unter die Lupe zu nehmen. Diese vielbenutzte Redensart ist hier tatsächlich wörtlich zu nehmen, zählt die mikroskopische Untersuchung doch zu den wichtigsten direkten Techniken, die eine detaillierte Diagnose des Gesteinsinneren erlauben.

Wie das Skelett den menschlichen Körper, so stützen Minerale das Gestein. Werden sie durch die Verwitterung zerstört, wird das Gestein in seinem Zusammenhalt empfindlich geschwächt, was zu seiner vollständigen Zerstörung führen kann. Bestimmte Minerale wie Kalzit, Hauptmineral des Kalksteins und „Zement" vieler Sandsteine, sind dabei besonders anfällig, andere, wie Quarz, dagegen nur schwer aufzulösen.

Der Fachmann muß also zunächst eine exakte Mineralbestimmung des „kranken" Gesteins vornehmen, um daraus Rückschlüsse auf dessen Verwitterungsverhalten ziehen zu können. Dies geschieht in der Regel an Dünnschliffen, nur wenige Tausendstel Millimeter dicke Gesteinsscheiben, die aus dem befallenen Gesteinsbereich herausgeschnitten und bei starker Vergrößerung unter dem Mikroskop betrachtet werden. Will man es noch genauer wissen, werden die Gesteine mit einem Rasterelektronenmikroskop untersucht, das eine bis zu 80 000fache Vergrößerung des Untersuchungsobjektes erlaubt.

Indirekte Diagnoseverfahren werden notwendig, wenn dem Untersuchungsobjekt aus Denkmalschutzgründen nicht einmal kleinste Probenmengen entnommen werden dürfen. Ultraschallmessungen, heute vorwiegend aus der Medizintechnik bekannt, machen z. B. Schäden sichtbar, die noch unter der Oberfläche verborgen sind. Ausschlaggebend ist dabei die Geschwindigkeit, mit der sich Schallwellen durch das Gestein fortpflanzen (siehe auch Kapitel 13). Sie ist abhängig vom Baustoff selbst und von seinem jeweiligen Erhaltungszustand. So bedeuten niedrige Geschwindigkeiten Schädigungen des inneren Gesteinsverbandes. Ultraschalluntersuchungen an Reliefplatten des Nemrud Dag konnten z. B. tieferliegende, an der Oberfläche noch nicht sichtbare und damit auch nicht erfaßbare Schäden eindeutig identifizieren. Eine überaus wertvolle Information, die im Wettlauf mit den gesteinszerstörenden Atmosphärilien einen wichtigen Vorsprung für Schutzmaßnahmen sichert.

Ein noch in der Entwicklung befindliches Verfahren zur Bestimmung von äußerlich nicht sichtbaren Zerstörungsmustern sind laseroptische Methoden, die an der Forschungs- und Materialprüfanstalt in Stuttgart schon mit Erfolg eingesetzt werden.

Der Unterschied zwischen einem Mineral und einem Gestein ist seine Homogenität. Ein Mineral ist chemisch einheitlich und kann durch mechanische Verfahren nicht in seine Einzelbestandteile zerlegt werden. Gesteine stellen meist Mineralgemenge dar und lassen sich in die sie aufbauenden Einzelminerale zerlegen.

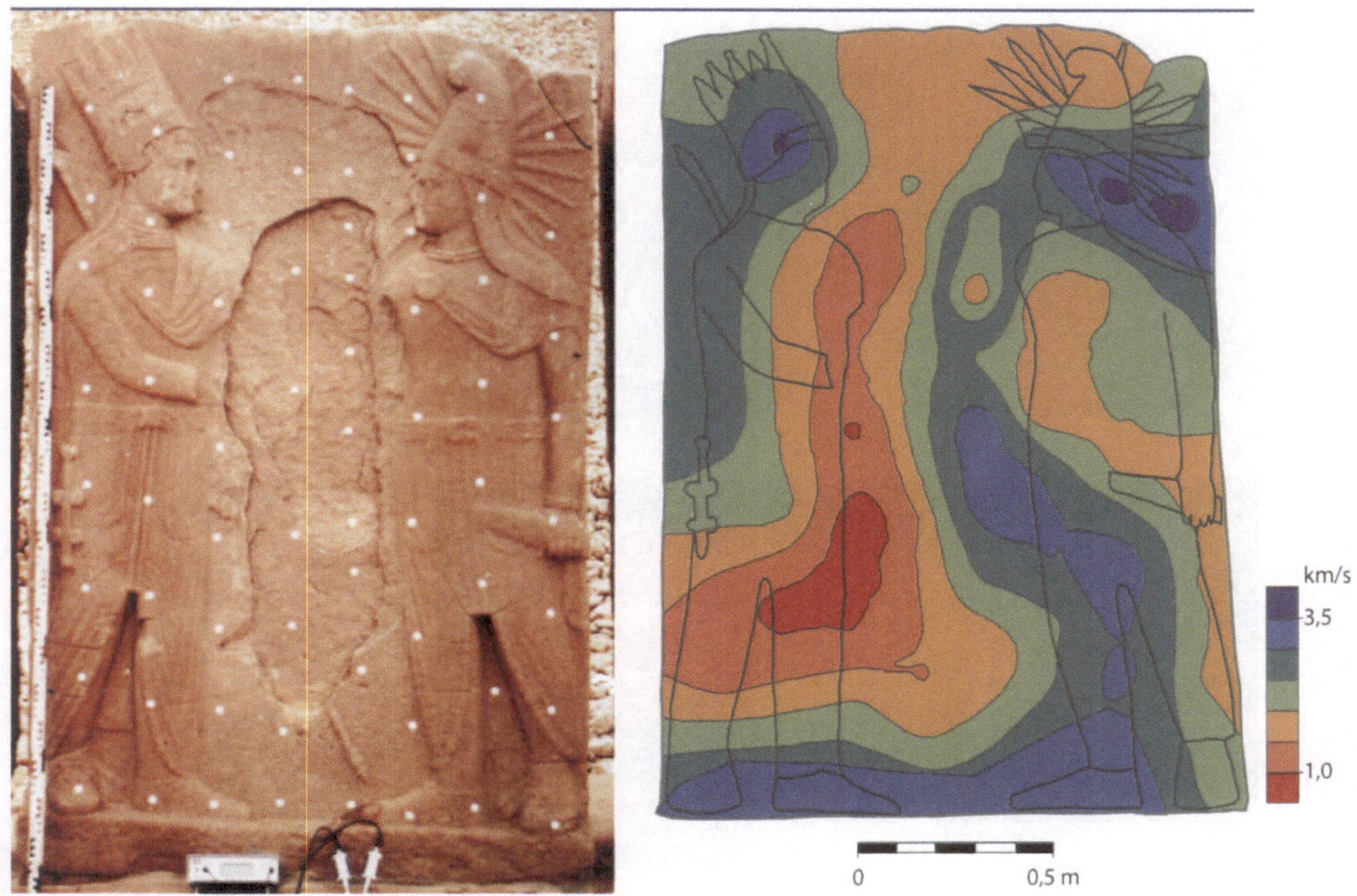

BILD 12.5.
Moderne Technik macht es sichtbar. Auch unter der noch intakten Oberfläche hat die Zerstörung bereits begonnen

Zum Repertoire einer jeden Schutzmaßnahme gehört auch die Analyse des Porenraumes eines Gesteins. Die in der Regel durch feine Kanäle miteinander vernetzten Hohlräume dienen nämlich als „Transportwege" für die eindringende Feuchtigkeit. Ein möglichst genaues Abbild ihrer Verteilung ist daher nicht nur für das Verständnis des Verwitterungsablaufes, sondern auch für die Durchführung von Sanierungsmaßnahmen notwendig. Optisch sichtbar gemacht wird der Porenraum im Dünnschliff, nachdem die Gesteinsprobe zuvor mit einem farbigen Kunstharz getränkt wurde. Dieses dringt in die Porenräume des Gesteins ein und markiert die Hohlräume unter dem Mikroskop als farbige Punkte. Mit einem computergestützten Auswertungsverfahren, der Bildanalyse, können dann Größe, Volumen und Vernetzung des Porenraumes ermittelt werden. Ein anderes Verfahren mißt das Transportvermögen für flüssige und gasförmige Phasen, woraus vergleichbare Kennwerte ermittelt werden können. So konnte beispielsweise für einen Würfel aus Tuffstein mit dem sehr kleinen Volumen von einem Kubikzentimeter eine „Innere Oberfläche" des Porenraumes von ca. 100 Quadratmetern errechnet wer-

BILD 12.6.
Stationen der Zerstörung. Sandsteine
nach mehreren Verwitterungs-Simu-
lationszyklen. „Schilfsandstein" und
„Wüstenzeller" nach jeweils 3 Zyklen
(a) bzw. 8 Zyklen (b)

den. Eine gewaltige Angriffsfläche für Schadstoffe und genügend Platz
für eindringende Feuchtigkeit, sich im Gesteinsinneren „einzunisten".

Für ein anderes Diagnoseverfahren haben sich die Forscher das
Wettergeschehen gewissermaßen ins Labor geholt. Die dafür notwendige Anlage sieht auf den ersten Blick wie ein zu groß geratener Kühl-
schrank aus. Die durch die große Frontscheibe erkennbaren Meßinstrumente, Elektrokabel und Sensoren sowie die in schwaches Däm-
merlicht getauchten Gesteinsquader in seinem Inneren lassen jedoch
rasch erahnen, daß es sich hier um ein Untersuchungsinstrument der
besonderen Art handelt: Nicht der Erhaltung, sondern der kontrollierten Zerstörung dient diese Versuchsanlage, die auf engstem Raum
die Simulation extremer Klimabedingungen ermöglicht. In diesen Ver-
witterungssimulationskammern läßt sich der in der Natur nur sehr
langsame Prozeß der Gesteinszersetzung im Zeitraffer beobachten.

Aber nicht nur die gezielte Simulation natürlicher Witterungsver-
hältnisse, wie rasche Temperatur- und Feuchtewechsel, oder zeitlich
stark geraffte Frost-Tau-Wechsel sind mit diesem Gerät möglich. Die

zu prüfenden Gesteinskörper können auch verschiedenen Luftschadstoffen ausgesetzt werden, wodurch natürliche wie anthropogen beeinflußte Verwitterungsvorgänge in einen zeitlich überschaubaren Rahmen gestellt werden. Für den Fachmann vor Ort bedeuten die Ergebnisse wichtige Hinweise bei der Auswahl zu treffender Sanierungsmaßnahmen, erlauben sie doch nicht nur genaue Prognosen zum Verwitterungsverhalten und Verwitterungsverlauf eines Gesteins am Bauwerk, sondern auch die gezielte Auswahl eventueller Konservierungsstoffe oder Ersatzgesteine.

THERAPIEN FÜR DEN „PATIENTEN" BAUWERK

Ist für das kranke Gestein erst einmal eine abschließende Diagnose gestellt, gilt es, geeignete Therapie- und Prophylaxeformen zu finden. Hier jedoch gibt es nach Aussage vieler Wissenschaftler noch den größten Forschungsbedarf. Zwar gibt es inzwischen eine Reihe kurzfristig wirksamer Erhaltungs- und Schutzmaßnahmen, doch ein effektives, langanhaltendes Schutzmittel gegen die Verwitterung des Gesteins konnte bisher nicht gefunden werden.

Als mögliche Vorsorgemaßnahme hat sich die Hydrophobierung erwiesen, worunter die Imprägnierung der schadhaften Gesteinsabschnitte mit wasserabweisenden, nicht sichtbaren Substanzen auf siliziumorganischer Basis verstanden wird: Regenwasser perlt ab, ohne in die Gesteinsporen einzudringen. Erste Laborversuche mit diesem vermeintlichen Wundermittel erbrachten tatsächlich vielversprechende Ergebnisse. In der Praxis angewandt, zeigte die Natur den Schutzmitteln aber schnell deren Grenzen auf. So waren die Maßnahmen in vielen Fällen nur wenig dauerhaft, in anderen unwirksam und mitunter führten sie sogar zu nicht erwarteten Folgeschäden.

Gravierender Nachteil dieser Methode ist, daß entsprechende Imprägnierungsmittel undurchlässig für den im Gestein enthaltenen Wasserdampf sind. Ähnlich der kondensierenden Körperwärme unter dem berühmten „Ostfriesennerz", führt auch eine behinderte Wasserdampfdiffusion im Bauwerk zur Ansammlung von Feuchtigkeit, so daß erneut Prozesse in Gang gesetzt werden, vor denen das Gestein eigentlich geschützt werden sollte. Auf dem Bekleidungssektor konnte das Problem der behinderten Wasserdampfzirkulation mit der Erfindung des Gore-Tex-Materials gelöst werden. In der Denkmalpflege suchen die Wissenschaftler dagegen noch nach einem entsprechend wirksamen Regenschutz.

Häufigste Vorsorgemaßnahmen in der Praxis sind daher noch immer die Reinigung schadhafter Bauwerksteile, der Austausch oder

Biologische Verwitterung
Gesteine wie ein Schweizer Käse

Während es heute als bewiesen gilt, daß die zunehmende Belastung durch Luftschadstoffe die Zerstörung historischer Bauwerke in den letzten Jahrzehnten beschleunigt hat, war die Einwirkung von Mikroorganismen lange unterschätzt worden. Erst in jüngster Zeit konnte der Einfluß von Algen, Pilzen, Flechten und Bakterien auf die historische Bausubstanz geklärt werden. So produzieren Pilze bei ihrem Stoffwechsel verschiedene organische Säuren, die das Gestein angreifen und auflösen. Darüber hinaus üben sie eine erhebliche physikalische Sprengwirkung auf das Gestein aus, etwa durch „Pilzfäden", die in die Poren und Risse des Baustoffs eindringen und darin wie sich aufblähende „Wasserschläuche" wirken. Kariös zerfressene Oberflächen finden sich dagegen in Bereichen mit starkem Flechtenbewuchs, während Bakterien einen Schleimfilm produzieren, der eine verstärkte kapillare Wasseraufnahme des betroffenen Gesteinsbereiches fördern kann. Eine besondere Form der mikrobiologischen Oberflächenzerstörung, die als Lochfraß oder „Biopitting" bezeichnet wird, konnten Geomikrobiologen an der Carl von Ossietzky Universität Oldenburg nachweisen. Dabei hinterlassen die Fruchtkörper von im Gestein verborgenen (endolithischen) Flechten nach dem Absterben kreisrunde, mitunter auch elliptisch geformte Gruben, die die Gesteinsoberfläche an einen Schweizer Käse erinnern lassen. Eindrucksvoll wird das Ausmaß der mikrobiologischen Zerstörung an Bauwerken mit Bronzezierat sichtbar. So machten Wissenschaftler der Ludwig-Maximilians-Universität München die Beobachtung, daß mikroorganische Beläge hier ausschließlich solche Flächen betrafen, die außerhalb des Einflußbereiches biozid wirkender Kupferlösungen lagen, die, ausgehend von kupferhaltigen Beschlägen oder Dachrinnen, das Gestein regelmäßig benetzten. Diese Beobachtung war zunächst nichts Ungewöhnliches, ist die schädliche Wirkung kupferhaltiger Lösungen auf Organismen jeglicher Art doch seit langem bekannt. Sie eröffnete aber die Möglichkeit, die Oberflächenstruktur befallener

BILD 12.7.
Flechten, Moose und höhere Pflanzen haben im Laufe der Zeit von dieser Statue Besitz ergriffen

Flächen mit der unbefallener Bereiche zu vergleichen. Dies geschah mit Hilfe eines Rauhtiefenmeßgerätes, mit dem die Korrosion einer Gesteinsoberfläche quantitativ erfaßt werden kann. Das Ergebnis war überzeugend: Flächen mit organischem Bewuchs waren bis zum Dreifachen stärker korrodiert als nicht bewachsene Flächen.

die Ergänzung und Nachmodellierung mit Steinersatzstoffen, sog. Restaurierungsmörteln. Im Falle der Monumente des Nemrud Dag denken die Experten gar an eine Überführung der Skulpturen in ein Museum. Bei allen Erhaltungsmaßnahmen ist jedoch zu bedenken, daß sich die Natur nicht in ein Schema zwängen läßt. So einmalig wie ein Naturstein, so individuell müssen auch dessen Schutzmaßnahmen sein. Sie bedürfen genauer auf das jeweilige Objekt abgestimmter Verfahren, die die Beschaffenheit und den Aufbau des Gesteins aus allen Blickwinkeln beleuchten. Ein schlagkräftiges Team aus Wissenschaftlern verschiedener Fachdisziplinen und Experten aus der Praxis ist hierzu notwendig. Die Geowissenschaftler sind Teil dieses Teams.

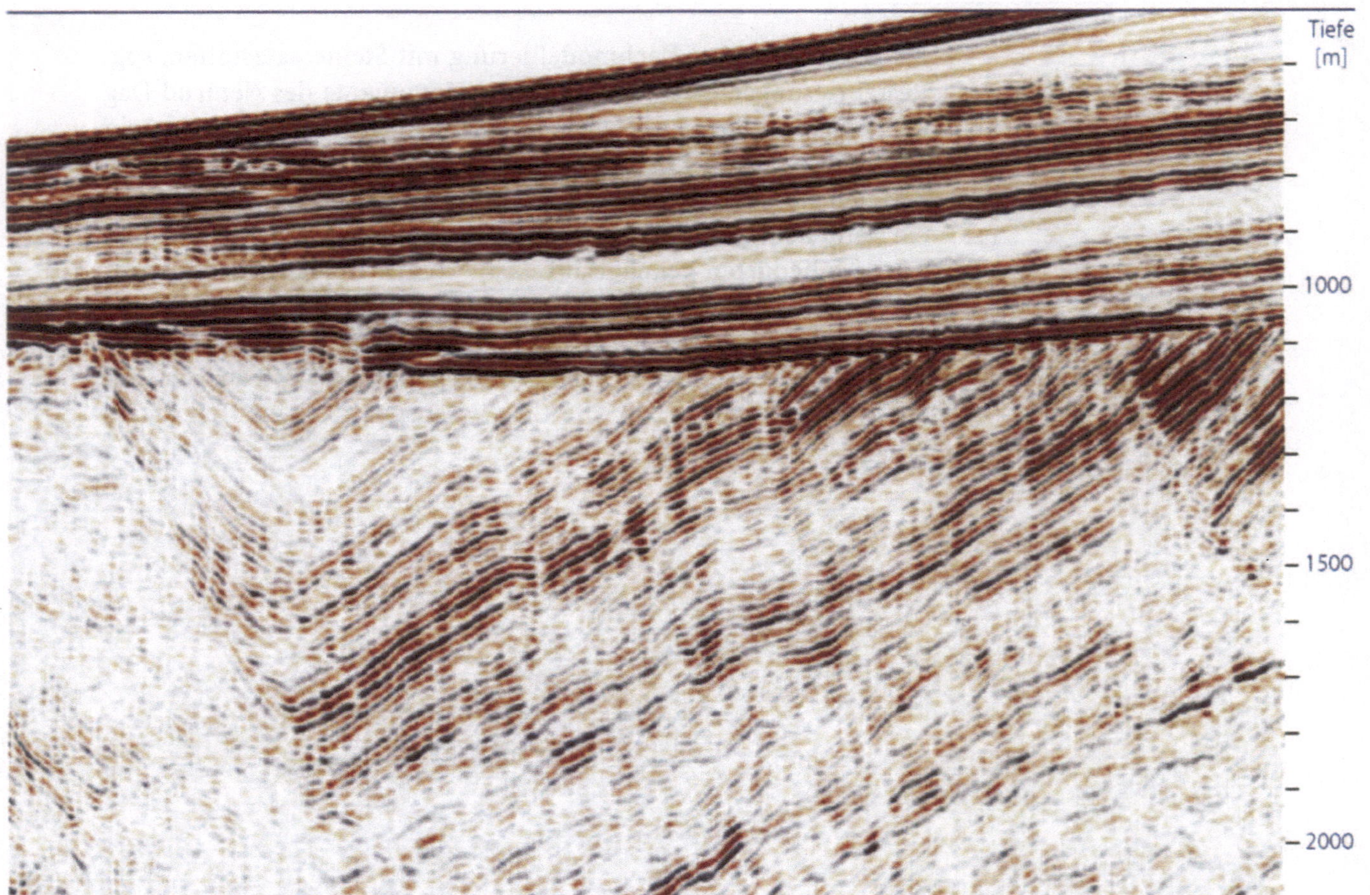

Für den Laien ist die Quadratmeter große Zeichnung aus dem Computer völlig verwirrend. Tausende, wie von unsteter Hand gezeichnete Linien sind auf dem Blatt zu sehen. Relativ beziehungslos stehen sie dort. Das einzige auf den ersten Blick erkennbare Muster ist eine gewisse Parallelität. Mit ein paar Strichen eines Buntstiftes schafft es der Geologe aber in wenigen Minuten, der Zeichnung verblüffende Informationen zu entlocken. Plötzlich werden quer über das Blatt verlaufende Linien sichtbar. Manche von ihnen biegen sich, manche wölben sich auf. Andere enden unvermittelt, nur um anderswo ein wenig versetzt erneut zu beginnen. Einem geübten Geologenauge erschließen sich auf diesen Blättern die Geheimnisse des Erdinneren. Kohleflöze und Erdöllagerstätten werden damit aus ihren unterirdischen Verstecken gelockt. Unbekannte, tief in der Erdkruste verborgene Schichtgrenzen treten auf einmal deutlich hervor. Selbst dem Bauingenieur helfen solche Karten, denn aus ihnen kann er Informationen über den Zustand des Baugrundes entnehmen. In den zwanziger Jahren in Deutschland entwickelt, hat sich die seismische Tiefensondierung inzwischen zum universellen Werkzeug der Geowissenschaften entwickelt. Was dem direkten Zugang durch den Menschen verborgen bleibt, macht die Seismik sichtbar – sie ist der „sechste Sinn" der Geowissenschaftler.

BILD 13.1.
Seismische Messungen machen die Geheimnisse des Erdinneren sichtbar, wie diese diskordante Lagerung von Sedimentschichten in der Erdkruste

13 Seismische Tiefenerkundung

DETONATION IM SANFTEN LICHT DES MORGENROTES

Als Trond Ryberg kurz vor Sonnenaufgang aufwachte, war sein Zelt völlig vereist. Außen klebte eine dicke Schicht Rauhreif auf der Zeltwand. Im Inneren hatte sich in der Nacht die in der Atemluft enthaltene Feuchtigkeit an der Plane niedergeschlagen und war zu Eiszapfen gefroren. Es kostete den Geophysiker aus Potsdam einige Überwindung, aus dem kuschelig warmen Schlafsack zu kriechen und in der eisigen Morgenkälte der Anden in seinem Zelt nach Kleidung und Schuhen zu suchen. Als er dann aber den Reißverschluß öffnete und die Zeltplane zurückschlug, bot sich ihm ein einmaliger Anblick. Vor der überwältigenden Kulisse der schneebedeckten Vulkane der Westkordillere dampften die heißen Quellen bei El Tatio im sanften Licht des Morgenrotes.

Rybergs Kollege Peter Röwer war unterdessen schon seit einigen Stunden auf den Beinen. Gut hundert Kilometer vom einsamen Zeltplatz in der klaren Luft der Hochanden entfernt, hatte er im Staub und Lärm des Kupferbergwerkes von Chuquicamata, dem größten Tagebau der Welt, seine Apparatur aufgebaut. Er mußte Kabel ausrollen, ein Geophon aufstellen und einen guten Platz für eine Antenne finden, mit deren Hilfe die Zeitzeichen der GPS-Satelliten empfangen werden sollten. Nun wartete Röwer auf die letzten Anweisungen des Sprengmeisters. Auch im Bergwerk war es noch kalt, denn die Sohle dieser 500 Meter tiefen Grube lag noch im Schatten. Es sollte einige Zeit dauern, bis sich der Sprengmeister schließlich von jener Felswand abwandte, in die Bergleute in den vergangenen Tagen einige Dutzend Bohrlöcher getrieben hatten. Nun sei alles klar, rief er im Vorbeigehen den Wartenden auf Spanisch zu. Röwer stellte daraufhin die letzten Kabelverbindungen her und vergewisserte sich noch einmal, daß seine Apparatur auch funktionierte. Dann verließ er gemeinsam mit dem Sprengmeister die unterste Sohle des Bergwerkes.

Auch Ryberg hat inzwischen noch einmal seine Meßgeräte kontrolliert und sie dann auf automatischen Betrieb umgeschaltet. Er ist nicht

Jede Tonne Erz aus Chuquicamata enthält etwa 11 Kilogramm Kupfer, meist in Form des sulfidischen Minerals Kupferkies. Daraus werden in jedem Jahr fast 640 000 Tonnen reines Metall hergestellt.

der einzige deutsche Geophysiker, der an diesem Morgen noch einen schnellen Blick auf seine Meßinstrumente wirft. Entlang einer 300 Kilometer langen Linie, die von der nordchilenischen Hafenstadt Tocopilla in Richtung Osten bis in die Hochanden in das Grenzgebiet zwischen Chile und Bolivien verläuft, stehen einige Dutzend Meßapparaturen schon seit Stunden auf Empfang. Um Punkt acht Uhr gibt der Sprengmeister per Funk ein Signal. Mit einer gewaltigen Erschütterung bebt der Untergrund in ein paar kurzen, harten Schlägen. Über der Felswand steigt zur gleichen Zeit eine große Staubwolke auf. Nach wenigen Sekunden dringt dann auch die Schallwelle zu den beiden vor, ein dumpfes Grollen, das von den steilen Wänden des Tagebaues dutzendfach reflektiert wird.

Die Fachleute von Chuquicamata bereiten in ihrem Bergwerk mehrmals in der Woche solche Detonationen von einigen Tonnen Sprengstoff vor. Mit jeder Explosion brechen sie Hunderte von Tonnen kupferhaltigen Granodiorits frei, der anschließend in großen Lastwagen zu Tage gefahren und dort zu reinstem Kupfer verhüttet wird. Die von den Explosionen ausgehenden Bodenerschütterungen sind nicht nur im Bergwerk selbst oder in dessen näherer Umgebung zu spüren. Mit empfindlichen Meßinstrumenten lassen sie sich noch in einigen Hundert Kilometern Entfernung aufzeichnen, so auch in der Nähe der heißen Quellen von El Tatio. Bei diesen Meßgeräten handelt es sich um Seismometer, denn physikalisch gesehen besteht zwischen den von den Sprengungen im Bergwerk ausgehenden Erschütterungen und den Wellen eines Erdbebens kein Unterschied. In beiden Fällen handelt es sich um elastische Wellen, die das Gestein der

Erdkruste mit Geschwindigkeiten von mehreren Kilometern pro Sekunde durchlaufen.

DER SCHNELLE LAUF DER WELLEN

Der Chef des deutschen Meßteams, Peter Wigger von der Freien Universität Berlin, lacht, als ihm der Besucher die Frage stellt, warum seine Mannschaft denn mit so großen Aufwand die Erschütterungen der Sprengungen von Chuquicamata messe. Gibt es denn in Nordchile und Südbolivien nicht genug natürliche Erdbeben? Beide Ereignistypen, so erklärt der Geophysiker, erzeugten zwar ähnliche Wellenformen, zwischen ihnen bestünden aber zwei, für die geowissenschaftliche Forschung äußerst bedeutsame Unterschiede. Während Erdbeben irgendwo zu einer beliebigen Zeit stattfänden, kenne man den Ort und die Zeit einer Sprengung ganz genau. Die Apparatur, die Röwer vor der Explosion in der Grube aufgestellt hat, hält diese beiden Informationen im Detail fest. Gleichzeitig sind auch die geographischen Koordinaten jener Orte genau bekannt, an denen die Seismometer aufgestellt wurden. In den damit aufgezeichneten Seismogrammen läßt sich wiederum jene Zeit genau ablesen, welche die seismische Welle brauchte, um vom Bergwerk zum Meßort zu gelangen. Mit diesen Informationen, also aus Entfernung und Laufzeit, läßt sich dann die Geschwindigkeit der seismischen Wellen berechnen. Diese ist jedoch nicht überall auf der Welt gleich. Sie hängt vielmehr von der Zusammensetzung der durchlaufenen Gesteinsschichten und den herrschenden Druck- und Temperaturbedingungen ab. Kennt man die Wellengeschwindigkeit, kann man die anderen physikalischen Parameter des Erdinneren zwar nicht genau berechnen, jedoch abschätzen.

Die wichtigsten Größen, die man aus der Geschwindigkeit seismischer Wellen berechnen kann, sind elastische Konstanten, die beschreiben, wie sich Gestein unter Druck verhält.

In den Aufzeichnungen der Bergwerkssprengungen stecken aber noch mehr Informationen. Stellt man nämlich die Seismogramme aller Meßstationen zusammen, werden in solchen Montagen häufig Muster erkennbar. Sie lassen sich wiederum wie die Bilder eines Echolots oder eines Radargerätes deuten, denn die Muster werden durch Reflexionen und Brechungen der seismischen Wellen an Schichtgrenzen in der Erdkruste erzeugt. Aus einer einzelnen Seismogramm-Montage allein, wie der Linie zwischen Tocopilla und El Tatio, läßt sich noch wenig über den Untergrund ableiten. Deckt man ein Gebiet aber mit vielen solcher Linien ab, entsteht ein detailliertes Echobild des Erduntergrundes. Diese „seismischen Tiefensondierungen" beruhen auf den gleichen physikalischen Grundlagen und Verfahren wie die Ultraschalluntersuchungen von Schwangeren. In beiden Fällen öffnen die Schallwellen ein Fenster in einen Bereich, der sich sonst

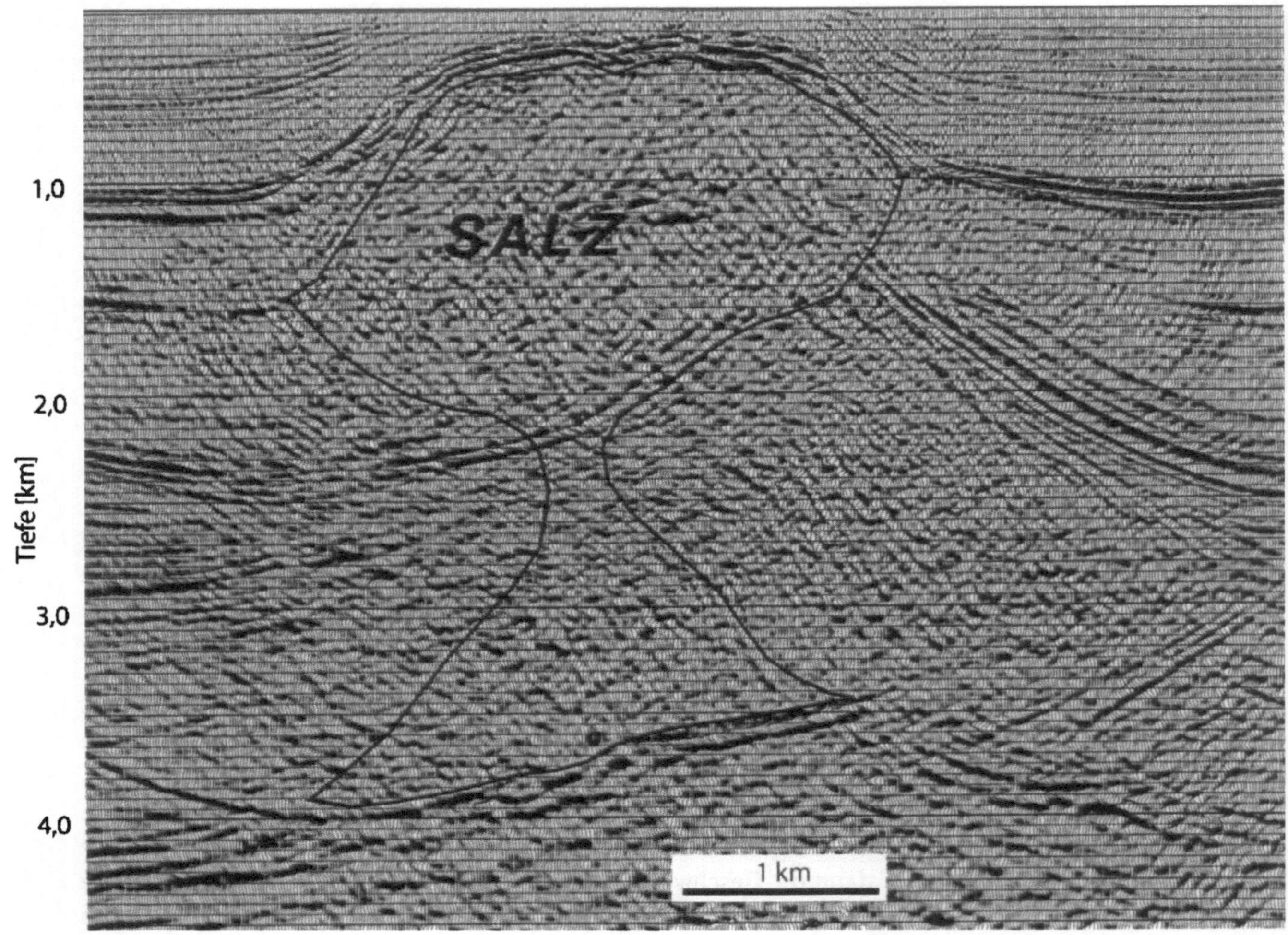

der Wahrnehmung entzieht. Der Ultraschall liefert dem Arzt ein Bild des ungeborenen Kindes, die Erschütterungen der Sprengungen in Bohrlöchern, Bergwerken und Steinbrüchen erlauben dem Geowissenschaftler einen Blick ins Erdinnere.

Die Ursprünge dieser unter Fachleuten kurz „Seismik" genannten Methode liegen fast 150 Jahre zurück. Der irische Ingenieur Robert Mallet bestimmte Mitte des 19. Jahrhunderts als erster mit Hilfe kleiner Explosionen die Geschwindigkeit seismischer Wellen in Sand und Granit. Etwa dreißig Jahre später wiederholte der berühmte englische Seismologe John Milne diese Experimente. Ihm wird die Idee zugeschrieben, die zur Durchschallung der obersten Erdschichten notwendige seismische Energie erzeugt zu haben, indem er eine schwere Eisenkugel auf die Erdoberfläche prallen ließ. Anfangs waren diese Verfahren nur von geringem praktischem Nutzen. Das änderte sich aber, als es Geophysikern zu Beginn dieses Jahrhunderts gelang, aus der Registrierung von Erdbebenwellen den groben Aufbau des Erd-

BILD 13.3.
Unter der flachen Norddeutschen Tiefebene gibt es Dutzende Salzdiapire. Erst die seismische Erkundung macht sie sichtbar

Die Geschwindigkeit von Schallwellen beträgt in der Luft etwa 330 Meter pro Sekunde. Durch Sand laufen die Wellen etwa doppelt so schnell, Granit durchqueren sie etwa zwanzigmal schneller.

körpers zu entschlüsseln. Die dabei entwickelten Methoden ließen sich nämlich auf die angewandte Seismik zum Aufspüren oberflächennaher Lagerstätten übertragen. Der Durchbruch gelang diesem Forschungszweig schließlich in den zwanziger Jahren, als sie der deutsche Markscheider und Geophysiker Ludger Mintrop bei der Erdölsuche in Texas einsetzte. Dabei verblüffte er die Amerikaner, weil man bei anschließenden Bohrungen immer wieder fündig wurde. Die Erfolge brachten seinem Unternehmen, der Seismos GmbH, viel Ruhm und ihm selbst viel Geld ein.

Ein Pfropfen aus Salz

Doch nicht nur im Ausland fanden die neuen Untersuchungsmethoden Mintrops großes Interesse. Mit ihrer Hilfe wurden auch die heimischen Erdöl- und Erdgasprovinzen in der Norddeutschen Tiefebene, im Rheingraben und im Alpenvorland genau untersucht. Insbesondere in Norddeutschland zeigte sich dabei, wie eng Erdöllagerstätten und die für den tieferen Untergrund dieser Gegend typischen Salzstöcke zusammenhingen. Unter ihrem pilzartig geformten Dach können sich Erdöl und Erdgas sammeln, da es unterlagernde Schichten wie ein undurchlässiger Pfropfen nach oben abdichtet.

Mintrops Erfolge waren derart durchschlagend, daß die Weiterentwicklung der seismischen Meßverfahren ausschließlich von den Bedürfnissen der Erdölindustrie bestimmt wurden. Rasch ersetzte Sprengstoff die Fallkugel und das Schießpulver. Mit der Einführung der Digitaltechnik wurden die seismischen Meßapparaturen immer raffinierter. Auch die mathematischen Methoden, mit denen die Seismogramm-Montagen hergestellt und ausgewertet wurden, nahmen im Laufe der Jahre immer mehr an Komplexität zu. Dreidimensionale Abbildungen des Untergrundes sind heute bereits Standard. Damit die Seismik auch in dichtbesiedelten Gebieten, in denen Sprengungen nicht möglich sind, eingesetzt werden konnte, kam man sogar auf die Idee, schwere Lastwagen mit exzentrisch laufenden Rotoren zu versehen. Sie bewegen das Fahrzeug rhythmisch auf und ab und erzeugen auf diese Weise eine seismische Welle, die mehrere Kilometer tief ins Erdinnere eindringen kann. Heute sind seismische Verfahren bei der Suche nach Kohle, Erdöl und Erdgas nicht mehr wegzudenken. Sie geben nicht nur Aufschluß über die Tiefe vermuteter Vorkommen, sondern auch über ihre untertägige Ausdehnung und helfen damit, die wirtschaftliche Gewinnung der Rohstoffe effizienter zu planen.

Die stetige Weiterentwicklung der Seismik für kommerzielle Zwecke und die daraus resultierende Verfeinerung ihrer Methoden be-

Mintrop stammte aus dem Ruhrgebiet und promovierte in Göttingen bei Emil Wiechert, dem weltweit ersten Professor für Geophysik. Seine vier Tonnen schwere Eisenkugel, mit der er künstliche Erdbeben erzeugte, befindet sich noch heute auf dem Gelände der dortigen Universität.

fruchtete auch die wissenschaftliche Erkundung des Erdinneren. Meßapparaturen konnten übernommen, Meßverfahren für wissenschaftliche Zwecke erweitert werden.

Die „Tiefenseismik" wird auch zur Beantwortung einer der wichtigsten Fragen der Geodynamik eingesetzt: Wie entstehen eigentlich Gebirge? Das ist auch der Grund, warum Ryberg, Röwer und viele andere Geowissenschaftler der Freien und der Technischen Universitäten Berlins, des GeoForschungsZentrums (GFZ) und der Universität Potsdam mit ihren Meßgeräten durch die Anden Nordchiles ziehen. Da dieses eindrucksvolle Gebirge an der Nahtstelle zweier Lithosphärenplatten entsteht, ergibt sich auch ein Einblick in die Vorgänge der Gebirgsbildung an einem aktiven, gleichsam noch lebenden Objekt. Für dieses einmalige Unternehmen haben sich die Wissenschaftler zum Sonderforschungsbereich (SFB) „Deformationsprozesse in den Anden" der Deutschen Forschungsgemeinschaft zusammengeschlossen. Fächerübergreifend studieren sie dabei unter Einbeziehung vieler südamerikanischer Fachleute nicht nur die aktuellen gebirgsbildenden Vorgänge in den Anden, sondern auch deren illustre Geschichte.

EIN GEBIRGE AUS VIER MAGMATISCHEN BÖGEN

Die Entwicklung der Anden begann vor etwa 200 Millionen Jahren als Folge der bis heute andauernden Kollision der ozeanischen Nazcaplatte des Südostpazifiks mit der kontinentalen Südamerikanischen Platte. Wegen ihrer höheren Dichte wird die ozeanische Erdkruste dabei unter die kontinentale Platte geschoben, ein Vorgang, der in der Plattentektonik als Subduktion bezeichnet wird. Dadurch entstand ein Gebirge aus vier magmatischen Bögen, die durch lange, parallel zu den Bergzügen verlaufende Täler voneinander getrennt sind. Das Alter der einzelnen Gebirgsketten nimmt dabei von West nach Ost ab. Das älteste Teilgebirge findet man direkt am Pazifik, wo sich heute die Küstenkordillere mehr als tausend Meter hoch über den Stillen Ozean erhebt. Es entstand im Jura, vor etwa 150 Millionen Jahren. Im Osten schließt sich das große Längstal an. Es ist das Kernstück der Atacamawüste. Im Laufe der Erdgeschichte sind in diesem abflußlosen Tal durch die Verdunstung mineralreichen Wassers große Salpeterlagerstätten entstanden.

Der nächste andine Gebirgszug in Richtung Osten ist die Präkordillere mit den großen Kupferlagerstätten von Chuquicamata und La Escondida. Dieses ebenfalls vulkanische Gebirge ist im Tertiär, vor etwa 38 Millionen Jahren, entstanden. Es folgt die präandine Senke mit ihren vielen Salzseen, den sogenannten Salaren. Die Talböden dieser Senke liegen meist oberhalb von 2 000 Metern. Östlich dieser Täler schließt sich das eigentliche Hochgebirge, das majestätische Rückgrat der Anden, an. In seinen zwei Ketten, die sich, mehr oder weniger deutlich voneinander getrennt, auf einer Länge von fast 9 000 Kilometern von Patagonien bis an die Ufer der Karibik erstrecken, ragen manche Gipfel weit über 6 000 Meter hoch empor. Zwischen Nordchile und Peru sind die beiden Kordilleren durch eine mehr als 4 000 Meter hohe Hochebene, den Altiplano oder die Puna, voneinander getrennt. Der aktive Vulkanismus Südamerikas findet fast ausnahmslos in der westlichen dieser beiden Bergketten, der Cordillera Occidental, statt.

Die seismischen Untersuchungen durch Geophysiker an deutschen Hochschulen und Forschungseinrichtungen blieben nicht nur auf die Anden beschränkt. Die Alpen, der Apennin, die Gräben im Jordantal und in Ostafrika gehörten ebenso zu den Untersuchungsgebieten wie der Hohe Atlas und Island. All diese Gebiete markieren aktive Plattengrenzen. Wissenschaftlich mindestens ebenso interessant sind aber auch alte Gebirge. Sie sind gleichsam die Narben tektonischer Verwundungen der Erdkruste im Erdaltertum oder im Erdmittelalter, die selbst heute, nach einigen hundert Millionen Jahren, noch immer nicht vollständig verheilt sind. Zu diesen Narben gehören unter anderem die Mittelgebirge Deutschlands, die Reste des ehemals großen, heute weitgehend erodierten Gebirgsgürtels der Varisziden (s. a. Kapitel 6).

Im Rahmen der seismischen Erkundung der tieferen Erdkruste in Deutschland hat das „Deutsche Kontinentale Reflexionsseismische

Salpeter hat viel von seiner wirtschaftlichen Bedeutung als Rohstoff für Dünger und Schwarzpulver eingebüßt. Dennoch werden einige dieser Nitratvorkommen in der Atacama noch heute abgebaut.

Die Varisziden sind nach einem germanischen Volksstamm benannt, der zur Zeit der Römer in der Oberpfalz lebte und auch der Stadt Hof ihren Namen „Curia Variscorum" gab.

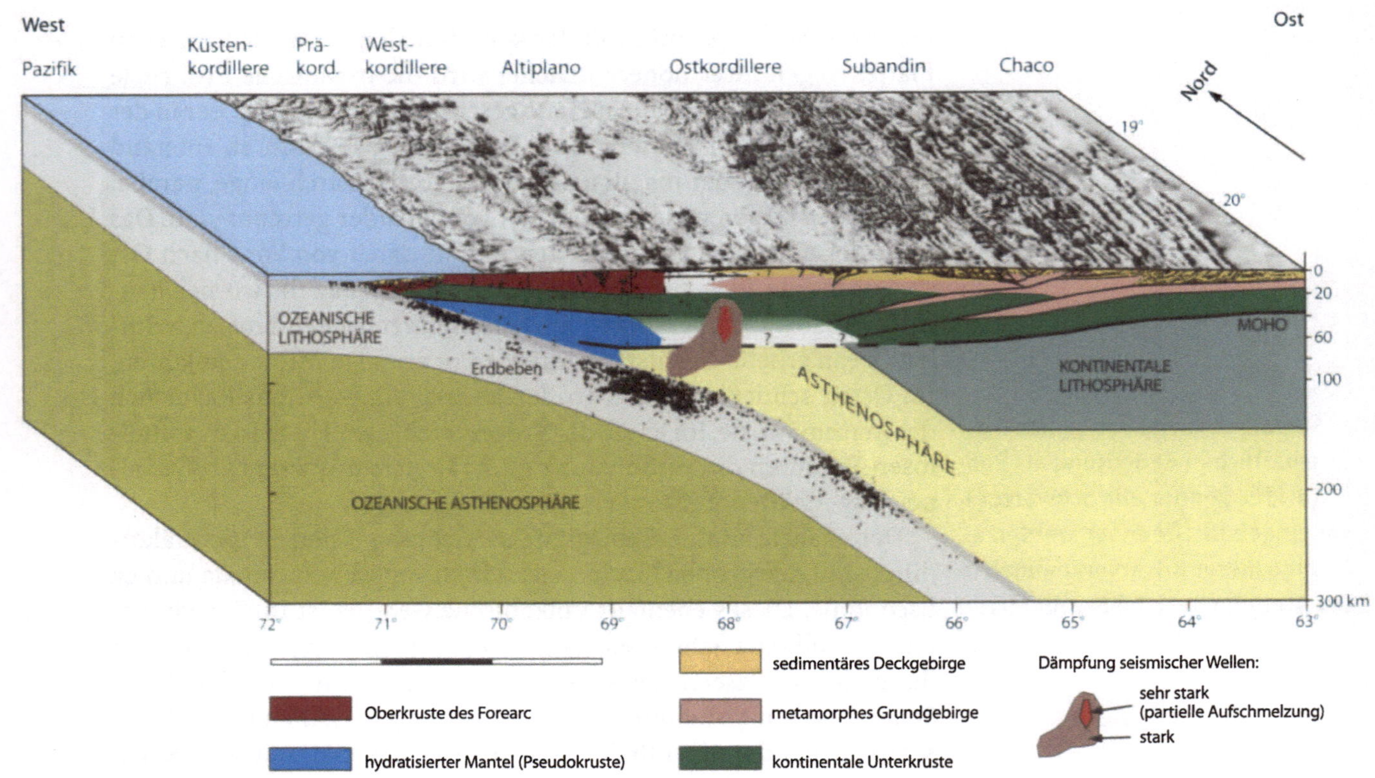

BILD 13.5.
Von der Messung zum Modell: Die Auswertung seismischer Untersuchungen ermöglichte dieses Bild des tiefen Untergrundes der Anden

Programm" (DEKORP) in den vergangenen 15 Jahren ein konkretes Bild zur Struktur und Entstehung dieses etwa 320 Millionen Jahre alten Gebirges geliefert. Unter anderem erkannten die Geowissenschaftler, daß in ihm, ähnlich wie die in den wesentlich später entstandenen Rocky Mountains oder den Alpen, die sogenannte Überschiebungstektonik vorherrscht. Dabei werden Splitter der Erdkruste übereinander gestapelt, so ähnlich wie Eisschollen von Eisbrechern übereinander geschoben werden. Teile der tieferen Erdkruste, die aufgrund höherer Drücke und Temperaturen plastisch reagieren, dienen dabei als Schmiermittel, ähnlich dem Wasser unter den Eisschollen. Im Falle des Variszikums drückte die Afrikanische Platte von Süden gegen den europäischen Kontinent und übernahm damit die Rolle des Eisbrechers.

Inzwischen wurden die DEKORP-Meßtrupps zu wissenschaftlichen Zwecken auch außerhalb Deutschlands eingesetzt. Mit besonders interessanten Resultaten kehrten sie dabei aus dem Ural zurück, der Schwelle nach Sibirien. Auf einer Länge von mehr als 2 100 Kilometern – zwischen dem Arktischen Ozean im Norden und den kasachischen Steppen im Süden – trennt der Ural Europa von Asien. Seit der Engländer Sir Roderick Murchison im Jahre 1841 die erste geologische Bestandsaufnahme dieses Gebirges veröffentlichte, weiß man, daß der Ural auch erdgeschichtlich eine besondere Rolle gespielt hat.

MEERESSEDIMENTE, DER STOFF, AUS DEM GEBIRGE WERDEN

Die Entwicklung des Urals verlief nicht so, wie es gewöhnlich bei Gebirgen geschieht. Die Geschichte des Urals reicht mindestens bis ins Devon vor 400 Millionen Jahren zurück. In den darauffolgenden 150 Millionen Jahren bis zum Perm durchliefen die Uraliden, wie die verschiedenen Gebirgsketten im Ural genannt werden, einen nahezu kompletten Gebirgsbildungszyklus. Vereinfacht dargestellt läuft ein solcher Zyklus in vier Phasen ab. Zunächst entsteht an auseinanderdriftenden Plattenrändern ein Ozean. Das Rote Meer ist heute ein solcher „Frühozean". Im Laufe von Jahrmillionen lagern sich auf dem Boden eines solchen, immer größer werdenden Meeres mächtige Sedimentlagen ab. Sie stellen gleichsam das „Baumaterial" des späteren Gebirges dar. In einer zweiten Phase schließt sich der Ozean wieder, nämlich dann, wenn die zwei Platten damit beginnen, aufeinander zu driften. Die Meeressedimente können dabei entweder in einer Subduktionszone verschluckt oder zu hohen Gebirgen aufgefaltet werden. In beiden Fällen kommt es dabei zur Stapelung enormer Gesteinsmassen. Dieses Aufstapeln führt aber nicht nur dazu, daß ein Gebirge in die Höhe wächst. Das Gewicht der Gesteinsmassen läßt das gesamte Gebirgsmassiv auch in den zähflüssigen Erdmantel einsinken. Ein Gebirge verhält sich so ähnlich wie ein schwimmender Eisberg, je höher er aus dem Wasser schaut, desto tiefer taucht er ein. Im Falle der Gebirge führt dies dazu, daß die Trennschicht zwischen Kruste und Mantel, die sogenannte „Moho", unter jungen Faltengebirgen bis zu 70 Kilometer tief liegt, während sie im Flachland üblicherweise in 30 bis 40 Kilometern Tiefe nachzuweisen ist. Die verdickte Erdkruste wird als Gebirgswurzel bezeichnet.

Die dritte Phase des „orogenetischen Zyklus'" bedeutet eigentlich schon den Anfang vom Ende eines Gebirges. Sie setzt nämlich ein, wenn die beiden Platten aufeinanderstoßen, sich zu verkeilen beginnen und dabei aufhören, sich relativ zueinander zu bewegen. Dann hören auch jene Kräfte zu wirken auf, die das Gebirge heben. Statt dessen beginnt die Stunde der Erosion, der vierten Phase der Gebirgsbildung. Die Verwitterung übewiegt die Gebirgshebung; langsam aber stetig wird das Gebirge abgetragen.

In dem Maße, wie das Gebirge in seiner Höhe schwindet, steigt es aber auch – wie ein über Wasser schmelzender Eisberg – aus dem

Integrierte Profilbilanzierung

Ohne Bohrungen in die Tiefe blicken

Das klassische Grundproblem in der Geologie besteht auch heute noch darin, aus Oberflächendaten ein verläßliches Abbild des tieferen Untergrundes zu konstruieren. Bohrungen – der einzige Weg, direkte Informationen aus tieferliegenden Stockwerken der Erdkruste zu erlangen – sind sehr kostspielig und kommen daher erst nach Auswertung aller verfügbaren indirekten Informationen in Betracht. Hierbei hat sich die Konstruktion geologischer Profile, also der senkrechte Schnitt durch die Erdkruste, bewährt, deren Erstellung durch die Extrapolation geologischer Oberflächenbefunde in die Tiefe erfolgt. Der Wahrheitsgehalt dieser „Bilder" ist in vielen Fällen jedoch fragwürdig, da bei stark deformierten Gesteinen deren geometrischer Zusammenhang nicht mehr bekannt ist. Dies ist insbesondere bei Faltengebirgen der Fall, wo ursprünglich horizontal gelagerte Schichten durch einseitigen Druck zusammengeschoben und aus ihrem ursprünglichen Verband herausgerissen wurden.

Die „integrierte Profilbilanzierung", eine computergestützte, geometrische Konstruktionstechnik, die maßgeblich auf der Verwendung seismischer Daten basiert, verspricht hier Abhilfe. Grundlage dieses Verfahrens ist die Annahme, daß die Volumen und Flächen der Gesteinspakete im Verlauf ihrer Deformation erhalten bleiben. Dies wird dadurch kontrolliert, daß nach jedem Einzelschritt des Konstruktionsvorgangs eine geometrische Entzerrung der konstruierten Struktur in den undeformierten Zustand – bildhaft vergleichbar mit der Glättung einer zusammengeschobenen Tischdecke – vorgenommen wird. Die Rückformung ist nur dann widerspruchsfrei, wenn das Gesamtvolumen der betrachteten Gesteinsschichten im deformierten und „restaurierten" Zustand gleich bleibt.

Bei Untersuchungen zum geologischen Bau der Nordeifel, die dem Nordrand des heute weitgehend eingeebneten variszischen Faltengebirges zugerechnet wird, konnte mit dieser Methode erstmals nachgewiesen werden, daß die vor rund 300 Millionen Jahren gefalteten Gesteinsschichten auf fast die Hälfte ihrer ursprünglichen Länge gestaucht wurden. Aus geometrischen Gründen ist eine solch starke Einengung nur durch das Übereinanderschieben einzelner Schichtpakete möglich, wobei örtliche Überschiebungsbeträge von mehr als 40 Kilometer errechnet wurden. Ähnliche Werte konnten auch an anderen Stellen dieser von Polen über Irland bis nach Spanien reichenden ehemaligen Gebirgskette nachgewiesen werden. Im Ergebnis ist der Nordrand des mitteleuropäischen Variszikums damit den Randzonen heutiger Gebirge vergleichbar, die, wie im Fall der Rocky Mountains oder Anden, große Lagerstätten bergen. Diese Erkenntnis kann von entscheidender Bedeutung für die Suche nach neuen Rohstoffvorkommen auf dem europäischen Kontinent sein.

BILD 13.6.
Geologisches Profil über den Nordrand des mitteleuropäischen Variszikums bei Aachen

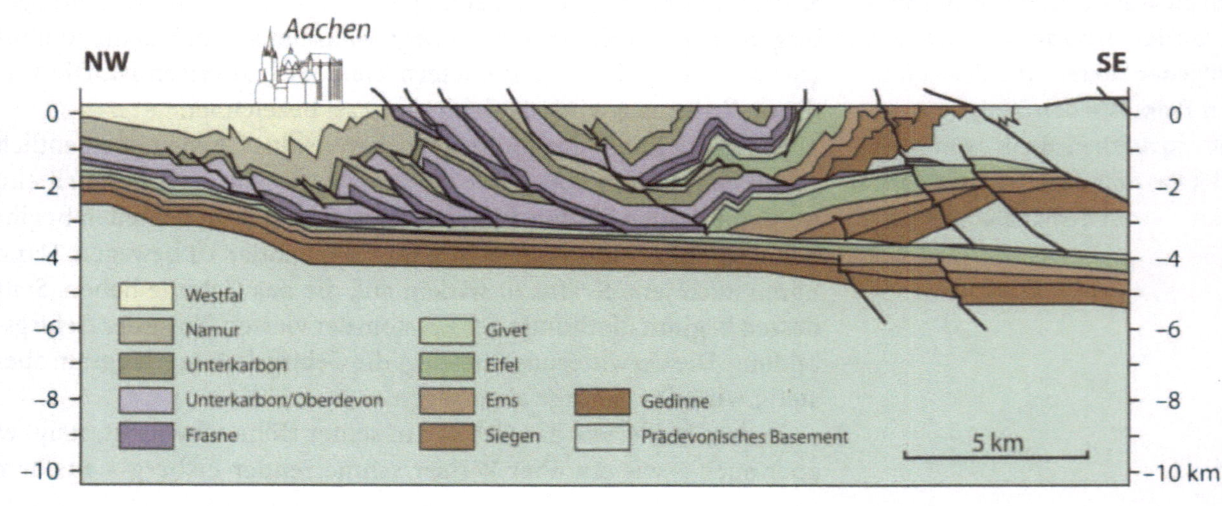

Erdmantel auf. Die Gebirgswurzel reicht dann nicht mehr so tief. In den deutschen Mittelgebirgen ist dieser sogenannte isostatische Ausgleichsprozeß weitgehend abgeschlossen. Deshalb hat die Moho unter dem Harz oder dem Böhmerwald keine Beulen mehr. Im Ural scheint das nicht der Fall zu sein. Im Rahmen der seismischen Tiefensondierung konnte schlüssig nachgewiesen werden, daß die Erdkruste unter dem Gebirge noch immer 50 bis 60 Kilometer mächtig und damit wesentlich dicker als unter dem Rest der Eurasischen Platte ist. Der Ural, so sagt Onno Oncken vom GFZ, sei das einzige Gebirge der Welt, dessen Wurzel seit 250 Millionen Jahren stabil geblieben ist – ein außergewöhnlicher Befund.

Keine andere geophysikalische Meßmethode ist so vielseitig anwendbar wie die Seismik. Lagerstätten fossiler Rohstoffe lassen sich mit ihr ebenso aufspüren wie die Wurzeln uralter, längst erodierter Gebirgszüge. In seismischen Messungen erschließt sich die Lage der Sedimentschichten in großen Becken ebenso wie das innere Wesen junger Gebirge. Inzwischen hat die Seismik für den Geowissenschaftler die gleiche Bedeutung wie das Röntgen oder die Ultraschalluntersuchungen für den Arzt. Sie ist das wichtigste diagnostische Werkzeug bei der Erkundung des Erdinneren geworden.

Keine technische Entwicklung hat unsere Welt mehr verändert als das Automobil. Es hat dem Menschen Mobilität, Unabhängigkeit und damit auch Freiheit gebracht. Außerdem sind das Kraftfahrzeug und alles, was damit zusammenhängt, trotz aller Kritik noch immer die wichtigsten Triebkräfte der Wirtschaft der Industrienationen. Den Siegeszug des Autos hätte es aber nicht gegeben, wenn in der Erde nicht Milliarden Kubikmeter Treibstoff „geschlummert" hätten. Ohne die Kohlenwasserstoffe, die im Laufe von Jahrmillionen durch Hitze und Druck in den Sedimenten der Erdkruste entstanden, stünden heute die Verbrennungsmotoren und damit Industrie und Handel weitgehend still. Geowissenschaftler haben diese Quellen entdeckt und die Grundlage für ihre Nutzung geschaffen. Obwohl die Reserven an Erdöl und Erdgas unter Deutschland, verglichen mit Arabien oder Texas, gering sind, hat die einschlägige geowissenschaftliche Forschung in unserem Land stets eine bedeutende Rolle bei der Erkundung und Nutzung dieser Lagerstätten gespielt. So werden jetzt unter dem Wattenmeer Schleswig-Holsteins neue Bohr- und Produktionsverfahren erprobt, wobei deutsche Forscher mit der Untersuchung der gewaltigen Gashydratvorkommen unter dem Meer eine neue Herausforderung angenommen haben.

14 Kohlenwasserstoffe

EINE WELT OHNE VORRÄTE?

Mit der Veröffentlichung des Berichtes über die „Grenzen des Wachstums" sorgten die Mitglieder des Club of Rome Anfang der siebziger Jahre für Aufsehen. Sie machten der Welt bewußt, daß die Rohstoffe nicht unendlich lange reichen würden. Gerade bei den fossilen Energieträgern Erdöl und Erdgas würden die Vorräte bald zur Neige gehen, hieß es. Im Jahre 1970 schätzte man, daß in der Erdkruste noch Erdölvorräte mit einer Heizkraft von insgesamt 117 Milliarden Tonnen Steinkohleeinheiten (SKE) schlummerten. Die Erdölreserven wurden zur gleichen Zeit mit 54 Milliarden Tonnen SKE veranschlagt. Legt man diese Zahlen und den damaligen Verbrauch zugrunde, müßten alle Erdölreserven der Welt im Jahre 2001 erschöpft sein, das Erdgas würde noch bis 2015 reichen.

Es hat nichts mit Ignoranz oder Verdrängung von Tatsachen zu tun, daß heute niemand mehr über diese wahrhaft düsteren Prognosen redet. Statt dessen gilt, daß die bekannten Vorräte an Kohlenwasserstoffen noch nie so hoch waren wie zum Ende des 20. Jahrhunderts. Im jüngsten Bericht der BGR über die Reserven und die Verfügbarkeit von Energierohstoffen werden folgende Zahlen genannt: Beim Erdöl sind mittlerweile abbauwürdige Vorräte von mehr als 200 Milliarden Tonnen SKE nachgewiesen. Die Menge bekannter Erdgasreserven hat sich in den vergangenen 25 Jahren sogar mehr als verdreifacht und zwar von 54 auf 173 Milliarden Tonnen SKE. Eine der Ursachen für das scheinbare Paradoxon stetiger Zunahme zur Neige gehender Rohstoffe ist der Umstand, daß der Begriff „abbauwürdig" heute anders definiert wird als noch vor wenigen Jahrzehnten. So ist es heute beispielsweise technisch möglich, Öl und Gas auch aus Offshorefeldern am Rande des Kontinentalschelfs in großer Wassertiefe zu fördern. Außerdem haben die sogenannten „tertiären Fördermethoden" die Ergiebigkeit bekannter Lagerstätten erhöht. Dazu wird unter anderem heißer Dampf in ein Ölfeld verpreßt. Die Wärme macht das Öl fließfähiger. Auf diese Weise lassen sich aus einem Feld, das früher als erschöpft galt, noch viele Faß Rohöl gewinnen.

In einer Tonne Steinkohle steckt eine Energie von fast 30 Milliarden Joule. Damit könnte man eine Glühbirne von 100 Watt etwa 14 Monate ununterbrochen betreiben.

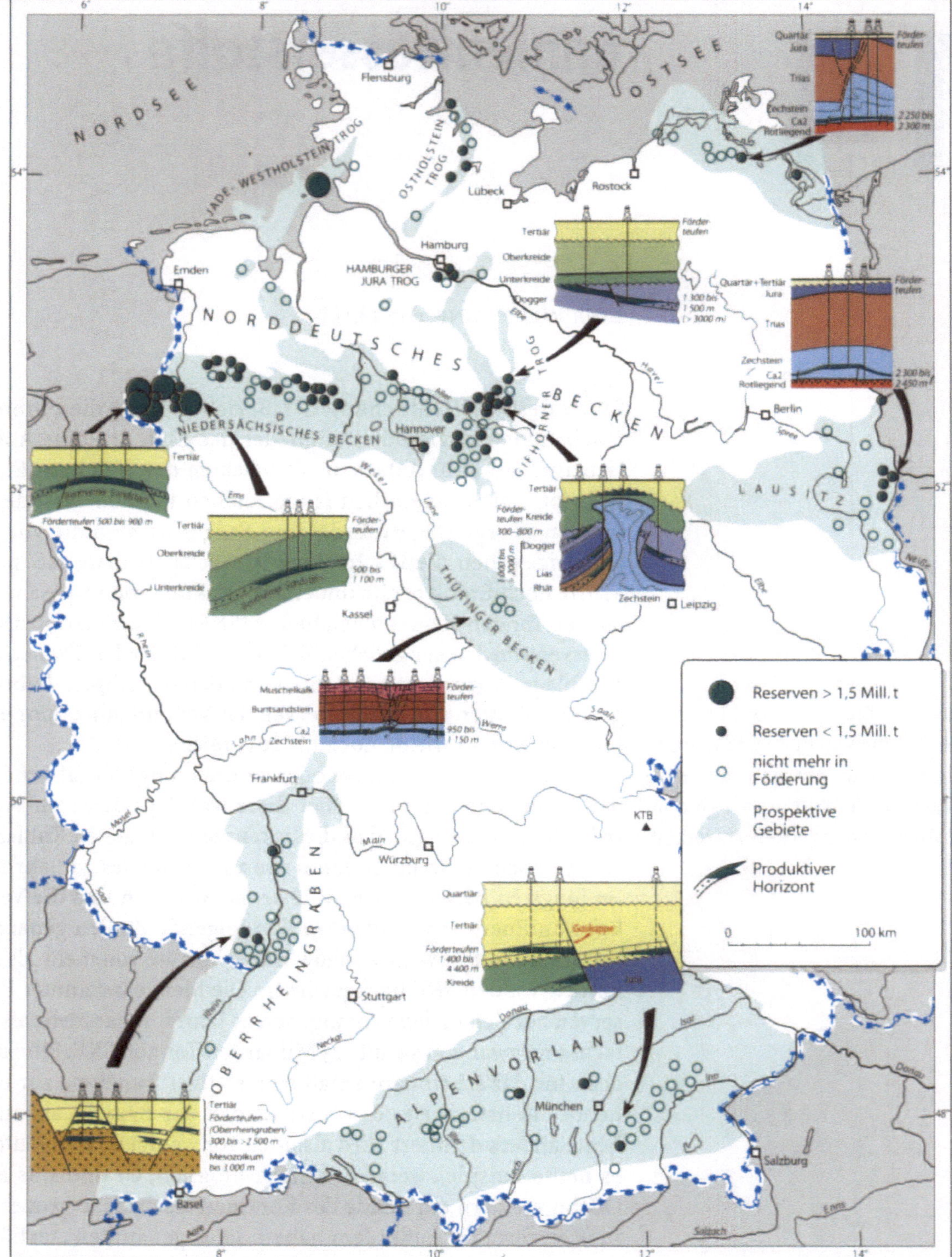

BILD 14.2.

Die größten Erdölreserven Deutschlands (*große grüne Punkte*) gibt es im Emsland. Das größte Einzelfeld, Mittelplate, liegt vor der Elbmündung im Wattenmeer

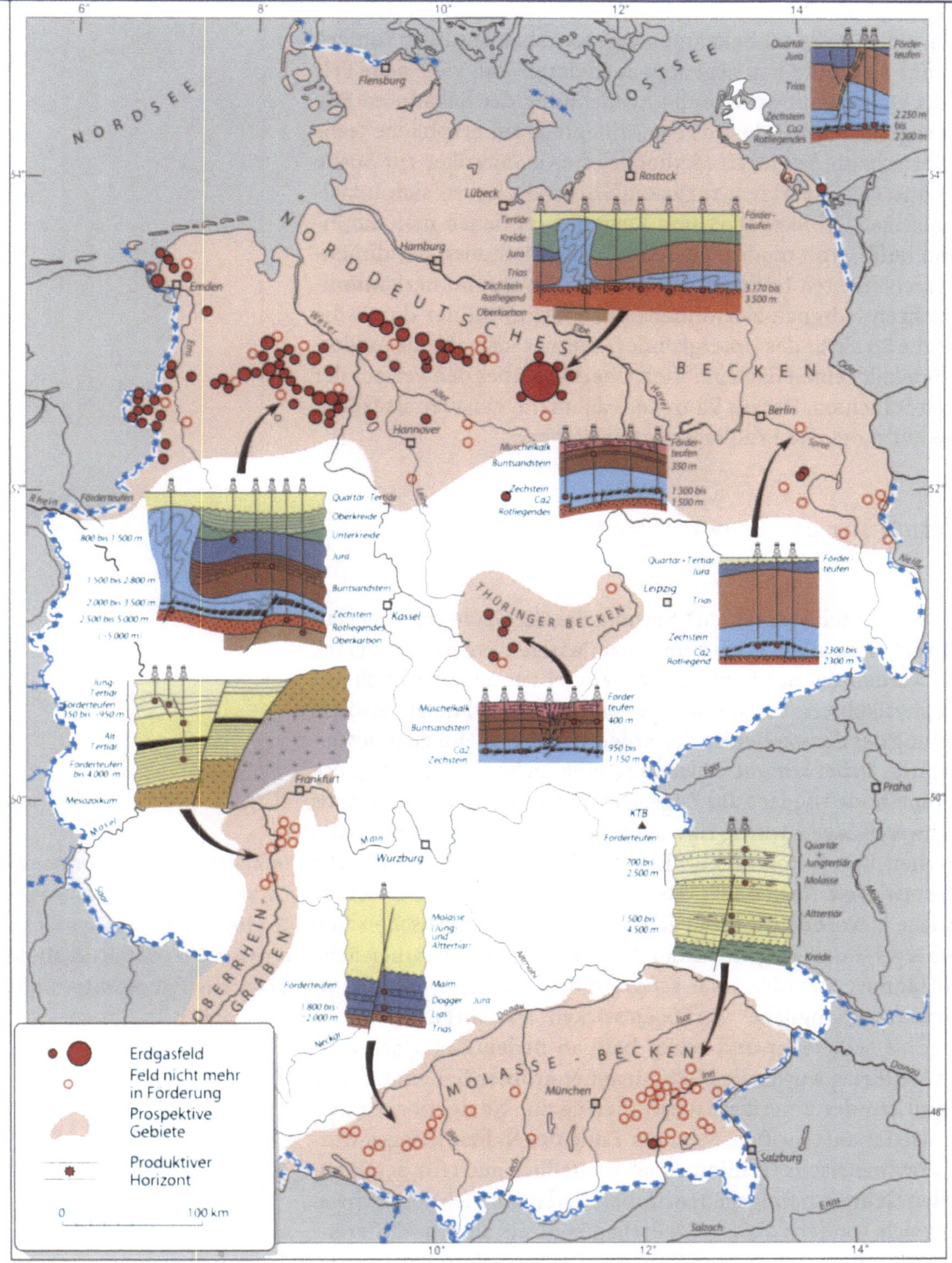
NORDSEE
OSTSEE
Flensburg
Lübeck
Rostock
Hamburg
Emden
NORDDEUTSCHES
BECKEN
Weser
Ems
Aller
Elbe
Havel
Oder
Hannover
Berlin
Spree
Rhein
Förderteufen
800 bis 1 500 m
1 500 bis 2 800 m
2 000 bis 3 500 m
2 500 bis 5 000 m
> 5 000 m
Quartär Tertiär
Oberkreide
Unterkreide
Jura
Buntsandstein
Zechstein
Rotliegendes
Oberkarbon
Kassel
Muschelkalk
Buntsandstein
Zechstein
Ca2
Rotliegendes
Förder-
teufen
350 m
1 300 bis
1 500 m
Leipzig
Quartär + Tertiär
Jura
Trias
Zechstein
Ca2
Rotliegend
Förder-
teufen
2 300 bis
2 300 m
THÜRINGER BECKEN
Jung-
Tertiär
Förderteufen
350 bis -950 m
Alt-
Tertiär
Förderteufen
bis 4 000 m
Mesozoikum
Frankfurt
Main
Würzburg
Muschelkalk
Buntsandstein
Ca2
Zechstein
Förder-
teufen
400 m
950 bis
1 150 m
Mosel
Saar
OBERRHEIN-GRABEN
KTB
Förderteufen
700 bis
2 500 m
1 500 bis
4 500 m
Quartär
+
Jungtertiär
Molasse
Alttertiär
Kreide
Eger
Praha
Moldau
Neckar
Molasse
(Jung
und
Alttertiär)
Förderteufen
1 800 bis
2 000 m
Malm
Dogger
Lias
Trias
Jura
MOLASSE - BECKEN
München
Donau
Inn
Isar
Iller
Lech
Salzburg
Salzach
Enns
Quartär
Jura
Trias
Zechstein
Ca2
Rotliegendes
Förder-
teufen
2 250 m
bis
2 300 m
Tertiär
Kreide
Jura
Trias
Zechstein
Rotliegend
Oberkarbon
Förder-
teufen
3 170 bis
3 500 m
Erdgasfeld
Feld nicht mehr
in Förderung
Prospektive
Gebiete
Produktiver
Horizont
0   100 km

BILD 14.3.
Unter Deutschland kommt Erdgas im Emsland, im Norddeutschen Becken,
in der Lausitz, im Voralpenland und im Oberrheintal vor

Daß sich die Größe der bekannten Vorräte abbauwürdiger Kohlenwasserstoffe so erhöht hat, liegt aber auch daran, daß viele neue Felder entdeckt, beziehungsweise die Ausdehnung der bekannten Felder neu abgeschätzt wurde. Das ist größtenteils auf erhebliche technische Fortschritte bei jenen Methoden, die Geophysiker zur Suche nach Öl und Gas einsetzen, zurückzuführen. So lassen sich inzwischen „höffige" Gebiete – das sind Regionen, in denen man auf einen Fund hofft – mit modernen seismischen Methoden dreidimensional durchleuchten (siehe auch Kapitel 13). Während herkömmliche Verfahren lediglich zweidimensionale Schnittbilder durch die geologische Struktur des Untergrundes liefern, verschafft die moderne „3D-Seismik" einen flächenhaften Überblick über den Verlauf der einzelnen Schichten. Daraus kann der Fachmann genauer als früher Schlüsse auf mögliche Erdöllagerstätten ziehen.

NAVIGATION MIT DER SCHWEREWAAGE

Allerdings gilt selbst für die 3D-Seismik die alte Geologenregel, daß ein Meßverfahren allein noch keine zuverlässigen Ergebnisse liefert. Deshalb werden bei der Exploration parallel zur Seismik noch andere geophysikalische Verfahren angewandt. Die Gravimetrie, also die Vermessung des Schwerefeldes der Erde, ist in dieser Hinsicht besonders wichtig. Dabei kommt neuerdings eine mehr als hundert Jahre alte Meßmethode wieder zum Zuge. Das Verfahren – es hieß damals noch Schwerewaage – wurde zum ausgehenden 19. Jahrhundert vom ungarischen Baron Roland von Eötvös für rein wissenschaftliche Zwecke entwickelt. Nach dem Ersten Weltkrieg wurde es aber bereits zur Ölsuche in Norddeutschland eingesetzt. Bei dem inzwischen zum Schlumberger-Konzern gehörenden Explorationsunternehmen Seismos in Hannover wurden zwar schon in den dreißiger Jahren entsprechende „feldtaugliche" Geräte entwickelt. Das Verfahren erwies sich aber als sehr teuer und verlor bald an Bedeutung. Nach dem Zweiten Weltkrieg wurde die Methode unter größter Geheimhaltung von Physikern der amerikanischen Marine zur Navigation von U-Booten wieder aufgegriffen. Mit dem Ende des Kalten Krieges wurde die „gravimetrische Gradiometrie" schließlich auch für den kommerziellen Gebrauch freigegeben. Dabei wird nicht mehr das Schwerefeld an sich, sondern dessen Gradient gemessen, also die Differenz der Schwerkraft zwischen zwei Punkten. Werden diese Werte in einem entsprechend programmierten Computer eingespeist, kann man daraus ein dreidimensionales Bild der Schwerkraftänderungen in

Im tiefsten Winter bestimmte Eötvös mit dem von ihm entwickelten Instrument auf dem zugefrorenen Plattensee erstmals die Gravitationskonstante mit hoher Genauigkeit.

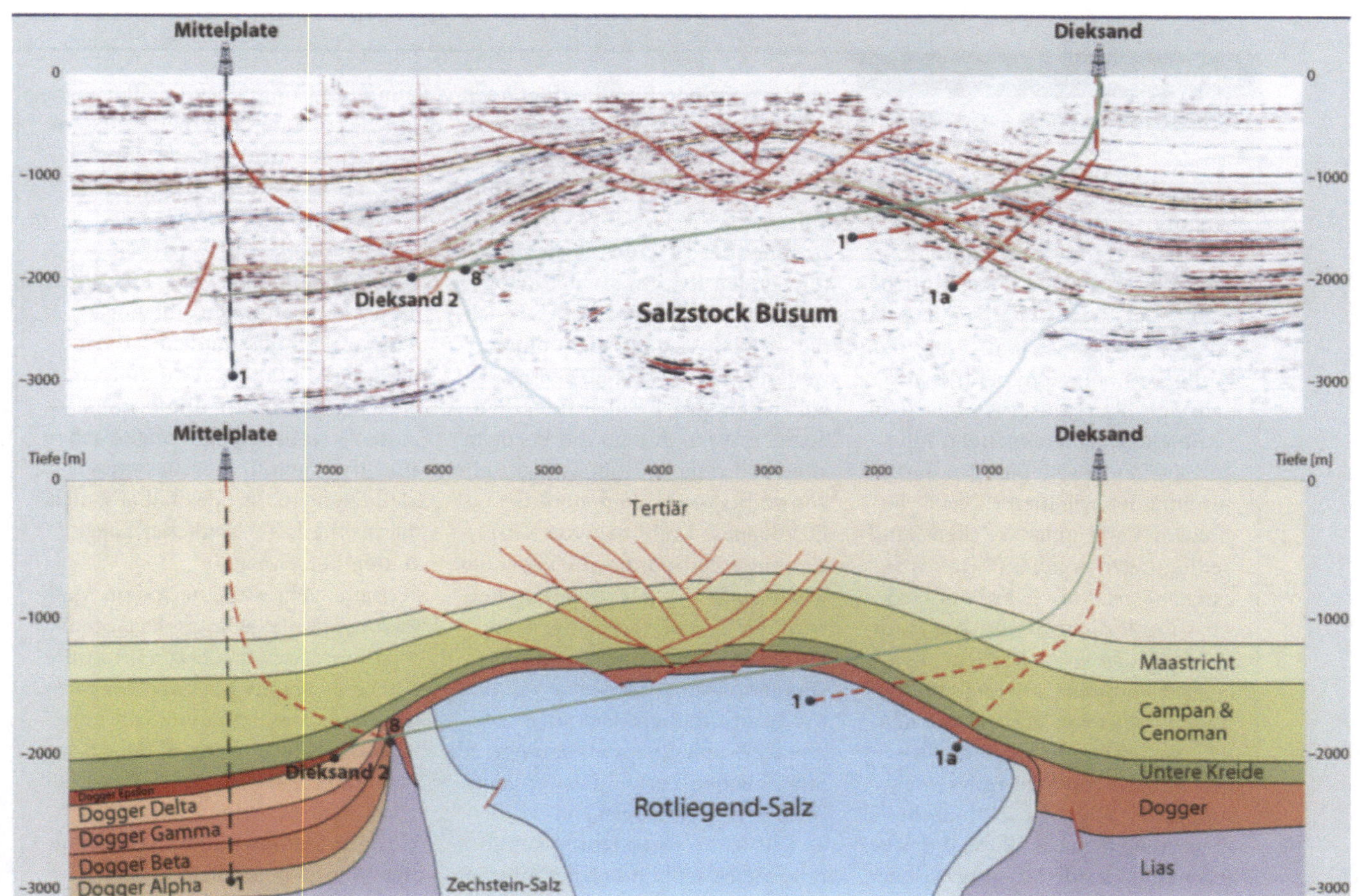

BILD 14.4.
Bohrung „um die Ecke" durch den Salzstock: Von der Bohrlokation Dieksand an Land wird die Lagerstätte Mittelplate unter dem Wattenmeer angebohrt

einem Gebiet berechnen und dabei auf verschiedene Gesteinstypen im Untergrund schließen. Als Ergänzung zur 3D-Seismik wird das Verfahren inzwischen erfolgreich bei der Ölsuche im Golf von Mexiko eingesetzt.

Ebenso haben Fortschritte bei der Bohr- und Fördertechnik zur besseren Ausnutzung bekannter Lagerstätten geführt. Daß man dabei auch vorbeugenden Umweltschutz betreiben kann, zeigen die Anstrengungen eines deutschen Konsortiums im Feld Mittelplate vor der Küste Dithmarschens im schleswig-holsteinischen Wattenmeer. In mehreren Schichten lagert dort nach bisherigen Erkenntnissen in Tiefen zwischen 1900 und 3000 Metern Öl mit einer Heizkraft von rund 150 Million Tonnen SKE. Obwohl das weniger als einem Promille der gesamten Vorräte auf der Welt entspricht, ist Mittelplate die größte Erdöllagerstätte und das förderstärkste Feld Deutschlands. Seit 1987 wurden aus dem Feld 5,5 Millionen Tonnen SKE Öl gefördert. Zur Zeit wird Mittelplate von einer Produktionsplattform im Wattenmeer erschlossen.

Erdölgenese
Simulation mit dem Computer

Angesichts der wirtschaftlichen und geopolitischen Bedeutung von Rohöl ist es erstaunlich, wie wenig Einzelheiten über seine Entstehung bekannt sind. Zwar weiß man, daß das flüssige „Schwarze Gold" unter dem Einfluß erhöhter Temperatur aus dem Zerfall organischer Materie in Sedimentgesteinen entsteht. Allerdings gehen die Meinungen darüber auseinander, wie dieser Zerfall im einzelnen und unter welchen Randbedingungen er abläuft. Das Ausgangsmaterial für Rohöl und Erdgas ist unlösliche organische Materie, das sogenannte Kerogen. Es lagert sich unter anderem auf dem Boden tropischer Flachmeere häufig zusammen mit kalziumhaltigen Schalen von Meerestieren ab. Kommt es aufgrund tektonischer Bewegungen zur Senkung des Meeresbodens, werden die organischen Reste von immer neuen Sedimentschichten bedeckt. Dabei erhöht sich der lithostatische Druck auf das Kerogen, gleichzeitig nimmt die Umgebungstemperatur zu.

Sind bestimmte Randbedingungen erfüllt, beginnen einzelne Kohlenstoffbindungen im Kerogen zu zerfallen und die Rohölbildung kann einsetzen.

Einer der Gründe für die unzureichenden Kenntnisse der dabei ablaufenden Vorgänge ist, daß sich die Erdölentstehung nicht ohne weiteres in Laborversuchen nachvollziehen läßt. Bei den typischen Temperaturen in dem mit Kerogen angereicherten Erdölmuttergestein von 70 bis 200 Grad dauert die Erdölgenese Millionen von Jahre. Um diese Zeitspanne auf Tage oder wenigstens Wochen zu verkürzen, wird der Zerfall des Kerogens in Pyrolyseversuchen im Labor bei Temperaturen zwischen 300 und 650 Grad simuliert. Unklar ist, ob die dabei ablaufenden Vorgänge den tatsächlichen Zerfall des Kerogens im Gestein widerspiegeln.

Seit mehr als 20 Jahren simulieren Erich Welte und seine Mitarbeiter im Forschungszentrum Jülich (früher KFA) die Entstehung von Erdöl und dessen Wanderung aus dem Muttergestein in Speichergesteine. Daraus ist mittlerweile eine komplexe Computermodellierung von „Petroleum Systemen" entstanden, bei der nicht nur die Entwicklung des Öls selbst, sondern auch die geologische Geschichte der Sedimentbecken physikalisch und chemisch simuliert wird. Kernstück dieser Berechnungen sind sogenannte „Flußpfadmodelle". Darin wird die Migration des Rohöls ins Speichergestein dreidimensional modelliert. In solche Modelle gehen alle aus einem Becken bekannten Meßdaten ein. Im Idealfall läßt sich daraus die Lage möglicher Lagerstätten berechnen.

Dabei geht Welte nach dem Motto vor, daß die geologische Gegenwart nur durch die Rekonstruktion der Vergangenheit verstanden werden kann. Die Verteilung von Kohlenwasserstoffen kann demnach nur jemand ergründen, der sich mit der geologischen Entwicklung eines höffigen Sedimentbeckens beschäftigt. Was ursprünglich in Weltes Labor als Grundlagenforschung begann, hat sich mittlerweile zu einem wichtigen Werkzeug für die Ölindustrie entwickelt und wird dementsprechend vermarktet.

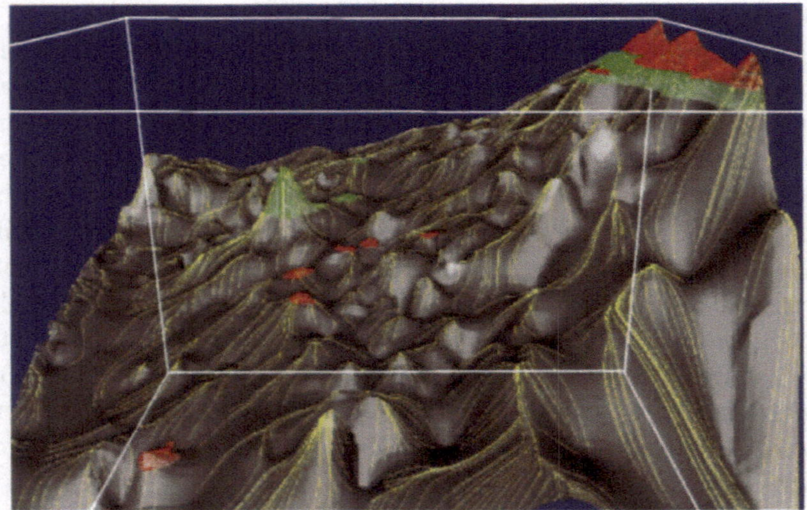

BILD 14.5.
Computermodell für ein Sedimentbecken in der kanadischen Provinz Alberta. Es werden die möglichen Pfade der Rohölwanderung aus dem Mutter- in das Speichergestein simuliert

Obwohl sich bei der Produktion noch kein die Umwelt des Wattenmeeres beinträchtigender Zwischenfall ereignet hat, ist langfristig geplant, einen Teil des Feldes von Land aus zu erschließen. Dazu wurden von einer Stelle hinter dem Deich mehrere Bohrungen abgeteuft. Diese Bohrungen verlaufen allerdings nicht senkrecht, sondern sind um bis zu 75 Grad gegen die Vertikale geneigt. Sie führen quer durch verschiedene Sandsteine und den Büsumer Salzstock in das Ölfeld. Im Jahre 2000 soll mit der Förderung durch diese technisch äußerst anspruchsvollen Bohrungen begonnen werden.

Bei der Abschätzung der Größe der in der Erde vorhandenen Lagerstätten machen Wirtschaftsgeologen einen feinen, aber gleichwohl wichtigen Unterschied zwischen Reserven und Ressourcen. Als Reserven oder Vorräte wird dabei jener Anteil der ursprünglich in einer Lagerstätte vorhandenen Kohlenwasserstoffe bezeichnet, der mit Bohrungen nachgewiesen und mit heutiger Technik wirtschaftlich gewinnbar ist. Nachgewiesene, aber technisch oder wirtschaftlich derzeit nicht gewinnbare Kohlenwasserstoffe werden dagegen als Ressourcen bezeichnet. Bei der eingangs erwähnten Verdoppelung der Vorräte an Öl und Gas auf insgesamt 377 Milliarden Tonnen SKE handelt es sich ausschließlich um abbaubare Reserven „konventioneller Quellen", also den klassischen, mit Bohrungen zugänglichen Erdöl- und Erdgasfeldern. Die zusätzlich in ähnlichen Feldern „schlummernden" Ressourcen werden ebenfalls auf etwa 375 Milliarden Tonnen SKE geschätzt. Ölschiefer, Ölsande, Schweröllagerstätten und Flözgase, also „unkonventionelle Quellen", gehen in diese Berechnungen nicht ein.

Außen vor bleibt bei diesen Schätzungen auch ein Stoff, von dem zu der Zeit, als der Club of Rome die Welt wachrüttelte, kaum jemand Notiz nahm. Lediglich nördlich des Polarkreises, in Sibirien, gab es einen kleinen Abbau. Dabei wird der Anteil dieses Stoffes an den Kohlenwasserstoffressourcen auf heute 1780 Milliarden Tonnen SKE geschätzt, also fast auf das zweieinhalbfache aller bisher bekannten Reserven und Ressourcen zusammen. Bei diesem Stoff, aus dem die Energieträume gemacht zu sein scheinen, handelt es sich um die sogenannten Gashydrate, ein seltsam anmutendes, dem Eis ähnliches Gemisch aus Wasser und Methan. Diese Gashydrate gehören chemisch zur Gruppe der Käfigverbindungen oder Clathrate. Das sind Einschlußverbindungen, in denen Moleküle von Kohlenwasserstoffen und Wasser gemeinsam ein Kristallgitter bilden.

Methan ist der einfachste Kohlenwasserstoff. Er besteht aus einem Kohlenstoffatom, an das vier Wasserstoffatome gebunden sind.

Im Gegensatz zu herkömmlichem „Wassereis" sind diese Kristalle jedoch nicht sechseckig, sondern kubisch. Meist sind es Methanmoleküle, die sich mit Wasser zu Clathraten verbinden. Gashydrate können aber mit höheren Kohlenwasserstoffen bis hin zum Pentan entstehen.

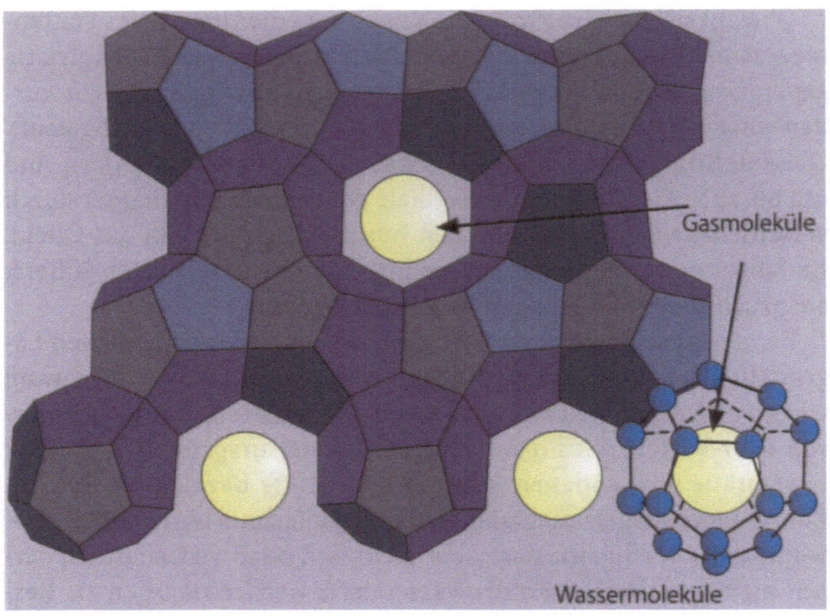

BILD 14.6.
Methan in einem Käfig von Wassermolekülen – so sieht die Struktur von Gashydraten aus

METHANEIS – EIN STAUBSAUGER FÜR KOHLENSTOFF

Gashydrate kommen nur bei hohem Druck und niedrigen Temperaturen vor. Obwohl sie aus einer Flüssigkeit und einem Gas entstehen, ist ihr Aggregatzustand fest. Gashydrate sind also Festkörper, die auf den ersten Blick große Ähnlichkeit mit normalem Eis haben. Deshalb werden sie auch als „Methaneis" bezeichnet. Allerdings besteht ein Kubikmeter Gashydrat nur zu etwa 80 Prozent aus Wassermolekülen. Den Rest macht eine enorme Menge Methan aus, die bei normalem Luftdruck und Zimmertemperatur ein Volumen von 164 Kubikmetern einnehmen würde. Bei ihrer Entstehung saugen Gashydrate das Methan in großen Mengen regelrecht auf. Das ist einer der Gründe, warum diese Ressource mehr SKE enthält als alle anderen bekannten und geschätzten Vorräte an Kohlenwasserstoffen auf der Welt zusammen. Insgesamt dürften in allen erwarteten Gashydratvorkommen 10 000 Gigatonnen Kohlenstoff gebunden sein. Das Methan der Atmosphäre enthält dagegen „nur" 3,6 Gigatonnen Kohlenstoff.

Chemikern sind solche Hydrate bereits seit 1810 bekannt, als sie der britische Naturforscher Sir Humphry Davy, der Entdecker der Elemente Natrium und Kalium, zum erstenmal aus Wasser und Chlor synthetisierte. In der Natur kommen Gashydrate vornehmlich in zwei Regionen vor, in den Permafrostgebieten der Arktis und in Sedimenten der Ozeane. Damit Gashydrate im Permafrost überhaupt entste-

Etwa ein Viertel der Landoberfläche der Erde ist durch Permafrost beeinflußt. Dabei kann der Boden bis in 1 500 Meter Tiefe gefroren sein.

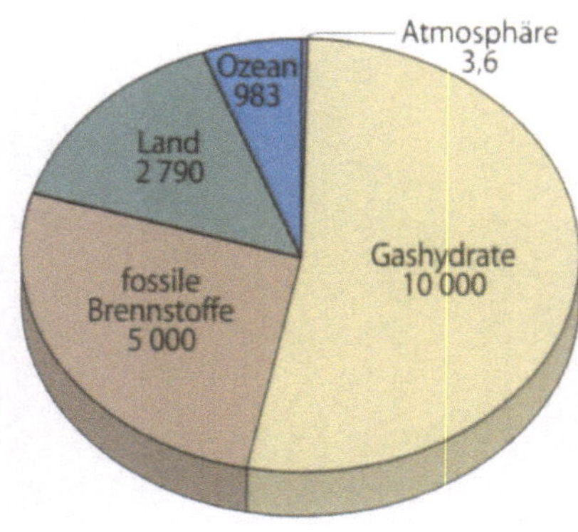

BILD 14.7.
Gashydrate machen mehr als die Hälfte der organischen Kohlenstoffreserven der Welt aus (Werte in Gigatonnen Kohlenstoff)

hen können, muß es dort größere Mengen an Methan geben. Meist treten Gashydrate in der Nähe oberflächennaher Erdgaslagerstätten auf. Aus solchen Gasvorkommen tritt ständig ein wenig Methan aus, das sich bei genügend hohem Druck wegen des Dauerfrostes mit dem „Wassereis" zu Gashydraten verbinden kann. Solche Vorkommen sind am Kuparuk River in Alaska durch eine Bohrung sicher nachgewiesen. Im Messoyakhafeld in der Nähe der Stadt Norilsk in Sibirien wurden die Gashydrate seit 1970 einige Jahre kommerziell abgebaut. Die Produktion wurde aber Anfang der achtziger Jahre eingestellt und erst kürzlich mit japanischer Hilfe wieder aufgenommen.

Der weitaus größte Teil der Gashydrate kommt jedoch in den Meeressedimenten bei Wassertiefen von mehr als 400 Metern vor. Dort ist der hydrostatische Druck so groß, daß eisförmiges Gashydrat auch oberhalb des Gefrierpunktes entstehen kann. Das Methan stammt dabei entweder ebenfalls aus tieferliegenden fossilen Erdgaslagerstätten, oder es ist ein frisches Zersetzungsprodukt organischer Stoffe in jungen Sedimenten. Aufgrund ihrer kristallinen Struktur wirken Gashydrate in den Meeressedimenten wie Zement. Sie verdrängen das Wasser aus den Porenräumen und verfestigen die Sedimente. In seeseismischen Messungen tritt die Gashydrat führende Schicht deshalb stets besonders deutlich hervor.

AN DECK ZISCHEN DIE SEDIMENTKERNE

Den marinen Geowissenschaftlern fiel dieser seltsame Stoff, die Gashydrate, erstmals Anfang der siebziger Jahre auf. Russische Meeresgeologen entdeckten ihn im Jahre 1971 zuerst im Schwarzen Meer. Vor der amerikanischen Küste im Westatlantik wurden Gashydrate während der elften Fahrt des Forschungsschiffes „Glomar Challenger" im Rahmen des „Deep Sea Drilling Project" (siehe Kapitel 2) eher durch Zufall angebohrt. Damals untersuchte man den Blakerücken, einen untermeerischen Höhenzug vor Südkarolina. Als die Wissenschaftler die Bohrkerne an Deck des Bohrschiffes brachten, zischte und entgaste es aus ihnen mehrere Stunden lang. An Bord war man sich zunächst nicht bewußt, daß es sich dabei um auftauende Gashydrate handelte, aus denen das Methan entwich. Der Blakerücken ist inzwischen von allen marinen Gashydratlagerstätten am besten untersucht. Im Jahre 1995, bei der vorläufig letzten Forschungsfahrt der „Joides Resolution" in dieses Seegebiet, nahmen auch einige deutsche Geowissenschaftler aus Kiel, Hannover und Berlin teil. Dabei gelang es, zahlreiche Gesteinsproben aus der Gashydratschicht im ursprünglichen Zustand an Bord zu bringen und zu untersuchen.

Dazu wurde ein an der Technischen Universität Berlin entwickeltes Gerät in das Bohrloch herabgelassen. Es ist in der Lage, einen Bohrkern druckdicht zu umschließen. Wenn das Gerät anschließend wieder an Bord gehievt wird, herrscht in der Probenkammer des Greifers jener Druck, dem die Gesteinsprobe in ihrer ursprünglichen Umgebung ausgesetzt war. Im Labor läßt sich dann unter anderem der Gasgehalt des Bohrkerns genau bestimmen. Solche Messungen waren bisher an Gashydraten aus Meeressedimenten nicht möglich, weil sie auf dem Weg an die Wasseroberfläche meist schon zerfallen, zumindest aber teilweise entgast waren. Die Bohrlöcher am Blakerücken lagen in einer Wassertiefe von fast 2 800 Metern. Die Hydratschicht begann etwa in 200 Meter Sedimenttiefe und erstreckte sich bis auf 450 Meter Tiefe unterhalb des Meeresbodens. In dieser Tiefe herrscht ein Druck von mehr als 300 Bar.

Bei einer Fahrt mit dem deutschen Forschungsschiff „Sonne" in den Nordostpazifik vor die Küste des amerikanischen Bundesstaates Oregon machte eine Arbeitsgruppe des GEOMAR-Forschungszentrums für Marine Geowissenschaften der Universität Kiel eine interessante Entdeckung. In diesem Seegebiet gibt es eine derart große Gashydratlagerstätte, daß sogar ein Höhenzug am Meeresboden nach ihnen benannt wurde. Untermeerische warme Quellen lassen an diesem „Hydratrücken" aber einen Teil der Gashydrate schmelzen. Dabei entweicht das Methan ins Meerwasser. Die Folge ist eine mehr als tausendfache Konzentration dieses fünfatomigen Moleküls als üblich. Auch das nördliche Arabische Meer vor der Küste Pakistans gehört zu den Arbeitsgebieten der deutschen Gashydratforscher. Bei der Kollision der Arabischen Lithosphärenplatte mit der Eurasischen Platte entsteht dort der Makranakkretionskeil (siehe Kapitel 2). Dabei werden allerdings nicht nur die Gesteine zusammengedrückt. Der Druck führt auch dazu, daß das im Meeressediment vorhandene Methan aus den Gesteinsschichten herausgepreßt wird. Unterhalb einer Meerestiefe von 400 Metern zwingt, bei genügend geringer Wassertemperatur, der hydrostatische Druck Methan und Wasser dazu, gemeinsam zu Gashydratmolekülen einzufrieren. Bei mehreren Forschungsfahrten mit der „Sonne" wurden in diesem Seegebiet bis zu 600 Meter mächtige Schichtfolgen entdeckt, in die mächtige Lagen von Gashydraten eingebettet sind.

Auch im Arabischen Meer ist die Methankonzentration im Meerwasser ungewöhnlich hoch. Eine Erklärung dafür fanden deutsche und pakistanische Wissenschaftler, die unter Leitung von Ulrich von Rad (BGR) im Jahre 1998 von Bord der „Sonne" aus die Meeressedimente im flacheren Teil des Seegebietes untersuchten. Sie entdeckten auch dort zahlreiche untermeerische Quellen, in deren Wasser große Mengen Methangas gelöst sind. In Unterwasseraufnahmen

wurden diese Quellen daran erkannt, daß in ihrer unmittelbaren
Umgebung Bakterien wachsen, die in der Lage sind, den ebenfalls im
Quellwasser gelösten Schwefelwasserstoff zu oxydieren. Die Bakterien siedeln sich dabei in Form weißer Matten auf dem Meeresgrund
an. Da diese Quellen im Gegensatz zu denen vor Oregon jedoch kaltes Wasser förderten, war zunächst nicht klar, warum sie so viel Methan freisetzten. Das Geheimnis liegt in der unaufhaltsamen Bewe-

gung der Arabischen Platte von etwa vier Zentimetern pro Jahr. Bei dieser Wanderung gelangen mit Gashydrat versetzte Sedimentschichten aus der Tiefsee allmählich in flachere Gewässer. Dort reicht der hydrostatische Druck nicht mehr aus, die Hydratmoleküle zusammenzuhalten. Sie tauen auf und zerfallen zu flüssigem, mit hoher Methankonzentration angereichertem Wasser. Die Lösung dieses Rätsels zeigt, wie eng Forscher verschiedener geowissenschaftlicher Fachbereiche, von der Ozeanographie über die Sedimentologie bis zur Geodynamik, zusammenarbeiten müssen, um die komplexen Vorgänge auf unserem Planeten zu entschlüsseln.

Meeresgebiete, in denen das „Methaneis" durch natürliche Vorgänge schmilzt, eignen sich möglicherweise zur Gewinnung dieses Kohlenwasserstoffs für kommerzielle Zwecke. Allerdings gibt es zur Zeit nur wenige, sehr weitgesteckte Pläne, solchen untermeerischen Abbau überhaupt technisch anzugehen. Japanische Wissenschaftler untersuchen beispielsweise zwei Gashydratfelder im Nankaitrog in Hinblick auf einen möglichen Abbau. Allerdings ist der technische und logistische Aufwand sehr hoch und läßt solange keine wirtschaftlich vertretbare Förderung zu, wie die kommerziellen Erdöl- und Erdgasquellen so billig wie zum Ende der neunziger Jahre sprudeln.

ZEMENT GEGEN UNTERMEERISCHE HANGRUTSCHUNGEN

Aus diesem Grund spielt der kommerzielle Aspekt bei der geowissenschaftlichen Gashydratforschung zur Zeit noch keine Rolle. Auf viel größeres Interesse stoßen dagegen zwei andere, völlig unterschiedliche Fragestellungen. Die meisten bekannten untermeerischen Gashydratvorkommen liegen am Rand der Kontinente. Geowissenschaftler fragen sich nun, ob und wie diese Clathrate zur Festigkeit der Kontinentalhänge beitragen. Ihre zementartige Struktur gibt vielen untermeerischen Hängen erst die nötige Stabilität. Gäbe es keine Gashydrate, würde es wahrscheinlich wesentlich häufiger zu untermeerischen Hangrutschungen kommen, die wiederum in der Lage sind, zerstörerische Flutwellen, die sogenannten Tsunamis, auszulösen (siehe auch Kapitel 9). Vor etwa 7 000 Jahren hat es beispielsweise einen solchen Hangrutsch vor der Küste Norwegens mit anschließender Flutwelle gegeben. Heute wären durch einen solchen Tsunami viele Küstenstädte, vor allem aber auch die zahlreichen Ölplattformen in der Nordsee gefährdet. Deshalb kommt der Erforschung der Stabilität submariner Hänge und der Rolle, die Gashydrate dabei spielen, eine besondere Bedeutung für den Katastrophenschutz küstennaher Gebiete zu.

Die weißen Matten werden von Cyanobakterien der Gattung Beggiatoa gebildet. Sie nutzen Sulfide und nicht das Sonnenlicht zur Energiegewinnung.

Mindestens ebenso wichtig ist ein anderer, die Umwelt betreffender Aspekt. Da, wie bereits erwähnt, in allen bisher bekannten Gashydratvorkommen sehr viel mehr Methan gebunden ist als derzeit in der Atmosphäre vorkommt, könnte eine Freisetzung dieses Gases aus seinem untermeerischen Käfig erheblichen Einfluß auf das Klima der Erde haben (siehe auch Kapitel 4). Besonders interessant ist es dabei, der Frage nachzugehen, welche Auswirkungen natürliche Schwankungen des Meeresspiegels – es gab sie im Laufe der Erdgeschichte sehr häufig – auf die submarinen Vorräte an „Methaneis" hatten. Während der letzten Eiszeit, die vor etwa 11 000 Jahren zu Ende ging, lag der Meeresspiegel um etwa 100 Meter tiefer als heute. Damit war auch der hydrostatische Druck auf die Sedimente in den Schelfgebieten geringer. Als Folge könnten deshalb größere Mengen an Methangas aus den Gashydraten in die Atmosphäre entwichen sein. Weil aber Methan ein wesentlich effektiveres Treibhausgas als Kohlendioxyd ist, könnte es wiederum zur Erwärmung der Atmosphäre und damit zum Klimaumschwung geführt haben. Es ist deshalb durchaus möglich, daß dieser zunächst sehr exotisch anmutende Stoff ein wichtiges Klimaregulativ ist, das bisher nicht in die Modellrechnungen eingeht.

Auf diesem Gebiet sind sicher noch viele Fragen zu beantworten. Daß sie gestellt und auch untersucht werden, zeigt, daß die geowissenschaftliche Erforschung der Kohlenwasserstofflagerstätten mehr ist als „lediglich" die Sicherung der Energieressourcen für künftige Generationen. Das Engagement der Forscher auf diesem Gebiet beweist vielmehr, daß sie versuchen, den Planeten als Ganzes zu verstehen. Denn wer hätte je gedacht, daß Kohlenwasserstoffe das Klima nicht nur dann beeinflussen, wenn der Mensch ihnen ihre Energie entzogen und sie als Kohlendioxyd in die Atmosphäre entlassen hat. Vielleicht trägt ein Teil der fossilen Energieträger auch auf natürliche Weise dazu bei, die Klimaschwankungen in Schach zu halten.

Spätestens seit Ende des Neolithikums vor etwa 4 000 Jahren weiß der Mensch den Wert von Metallen zu schätzen. Weil zunächst Bronze und später Eisen die steinernen Werkzeuge ablösten, begannen die Menschen damals auch intensiver nach den natürlichen Quellen für die neuen Werkstoffe zu suchen. Damit legten sie – wenngleich auf sehr primitive Weise – den Grundstein für die Geowissenschaften. Allerdings konnten die Menschen der Bronzezeit nicht ahnen, daß der wichtigste Bestandteil ihrer neuen Legierung in der Tiefsee entstanden war. Die größten Kupferlagerstätten haben sich nämlich dort gebildet, wo die Erdkruste mit mächtiger Gewalt zerreißt. Die ozeanischen Rücken sind auch die Wiege anderer Buntmetalle und vieler wertvoller Edelmetalle. Keine 30 Jahre ist es her, daß diese „Erzfabriken" in der Tiefsee entdeckt wurden. Tatsächlich gibt es an vielen Stellen der ozeanischen Rücken Schlote, aus denen scheinbar dunkle Rauchfontänen quellen – so wie früher aus den Schornsteinen der Hütten im Ruhrgebiet. Aus diesen „Black Smokern" dringt aber kein Qualm, sondern das Produkt eines komplizierten Wechselspiels zwischen salzigem Meerwasser und glutheißer Magma. Erst allmählich beginnen Geowissenschaftler zu verstehen, daß die dunklen Gefilde der Tiefsee ein gigantisches chemisches und metallurgisches Laboratorium sind.

15 Erzlagerstätten

Ein Bergwerk im grössten Loch der Welt

Vorsichtig schlägt Klaus-Joachim Reutter mehrmals mit seinem Geologenhammer auf einen dunkelgrauen Stein, den er kurz zuvor behutsam aus der fast zehn Meter hohen Felswand vor ihm herausgehebelt hatte. Nach jedem Schlag wiegt er den Stein unter verschiedenen Winkeln im Sonnenlicht und schaut sich dabei die soeben abgeschlagene Fläche genau an. Mit einem Lächeln winkt er schließlich den Begleiter zu sich. Der Berliner Geologe deutet auf einige leicht gekrümmte Linien, die nach dem letzten Schlag im Stein sichtbar geworden sind. Sie zeigten, so erklärt er, daß sich die Felsmasse hinter der Gesteinswand irgendwann in der Erdgeschichte einmal verschoben haben muß. Die Vorsicht, mit der Reutter seinen Stein behandelt, paßt überhaupt nicht in die Umgebung, in die er seinen Begleiter geführt hat. Oberhalb der Wand dröhnen alle paar Minuten hausgroße Lastwagen vorbei. Jeder von ihnen trägt eine Last von 160 Tonnen. Einige Dutzend Meter unterhalb wühlen sich gleichzeitig gigantische Bagger mit unbändiger Kraft in den Fels. Mit jedem Hub ihrer Schaufeln entreißen sie der Erde fast 50 Tonnen Gestein. In einiger Entfernung arbeiten sich mehrere Bohrgestänge senkrecht in den Berg. Fachleute werden in Kürze jedes dieser Bohrlöcher mit einigen Tonnen Sprengstoff füllen. Wird er gezündet, vibriert die gesamte Grube wie bei einem starken Erdbeben. Die Wucht einer einzigen Detonation zermalmt dabei einige hundert Kubikmeter festen Fels zu Schutt, der anschließend von den Riesenbaggern auf die großen Lastwagen verladen wird.

Der Geologe hat den Besucher auf eine der unteren Sohlen einer Kupfergrube geführt, deren Größe inzwischen alle anderen Bergwerke der Erde in den Schatten gestellt hat. Seit mehr als 80 Jahren graben sich Bergleute hier in Chuquicamata, 1700 Kilometer nördlich der chilenischen Hauptstadt Santiago, unablässig im Tagebau in den Berg. Mittlerweile haben sie – so der Firmenprospekt – das größte Loch der Welt geschaffen. Mehr als vier Kilometer weit öffnet es sich in Nord-Süd-Richtung, fast zweieinhalb Kilometer in Ost-West-Richtung. Über

400 Meter tief reicht es inzwischen in den Fels hinab. Wie ein auf dem Kopf stehender Kegel mit elliptischer Grundfläche frißt sich die Mine täglich weiter in die Tiefe. „Chuqui", wie das Bergwerk überall in Chile genannt wird, ist wie ein riesiger Trichter, durch den eine der reichsten Kupferlagerstätten der Welt ausgebeutet wird.

Nicht nur die Größe des Bergwerkes, sondern auch die aus ihm geförderten Mengen Erz sind beeindruckend. Täglich werden 470 000 Tonnen Gestein aus der Grube geholt, wovon allerdings nur etwa ein Drittel Erz, der Rest Abraum ist. In jeder Tonne Erz stecken dabei im Durchschnitt elf Kilogramm Kupfer. Daraus werden in Chuquicamata im Jahr fast 640 000 Tonnen reines Kupfer hergestellt. Da bei der Verhüttung des Erzes außerdem noch beträchtliche Mengen Molybdän, Arsen, Zink und Gold anfallen, erzielt die Minengesellschaft einen Jahresumsatz von mehreren Milliarden Mark. Das macht das Bergwerk zu einem der wichtigsten Faktoren der chilenischen Volkswirtschaft.

„Chuqui" ist zwar die größte, aber längst nicht die einzige Kupferlagerstätte in Chile. Im Tagebau von La Escondida, einige hundert Kilometer weiter südlich, sowie in der Schachtanlage El Teniente in der Nähe von Santiago erreicht die jeweils geförderte Menge an Kupfererz inzwischen annähernd das Niveau von Chuquicamata. In der Erdkruste des Andenstaates ruhen etwa 30 Prozent der bekannten Kupferreserven der Welt, also weit mehr als 300 Millionen Tonnen. Allein die Vorräte unter dem größten Bergwerk der Welt werden auf 1,4 Milliarden Tonnen Erz mit einem Kupfergehalt von durchschnittlich 0,9 Prozent geschätzt. Es soll bis zum Jahre 2022 vollständig abgebaut werden, nötigenfalls sogar untertage über eine neue Schachtanlage, die auf der untersten Sohle des heutigen Tagebaues errichtet werden müßte.

ERZFABRIKEN IN DER TIEFSEE

Der größte Teil des Erzes in Chuqui kommt in Form des sulfidischen Minerals Kupferkies vor. Sulfidischen Ursprungs sind auch einige andere der größten Vorkommen an Bunt- und Edelmetallen auf der Erde, wie die Kupfererze auf Zypern oder die Goldlagerstätten in Papua-Neuguinea. Auch die große Nickellagerstätte, die erst kürzlich in der kanadischen Provinz Labrador entdeckt wurde, enthält sulfidische Erze. Eine große Gruppe dieser Erzvorkommen, wie beispielsweise die portugiesische Lagerstätte Neves Corvo oder der Sulfiderzkörper von Kidd Creek in der kanadischen Provinz Ontario bildeten sich vor Hunderten von Millionen Jahren auf dem Meeresgrund an aktiven Plattengrenzen. Im Laufe der geologischen Geschichte wur-

Ozeanische Rücken sind Spreizungszonen der Erdkruste. Die Flanken dieser Rücken entfernen sich pro Jahr um mehrere Zentimeter voneinander.

Bild 15.2.
Rauchende Schlote in der Tiefsee:
Aus den „Black Smokern" quillt eine
mineralreiche Hydrothermallösung

den die Spuren ihrer Entstehung aber meist bis zur Unkenntlichkeit verwischt. Deshalb war es jahrzehntelang umstritten, wie solche Lagerstätten im einzelnen entstehen konnten.

Zum Glück sind die Geowissenschaftler bei der Erforschung des Ursprungs dieser Sulfidlagerstätten nicht allein auf ihren historischen Spürsinn, ihr geochemisches Verständnis und ihre Phantasie angewiesen. An vielen Stellen der mittelozeanischen Rücken, den vulkanisch aktiven Gebirgen tief unter den Weltmeeren, finden heutzutage nämlich genau jene Vorgänge statt, die früher zur Bildung dieser Erzlagerstätten geführt haben. Im Rahmen des internationalen „Ocean Drilling Program" (ODP, siehe auch Kapitel 2) haben deutsche Geowissenschaftler ein Musterbeispiel einer solchen, im Entstehen begriffenen Lagerstätte im Atlantik genauer untersucht. Vom Bohrschiff „Joides Resolution" aus nahmen sie den TAG-Seamount, südwestlich der Azoren, unter die Lupe.

Dieser untermeerische Hügel wurde erst im Jahre 1985 im Rahmen der „Transatlantischen Geotraverse" entdeckt. Benannt wurde er nach dem Akronym dieses Forschungsprogramms. Er befindet sich in 3 600 Metern Tiefe genau auf dem Mittelatlantischen Rücken, ist etwa 20 000 Jahre alt und in dieser Zeit ca. 50 Meter in die Höhe gewachsen. Die ellipitische Anhöhe hat an ihrer Basis einen Durchmesser von etwa 200 Metern. Sie besteht zu mehr als 60 Prozent aus sulfidischen Mineralien. Insgesamt, so schätzt der Lagerstättenkundler Peter Herzig von der Bergakademie Freiberg, enthält der TAG-Seamount etwa vier Millionen Tonnen sulfidischer Erze – wovon sich etwa 1,2 Millionen Tonnen unterhalb des Meeresbodens befinden – und ist damit eines der größten bekannten „aktiven" Sulfiderzvorkommen in den Ozeanen.

Schwarze Fontänen aus Stalagmiten

Gespeist wird die Lagerstätte durch zahlreiche Hydrothermalquellen, darunter mehr als 30 „Black Smoker" an der Spitze des Hügels. Diese bizarren Objekte erinnern eher an Industrieschlote als an natürliche Gebilde. Sie wurden erst im Frühjahr 1979 entdeckt. Die Besatzung des amerikanischen Forschungs-U-Bootes Alvin unternahm damals im Pazifik Tauchfahrten bei 21 Grad nördlicher Breite, im Scheitelgraben des Ostpazifischen Rückens, als sie 2 600 Meter unter dem Meeresspiegel im Licht der Halogenscheinwerfer etwas Atemberaubendes erblickte. Aus dem Meeresboden traten unter hohem Druck mehrere schwarze Rauchfontänen aus. Zunächst waren die drei U-Boot-Fahrer verblüfft. Was konnte da am Meeresboden nur so häßlich rauchen? Nähere Untersuchungen ergaben, daß es sich um mehr als 360 Grad heißes Wasser handelte, in dem eine große Menge mineralischer Rohstoffe gelöst waren. Beim Kontakt mit kaltem Meerwasser fielen diese Stoffe aus, das heiße Wasser verfärbte sich dunkel – was diesen heißen Quellen den Namen „Black Smoker" gab. Wie ein Stalagmit in einer Tropfsteinhöhle wuchs dabei um die Austrittsstelle ein Kamin stetig in die Höhe, weil sich ein Teil der ausgefällten Mineralien an seinen Wänden ablagerte.

Kaminartigen Hydrothermalquellen wurden mittlerweile an zahlreichen Stellen der mittelozeanischen Rücken entdeckt und mit Hilfe von Forschungs-U-Booten untersucht. Auch den TAG-Seamount haben Geowissenschaftler schon mehrfach bathymetrisch exakt vermessen.

Außerdem analysierte man die chemische Zusammensetzung der verschiedenen heißen Quellen. Mehrfach entnahmen Wissenschaftlergruppen Bodenproben von den Flanken des Hügels. Von der „Joides Resolution" aus wurden insgesamt 17 bis zu 125 Meter tiefe Löcher

Bathymetrische Karten geben die relativen Höhenänderungen des Meeresbodens wieder. Sie werden meist mit empfindlichen Echoloten aufgenommen.

in den Hügel gebohrt. Bei den Bohrungen stellte sich heraus, daß lediglich die einige Meter dicke oberste Schicht des Hügels ausschließlich aus den metallreichen sulfidischen Mineralien besteht. Darunter befinden sich mehrere „Stockwerke" betonartigen Bruchgesteins mit unterschiedlicher mineralischer Zusammensetzung.

Bei diesen sogenannten Brekzien handelt es sich um Bruchstücke von Gestein und Erz, die von Mineralien, wie beispielsweise Quarz, zementiert wurden. Dieses Bruchgestein entsteht, so vermutet Herzig, durch Auflösung bestimmter Minerale im Inneren des TAG-Seamount und nachfolgendes Einbrechen des Daches sowie aus Bruchstücken von Kaminen, die im Laufe der Zeit unter ihrem eigenen Gewicht zusammenbrechen und dabei zertrümmern.

Das wichtigste Ergebnis dieser detaillierten Untersuchung ist zweifellos, daß ein großer Teil des Hügels und vor allem der Schlot aus Ei-

BILD 15.3.
U-Boote sind wichtige Hilfsmittel, Erzvorkommen am Meeresboden zu erforschen. Mit dem Flachtauchboot JAGO lassen sich, wie hier vor der Küste Islands, Hydrothermalquellen in bis zu 400 Metern Tiefe untersuchen

sen-, Zink- und Kupfersulfiden bestehen, den gleichen Mineralen, die heute in den großen Erzbergwerken an Land abgebaut werden. Im Pyrit, in der Zinkblende und im Kupferkies, tief unter den Wellen der Ozeane, steckt also das Geheimnis der größten Erzlagerstätten der Welt. Wie gelangen die wertvollen Metalle aber nun auf den Meeresgrund?

Der Schlüssel zum Verständnis liegt in der stetigen Drift der Lithosphärenplatten, die auf dem zähflüssigen Erdmantel schwimmen. Die Spreizungszonen der Ozeane, etwa entlang des Mittelatlantischen Rückens oder im Roten Meer, sind dabei die Geburtsstätten neuer Erdkruste, denn in ihnen dringt Magma aus dem Erdmantel empor. Durch die schlagartige Abkühlung der Lava im Kontakt mit dem kalten Meerwasser sowie durch die mit den episodischen Spreizungsvorgängen verbundenen untermeerischen Erdbeben entstehen in der vorhandenen Erdkruste tiefe Risse, Spalten und Klüfte. Durch sie kann Meerwasser mehrere Kilometer tief in das Gestein eindringen und kommt dabei dem Magma sehr nahe. So heizt sich das Meerwasser auf bis zu 500 Grad auf.

Wäre das Ozeanwasser chemisch reines destilliertes Wasser, würde bei dieser Erwärmung keine chemische Reaktion ablaufen. Da im Meerwasser aber zahlreiche Salze gelöst sind, führt die hohe Temperatur zu Veränderungen. Unter anderem verliert das Wasser seine chemische Neutralität und wird mit einem pH-Wert von 2–3 zu einer Säure. Außerdem verliert es die meisten seiner freien Sauerstoffionen und wirkt dadurch chemisch reduzierend. Es handelt sich also um ein heißes, chemisch äußerst aggressives Fluid, das von Fachleuten ziemlich wertneutral als „hydrothermale Lösung" bezeichnet wird.

ZENTRALHEIZUNG AM MEERESGRUND

Tief im Inneren des zerklüfteten Meeresbodens entlang der Spreizungszonen kommt diese chemisch virulente Lösung nun mit den Basaltgesteinen der jungen ozeanischen Erdkruste in Kontakt. Dabei laugen diese hydrothermalen Wässer alle möglichen Elemente aus dem Gestein, vor allem Schwefel, aber auch die Metalle Kupfer, Zink, Eisen, Mangan und Gold. Da heißes Wasser eine geringere Dichte als kaltes Wasser hat, beginnt diese inzwischen polymetallische Lösung langsam durch Spalten und Klüfte im Gestein wieder aufzusteigen, so wie auch warmes Wasser in einer Zentralheizung bis in die obersten Stockwerke eines Hauses gelangt.

Am Meeresboden vermischt sich die heiße Lösung dann sehr rasch mit dem typischerweise nur zwei Grad warmen Meerwasser. Die damit verbundene plötzliche Abkühlung führt zum bereits erwähnten

Ausfällen der Minerale und gibt den heißen Quellen die dunkle Farbe der Black Smoker. Beim Ausfällen verbinden sich die Metalle mit dem ebenfalls im Wasser gelösten Schwefelwasserstoff. Es entstehen die sulfidischen Minerale, aus denen sich später die Lagerstätten aufbauen: Pyrit (Eisensulfid), Zinkblende (Zinksulfid) und eben auch Kupferkies, das so reichlich in den Anden Chiles und in den großen Massivsulfidlagerstätten der Welt vorkommende Kupfersulfid.

Das Ausfällen allein reicht noch nicht, um eine Lagerstätte entstehen zu lassen. Die Black Smoker sind nur die spektakulären „Schornsteine" der „Erzfabriken" der Tiefsee. Die eigentliche Erzanreicherung

BILD 15.4.
Das Innere erloschener Kamine ist voll hochkonzentrierten Erzes

findet in jenen Sulfidhügeln statt, denen die Schornsteine aufsitzen, also beispielsweise im TAG-Seamount. Diese Hügel wachsen aufgrund der sukzessiven Ablagerung der Metallsulfide aus den hydrothermalen Lösungen, die kontinuierlich im Hügel zirkulieren. Auf diese Weise wächst der TAG-Seamount etwa alle 400 Jahre um einen Meter. In den letzten 20 000 Jahren haben sich dort insgesamt etwa vier Millionen Tonnen Erz abgelagert. Im Vergleich zu den meisten Lagerstätten an Land ist der TAG-Seamount noch ein recht kleines Vorkommen und damit trotz seines Alters gleichsam ein Teenager unter den Erzlagerstätten.

Viel größere Vorkommen wurden im Rahmen des ODP vor der kanadischen Pazifikküste, etwa 200 Kilometer vor Vancouver Island, untersucht. Dort hat sich in rezenter Zeit eine Erzmenge von 70 Millionen Tonnen abgelagert. Rekordhalter dieser geologisch jungen „Massivsulfidvorkommen" ist immer noch das Rote Meer. In dem nach einem Tauchboot benannten „Atlantis-II-Tief" liegen knapp 100 Millionen Tonnen Erz. Darin sind allein 2,5 Millionen Tonnen Zink, 500 000 Tonnen Kupfer sowie 6 000 Tonnen Silber und 50 Tonnen Gold enthalten. Tatsächlich hat die Suche nach Gold der Erforschung dieser rezenten untermeerischen hydrothermalen Lagerstätten in den letzten Jahren Auftrieb gegeben. Eines der reichsten Vorkommen dieser Art wurde kürzlich im Südwestpazifik an einem Seamount in nur etwa 1 000 Meter Tiefe in den Hoheitsgewässern Papua-Neuguineas entdeckt. Dort fanden Herzig und seine Mitarbeiter im Sulfidgestein Goldgehalte von bis zu 230 Gramm pro Tonne.

Als die vom Meeresboden geborgenen Erzklumpen in den Laboratorien an Bord des Forschungschiffs „Sonne" unter dem Mikroskop untersucht wurden, fanden sich darin sogar kleine Nuggets aus gediegenem Gold.

Obwohl noch viele Details untersucht werden müssen, besteht inzwischen kein Zweifel mehr daran, daß viele der heute bergmännisch abgebauten großen sulfidischen Erzlagerstätten, wie Neves Corvo oder Kidd Creek, ihren Ursprung in den Hydrothermalfeldern der untermeerischen Vulkanzonen längst vergangener Urozeane hatten. Erstaunlich ist dagegen, daß mit dem Vulkanismus an Land wesentlich weniger ergiebige Erzlagerstätten in Verbindung gebracht werden.

Goldlagerstätten an Land werden heute schon bei Gehalten von zwei bis drei Gramm pro Tonne abgebaut.

Gold im Rauch der Vulkane

Dabei sind auch in den Dämpfen, die terrestrische Vulkane ausstoßen, große Mengen an Metallen enthalten. White Island, ein der neuseeländischen Nordinsel vorgelagerter Vulkan, stieß beispielsweise während seiner aktiven Phasen im Jahre 1988 fast zwei Millionen Ton-

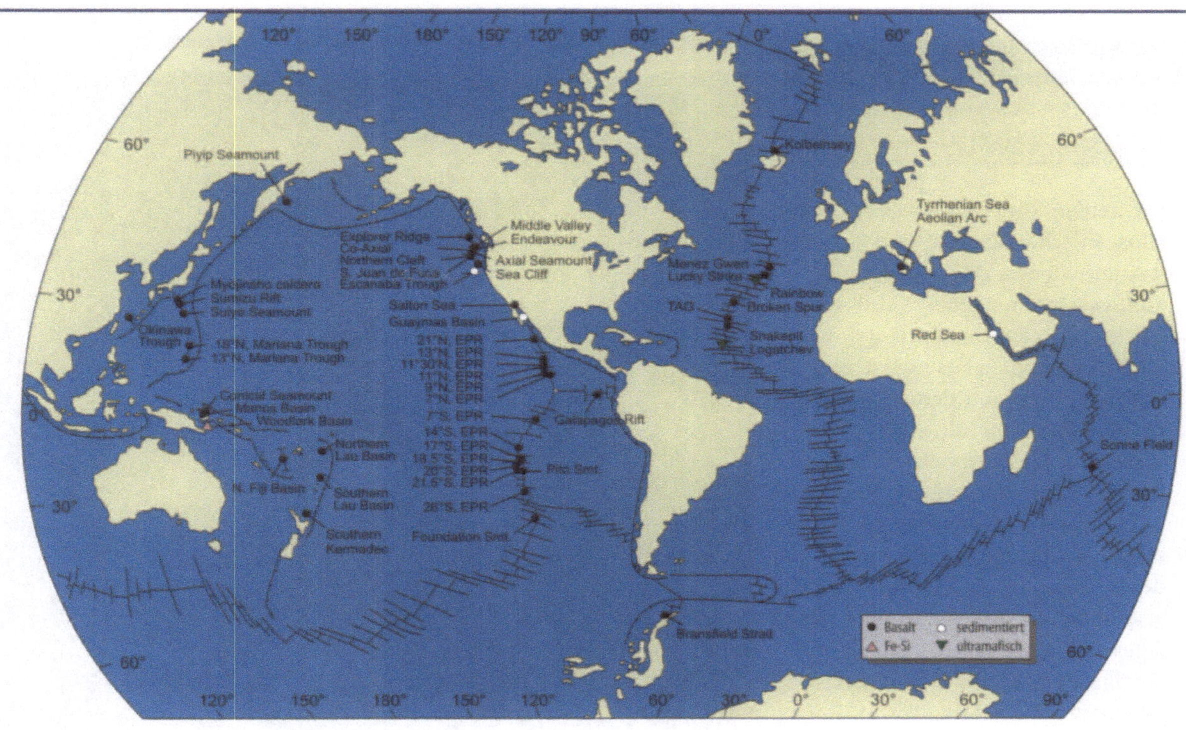

nen Wasserdampf, eine halbe Million Tonnen Kohlendioxyd und etwa 130 000 Tonnen Schwefeldioxyd aus. Innerhalb der letzten 10 000 Jahre waren in diesem Dampf eine Million Tonnen Kupfer und etwa 350 Kilogramm Gold enthalten. Messungen während verschiedener Aktivitätsphasen des Ätna ergaben einen Ausstoß von über 500 Tonnen Kupfer und bis zu 1 200 Kilogramm Gold im Jahr. Der Vulkan Mount St. Augustine in Alaska, der während einer Eruption im Jahre 1976 vermessen wurde, stieß hochgerechnet sogar etwa 1 200 Tonnen Kupfer jährlich aus.

Eine der geowissenschaftlich interessantesten Fragen ist dabei, wie denn die Metalle in den derart großen, gemessenen Mengen in das Magma gelangen. Im Erdmantel, dem Ursprungsort des Magmas, dominieren Silikatgesteine in verschiedenen Phasenzuständen mit Silizium, Magnesium, Eisen, Kalzium und Sauerstoff als den häufigsten Elementen. Die wertvollen Bunt- und Edelmetalle kommen darin aber höchstens als Spurenelemente vor. Die wichtigste Quelle für die Metalle ist die Erdkruste selbst. In den Subduktionszonen, beispielsweise unter der Westküste Südamerikas oder vor Japan, wird die chemisch wesentlich vielseitigere Erdkruste zurück in den Erdmantel transportiert. Bei diesem „Recycling" gelangen auch jene Metalle, die sich im Laufe der Erdgeschichte als Oxyde, Sulfate oder in anderen chemischen Verbindungen in der Erdkruste angesammelt haben, wieder in den Erdmantel. Die abtauchende Kruste schmilzt dann im Erdman-

Tiefseefauna
Wo die Chemosynthese das Leben regiert

Die heißen Mineralquellen der mittelozeanischen Rücken sind keine sterilen Wüsten. Dort, wo nie ein Sonnenstrahl hingelangt und wo das Wasser eine chemisch aggressive hydrothermale Lösung ist, gibt es Lebensformen, von deren Existenz Biologen bis zum Jahre 1977 nichts wußten. Insgesamt mehr als 300 Arten von Bakterien, Würmern und Schalentieren wurden mittlerweile zwischen den Black Smokern entdeckt. Diese Mineralquellen sind also nicht nur die Wiege vieler Erzlagerstätten, sie geben auch einer einzigartigen Fauna eine ungewöhnliche Heimstatt.

Um zu verstehen, wie sich in diesen so unwirtlich erscheinenden Tiefen Leben entwickeln und halten konnte, arbeiten Meeresbiologen eng mit Geologen und Chemikern zusammen. Der Schlüssel zum Verständnis dieser Tiefseefauna liegt in dem Wechselspiel zwischen den durch hydrochemische Reaktionen in der Erdkruste gelösten Mineralen im Wasser und biologischer Aktivität. Den wichtigsten Beitrag liefern dabei jene Bakterien, die in der Lage sind, den im Wasser gelösten Schwefelwasserstoff chemisch umzusetzen. Aus dieser Chemosynthese beziehen sie ihre Energie, so ähnlich wie viele Lebewesen im sonnenbeschienenen Teil unseres Planeten bei der Photosynthese aus Licht ihre Energie gewinnen. Die Tiefseebakterien, die oft dichte, weißgefärbte Matten rund um die Hydrothermalquellen bilden, sind Nahrungsgrundlage für alle anderen Kreaturen in dieses Ökosystems. Manchmal gehen Bakterien auch

eine Symbiose mit anderen Lebewesen ein, so etwa mit den großen, oft mehr als einen Meter langen Röhrenwürmern. Das Innere eines solchen Wurms besteht aus einem braunen, schwammigen Gewebe, das nichts anderes als eine Bakterienkultur ist. Ein Gramm dieses Gewebes enthält bis zu zehn Milliarden Bakterien. Der Blutkreislauf des Wurms führt den zur Ernährung der Bakterien nötigen Schwefelwasserstoff heran. Der Wurm lebt anschließend von der Verdauung der

BILD 15.6.
Ein Wechselspiel zwischen geologischer, hydrochemischer und biologischer Aktivität macht das Leben an den heißen Quellen der Tiefsee überhaupt erst möglich

Mikroben. Trotz intensiver Erforschung dieses submarinen Ökosystems sind noch viele Fragen offen. So ist beispielsweise noch unklar, wie die Faunen heiße Quellen überhaupt besiedeln können.

tel zu Magma auf, das anschließend im sogenannten Subduktions-
vulkanismus wieder an die Erdoberfläche tritt.

CHROM UND PLATIN IN ERSTARRTER MAGMA

Außerdem kann das Magma, während es sich vom Erdmantel durch
die etwa 30 Kilometer dicke Erdkruste in Richtung Erdoberfläche
bewegt, Metalle aus dem Krustengestein ausschmelzen. So haben
isotopenchemische Untersuchungen an den porphyrischen Kupfer-
erzlagerstätten in Arizona ergeben, daß das Kupfer in den granit-
ähnlichen Wirtsgesteinen der Lagerstätten wahrscheinlich aus dem
Grundgebirge unter dem Wüstenstaat stammt.

Im Falle der dunklen, olivinreichen Magmen werden im Laufe der
Abkühlung metallhaltige Minerale durch Kristallisation aus dem
Magma ausgefällt. Sie können sich dabei zu Lagerstätten mit einem
hohen Metallanteil anreichern. Das typische Beispiel solcher „liquid-
magmatischen Lagerstätten" ist der Bushveldkomplex in Südafrika,
eine vor Jahrmillionen in der Erdkruste erstarrte Magmamasse mit
einer elliptischen Grundfläche von etwa 450 mal 240 Quadratkilometern und einer Mächtigkeit von etwa 8 000 Metern. Darin findet man
verschiedene Horizonte, in denen bestimmte Metalle angereichert
sind. Die untersten Schichten enthalten Chrom. Man findet dort auch
in dem von dem deutschen Geologen Merensky entdeckten und nach
ihm benannten fossilen Riff die weltweit größte Anreicherung von
Platinmetallen. Darüber hinaus werden im Bushveldkomplex Titano-
magnetiterze abgebaut, die zusätzlich erhebliche Mengen des wichtigen Stahlveredlers Vanadium enthalten.

Die Frage nach der Entstehung der Erzlagerstätten zeigt, wie komplex das System Erde ist. Jedes Erzvorkommen, sei es das Bushveld
oder die abertausend Gänge im Erzgebirge, hat dabei seine eigene,
vielfältige Geschichte, die zum Teil nur in Grundzügen entschlüsselt
ist. Wenn die Lagerstättenkundler aber in die tiefen Löcher von Neves
Corvo oder Kidd Creek blicken, wissen sie zumindest, daß es sich hier
um die fossilen Äquivalente der Black-Smoker-Vorkommen der Tiefsee handelt. Tief unter der Oberfläche der Ozeane findet nämlich jenes komplexe Wechselspiel zwischen Meerwasser und jungen Basalten statt, das zur Bildung der Erzlagerstätten geführt hat, die heute
zu den wichtigsten Buntmetall-Lieferanten der Welt zählen. Die Black
Smoker am Meeresboden sind dabei nicht nur die Schlote der untermeerischen Erzhütten. Sie sind gleichzeitig auch ein außergewöhnliches natürliches Labor, in dem die Geowissenschaftler die Stoffkreis-
läufe der Tiefsee entschlüsseln können.

Jeder Vulkanausbruch zeigt aufs neue die gewaltige, in der Erde steckende thermische Energie. Sie ist in der Lage, Millionen Tonnen Gestein zu feinstem Pulver zu zerstäuben und stundenlang mit der Geschwindigkeit von Rennwagen aus einem Vulkanschlot zu blasen. Obwohl bei einem einzigen Vulkanausbruch oft mehr Arbeit geleistet wird als in allen Kraftwerken der Erde zusammen, eignen sich die Feuerberge nicht zur Energiegewinnung. Ihre Ausbrüche sind zu zerstörerisch, ihre Energiefreisetzung zu stürmisch, als daß ihr von Menschen geschaffene Anlagen standhalten würden. Gewiß, in den Vulkangebieten Islands, Japans, Neuseelands und vereinzelt auch anderswo wird die in der Erde steckende Wärme zur Elektrizitätserzeugung und zum Heizen von Wohnungen und Gewächshäusern eingesetzt. Insgesamt können aber alle 200 Geothermalkraftwerke, die es zur Zeit gibt, nur etwa 8 500 Megawatt elektrische Leistung liefern. Im Rahmen eines Gemeinschaftsprojektes versuchen nun deutsche und französische Geowissenschaftler, die Energie aus dem Bauch der Erde nutzbar zu machen.

BILD 16.1.
Die Geysire im Yellowstone-Nationalpark sind Symbole für die in der Erde steckende Wärmeenergie

16 Geothermische Energie

WÄRME AUS DEM BAUCH DER ERDE

Der Fahrsteiger muntert den frierenden Besucher auf, als beide auf den Förderkorb warten. Der Winterwind pfeift eiskalt durch die großen Öffnungen im Fördergerüst, vor allem hier an der Hängebank, jenem Haltepunkt des Förderkorbes, an dem die Bergleute zur Seilfahrt einsteigen. Unter Tage werde es schon erheblich wärmer werden, meint der Steiger lachend, kurz bevor die Grubenfahrt in die Schachtanlage Walsum der Ruhrkohle AG beginnt. Tatsächlich nimmt die Temperatur schon wenige Augenblicke, nachdem sich der Förderkorb in Bewegung gesetzt hat, spürbar zu. Unter den geologischen Verhältnissen des Steinkohlereviers an der Ruhr erhöht sich die Gebirgstemperatur pro hundert Meter um etwa drei Grad. Auf der tiefsten Sohle der Zeche Walsum, mehr als 1 000 Meter unter der Erdoberfläche, wäre es deshalb knapp 40 Grad warm, würde die Schachtanlage nicht mit Frischluft bewettert.

Erst vor wenigen Jahren teufte die Ruhrkohle AG in der Nähe der Ortschaft Götterswickerhamm am Rhein einen neuen Wetterschacht ab, um das Labyrinth der von der Zeche Walsum ausgehenden Strekken, Strebe und Blindschächte tief unter der niederrheinischen Landschaft ausreichend mit Frischluft versorgen zu können. Riesige Gebläse pumpen vom Wetterschacht kühle Luft selbst in den entlegensten Teil des Bergwerkes und saugen gleichzeitig die warme, stickige Luft aus der Schachtanlage ab. Dennoch muß der Besucher dem Fahrsteiger recht geben, denn er friert unter Tage tatsächlich nicht. Vor Ort, also dort, wo im Bergwerk die Kohle abgebaut wird, ist die Hitze sogar trotz Bewetterung nahezu unerträglich. Gäbe es den Bewetterungskreislauf – kalte Luft von der Erdoberfläche zuführen, warme Luft aus dem Gebirge absaugen – heute nicht, würde sich wohl kaum noch jemand finden, um als Hauer unter Tage zu arbeiten.

Physikalisch gesehen ist die Bewetterung aber mehr als nur die Belüftung einer Schachtanlage. Im Prinzip ist dieser Kreislauf ein großer Wärmeaustauscher. Das Arbeitsleben der Bergleute wird erträglicher, weil man dem Gebirge durch die Zufuhr von Frischluft

Wetterschächte dienen in der Regel nur zur Belüftung von Schachtanlagen. Die Förderung von Kohle und der Transport der Bergleute findet in den Förderschächten statt.

Wärmeenergie entzieht. Die großen Gebläse sorgen dafür, daß diese Energie aus dem Bauch der Erde in Form warmer Abluft an die Erdoberfläche gelangt. Einen ganz ähnlichen Kreislauf machen sich Wissenschaftler derzeit am Westrand des Oberrheingrabens zunutze, um die in der Erde steckende Wärmeenergie zu nutzen. Allerdings verwenden sie in ihrer Anlage am Ortsrand von Soultz-sous-Forêts, einem romantischen Dorf im nördlichen Elsaß, Wasser statt Luft. Einen Wetterschacht wie im Ruhrgebiet brauchten sie auch nicht abzuteufen, denn zwei Bohrungen genügen, um die Energiegewinnung nach dem Hot-Dry-Rock-Verfahren (HDR) in Gang zu setzen.

BILD 16.2.
Strom aus Erdwärme zu erzeugen ist das Ziel des Hot-Dry-Rock-Projektes im elsässischen Soultz-sous-Forêts

Fernwärme

Behaglichkeit aus dem Erdinneren

Thermische Energie aus der Erde wird in Deutschland schon länger als Quelle für Fernwärme eingesetzt. Insgesamt verfügen mehr als 20 größere, zentrale Anlagen und Zehntausende kleinere Grundwasserpumpen und Erdwärmetauscher über eine Kapazität von 400 Megawatt. Sie versorgen Wohnhäuser, öffentliche Einrichtungen und Gewerbebetriebe mit Wärme. Eine der größten Anlagen wird seit 1998 in Erding bei München betrieben. Dort fördert man mehr als 65 Grad heißes Thermalwasser aus einer Malmkarstschicht in 2 300 Metern Tiefe. Die darin enthaltene Wärmekapazität reicht aus, um 2 600 Wohnungen in drei Neubaugebieten sowie Krankenhäuser, Kindergärten und Schulen mit Fernwärme zu versorgen. Mit einer jährlichen Förderung von 540 000 Kubikmetern Thermalwasser kann eine Leistung von 28 000 Megawattstunden erbracht werden.

Schon zu DDR-Zeiten wurde im Nordosten Deutschlands in größerem Umfang geothermische Energie genutzt. Bis zu 100 Grad warme Thermalwässer aus Sandsteinreservoiren speisten in den Städten Waren und Neubrandenburg geothermische Heizzentralen. Nach der Wende kam eine Anlage in Neustadt-Glewe hinzu. Insgesamt können diese drei Fernheizkraftwerke in Mecklenburg-Vorpommern eine Wärmearbeit von mehr als 50 000 Megawattstunden pro Jahr leisten. Die Grundlast wird ausschließlich geothermisch bewältigt, für Spitzenlasten wird Erdgas eingesetzt. Insgesamt beziehen in den drei Städten zur Zeit mehr als 2 000 Wohnungen, einige Hochschulgebäude sowie soziale und gewerbliche Einrichtungen daraus ihre Fernwärme.

Ein interessantes Geothermieprojekt ist für den neuen Flughafen „Berlin-Brandenburg International" in Schönefeld geplant. Sonne, Wind und die Wärme des Erdinneren sollen dabei weitgehend die Energieversorgung der Flughafengebäude

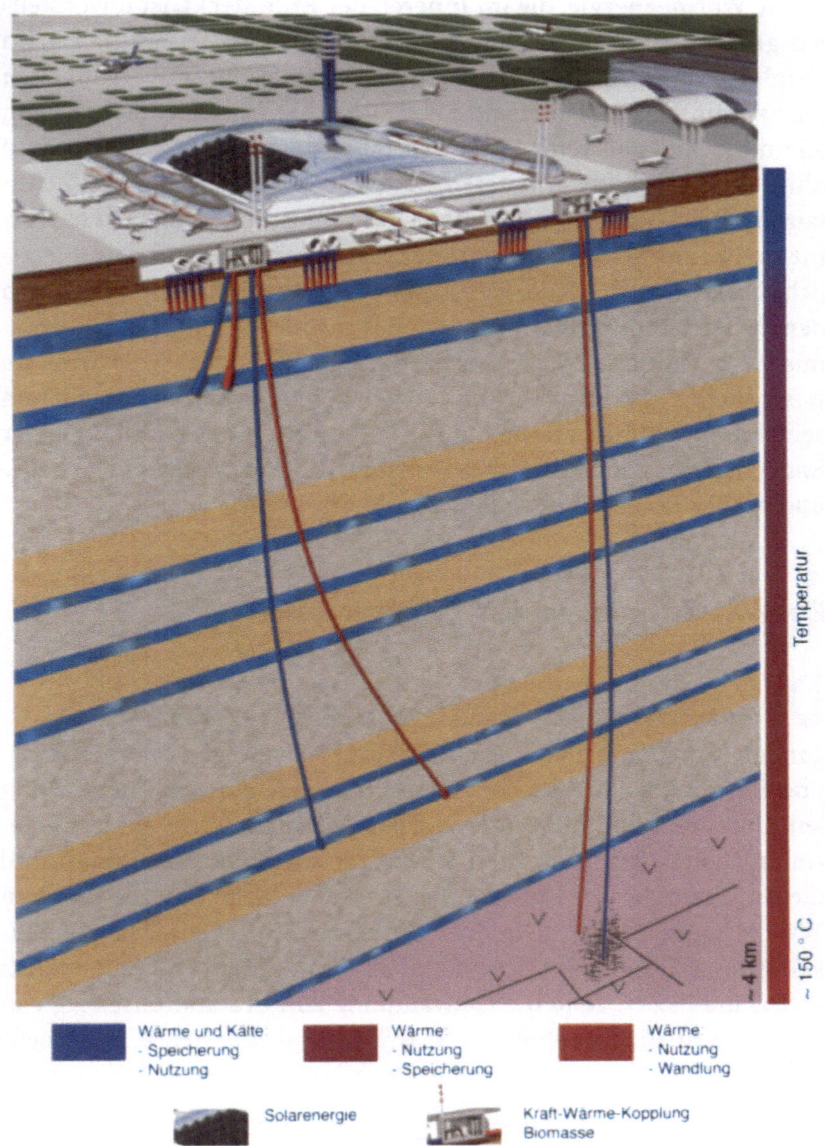

BILD 16.3.
Sonne, Wind und Geothermie könnten den größten Teil der Energie für den neuen Flughafen in Schönefeld liefern

sicherstellen. Es ist sogar vorgesehen, überschüssige Wärme im Erdreich unter dem Flughafen zu speichern.

Die Wärmeenergie, die im Inneren der Erde steckt, ist unvorstellbar groß. Man schätzt sie auf etwa 100 Milliarden Terawattjahre. Im Vergleich dazu: Alle Kraftwerke der Welt lieferten im vergangenen Jahr zusammen drei Terawatt an elektrischer Leistung. Selbst wenn alle diese Anlagen zehn Millionen Jahre unter voller Leistung und ohne Unterbrechung arbeiteten, hätten sie gerade einmal drei Zehntausendstel der internen Wärmeenergie der Erde erzeugt. Diese Wärme im Erdinnern ist der Motor der Plattentektonik und damit letztlich verantwortlich für die katastrophalen Erdbeben. Sie bedingt auch den Vulkanismus und entlädt sich dabei immer wieder in kataklysmischen Eruptionen. Die zwei für die Entstehung der Erdwärme im wesentlichen verantwortlichen Quellen könnten verschiedener kaum sein. Eine von ihnen wirkte nur für kurze Zeit, ganz zu Anfang in der Entstehungsgeschichte unseres Planeten. Die andere wirkt noch heute und hat ihr Potential noch lange nicht erschöpft.

Ein Terawatt sind eine Million Megawatt oder in wissenschaftlicher Schreibweise 10^{12} Watt. Eine Glühbirne hat eine Leistung von 100 bzw. 10^{2} Watt.

EIN WÄRMESCHATZ UNTER UNSEREN FÜSSEN

Die Erde entstand vor ungefähr 4,5 Milliarden Jahren. Damals begannen sich interstellares Gas, interplanetarer Staub sowie Gesteins- und Eisbrocken langsam zu einem Protoplaneten zusammenzuballen. Unter dem Einfluß seiner eigenen Schwerkraft fiel dieses Material auf einen gemeinsamen Schwerpunkt. Beim Zusammenprall dieser Massen wurde die in ihnen steckende Gravitationsenergie in Wärme umgewandelt. Die Entstehung der Protoerde dauerte vielleicht 200 Millionen Jahre und nur während dieser, erdgeschichtlich recht kurzen Zeit, fand die Umwandlung von Gravitationsenergie in Wärme statt. Ein Großteil dieser „Urhitze" ist aber heute, nach mehr als vier Milliarden Jahren, immer noch im Inneren der Erde gespeichert.

Die andere, weitaus größere Wärmequelle in der Erde ist dagegen der radioaktive Zerfall. Uran-235, Uran-238, Thorium-232 und Kalium-40 sind die häufigsten radioaktiven Isotope in den Gesteinen der Erde. Allerdings ist die Erde kein Kernkraftwerk. In einem Atommeiler ist der Wärmegewinn aus radioaktiven Stoffen technisch optimiert. Dazu müssen die radioaktiven Isotope zunächst „angereichert" werden. Dabei wird ihr Mischungsverhältnis mit nichtspaltbaren Isotopen des gleichen chemischen Elementes erheblich zugunsten der radioaktiven Isotope verschoben. Nur dann kann eine Kettenreaktion entstehen, die in kontrollierter Form die Kernkraftwerke treibt, aber auch unkontrolliert in Atombomben unsere ganze Erde zerstören kann.

Von allen Gesteinen enthält Granit die höchste Konzentration radioaktiver Isotope. In einem Kubikmeter dieses Gesteins erzeugen sie eine Wärmeleistung von fast 2 800 Watt.

Eine solche Kettenreaktion findet im Erdinneren nicht statt. Vielmehr ist es die bei dem natürlichen Zerfall dieser Atomkerne entstehende Wärme, die das Innere der Erde bis weit über den Schmelzpunkt der Gesteine aufheizt. Geowissenschaftler schätzen, daß seit der Entstehung der Erde bisher höchstens ein Drittel des gesamten radiogenen Potentials aus dem Erdinneren in Wärme umgesetzt wurde. Zusammen mit der Hitze aus der Urzeit bildet diese Energie also einen „Wärmeschatz", der zu unseren Füßen schlummert. Gegenüber fossilen Energieträgern oder der Kernenergie hat diese Wärmequelle erhebliche Vorteile, denn bei ihrem Einsatz entstehen weder umweltschädliche Abgase noch Abfall, der für Jahrtausende sicher aufbewahrt werden muß. Außerdem ist nicht zu befürchten, daß die-

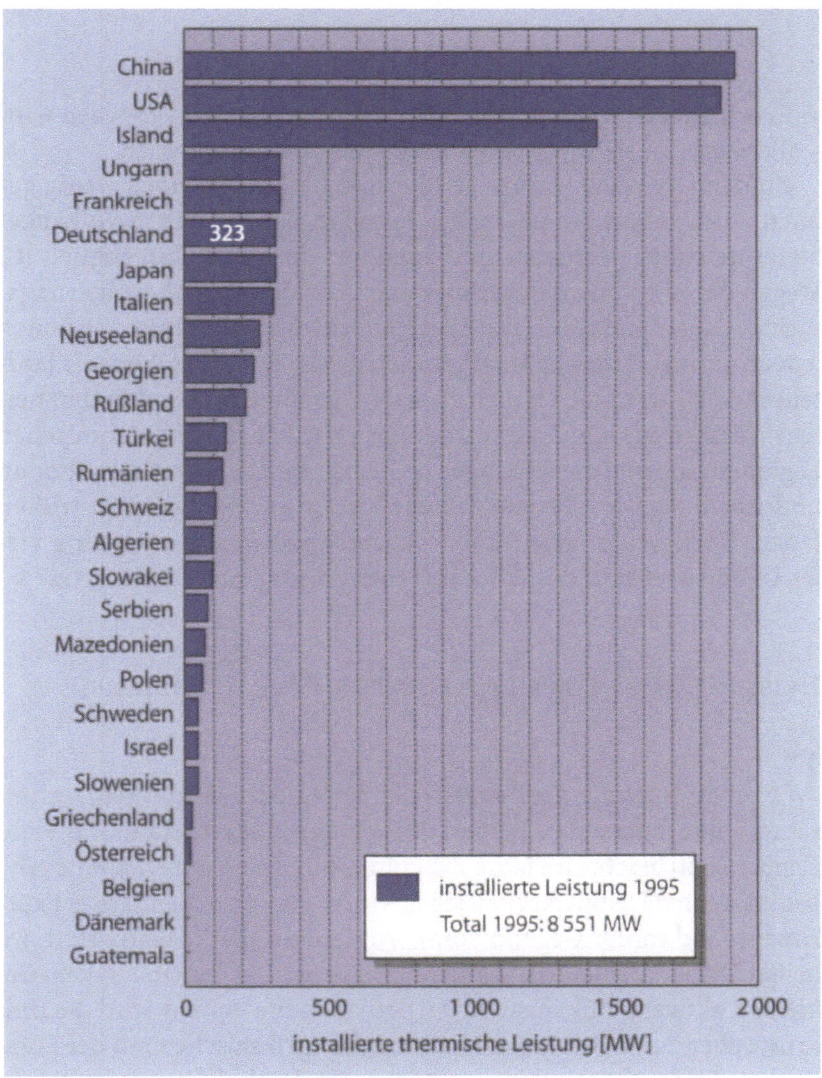

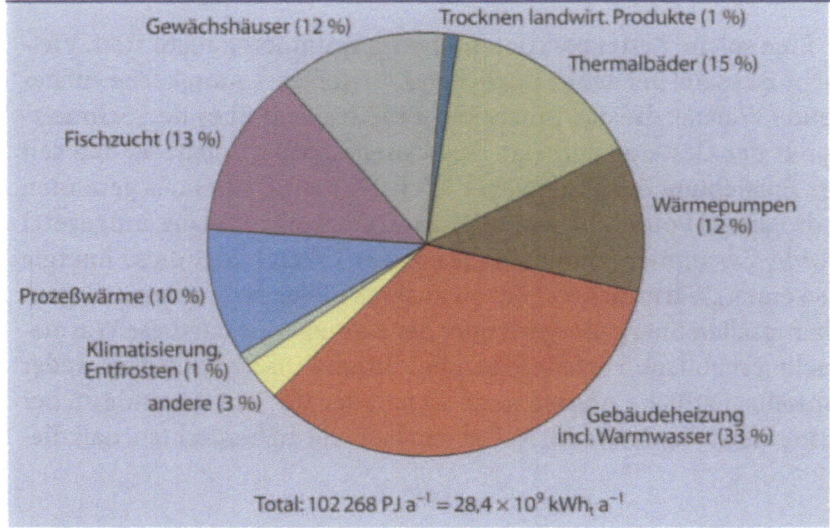

BILD 16.5.
Fernwärme bildet mit weltweit fast 40 Prozent zur Zeit den größten Anteil der Nutzung geothermischer Energie

se Energiequelle irgendwann in der näheren Zukunft versiegen wird – allerdings ist sie bisher noch weitgehend unerschlossen.

Zu den Gründen, warum geothermische Energie noch wenig genutzt wird, gehört zweifellos die Tatsache, daß sie nur in Vulkangebieten reichlich verfügbar und auch nur dort leicht zugänglich ist. Wegen der mit Vulkanen verbundenen Gefahr ist die Bevölkerungsdichte – und damit auch die Energienachfrage – in diesen Regionen jedoch gering. Dennoch wird geothermische Energie schon seit Jahrtausenden – wenngleich meist passiv – genutzt. Das Bad in den heißen Wässern aus dem Inneren der Erde war Labsal für die römischen Legionen, spornte die Wikinger im eiskalten isländischen Winter an und war integraler Bestandteil der Kultur und Religion im frühen Japan. Noch heute versprechen Thermalquellen die Linderung vieler Leiden und sind deshalb das Zentrum so manchen Kurortes.

HEISSER DAMPF LIEFERT STROM FÜR FÜNF GLÜHBIRNEN

Die erste Nutzung geothermischer Energie im modernen, technischen Sinne fand erst zu Beginn des 20. Jahrhunderts statt. Graf Piero Genori Conti brachte im Jahre 1904 fünf Glühbirnen mit Hilfe eines Dynamos, der mit Heißdampf betrieben wurde, zum Leuchten. Dieses Experiment fand in der Gegend von Larderello in der Toskana statt, wo heißer Dampf aus natürlichen Quellen austritt. Die Toskana ist kein Gebiet mit aktivem Vulkanismus. An der Westseite Italiens wird die Erdkruste aber durch den Zusammenstoß der Afrikanischen mit der Eurasischen Lithosphärenplatte zertrümmert. Deshalb kann das heiße, zähflüssige Gestein aus dem Erdmantel der Toskana bis knapp unter die Oberfläche gelangen und dort Grundwasser geothermisch aufheizen.

GEOENERGIE FÜR DAS SILICON VALLEY

Der französische Ingenieur François Lardarel nutzte im Jahre 1827 erstmals geothermische Energie als Prozeßwärme zur Gewinnung von Bor, Vitriol und Alaun aus den heißen Dämpfen der Toskana.

Neun Jahre nach seinem Experiment mit dem Dynamo baute Conti in Laderello das erste Geothermalkraftwerk der Welt. Diese Anlage war in der Lage, bis zu 250 Kilowatt an elektrischer Leistung zu liefern und stellte Strom für jene Fabriken zur Verfügung, in denen die in den heißen Dämpfen gelösten Minerale gewonnen wurden. Mittlerweile gibt es zahlreiche Geothermalkraftwerke in Laderello. Ihre Gesamtleistung von 650 Megawatt wird in das Netz des nationalen Energieversorgungsunternehmens Italiens, ENEL, eingespeist. Mindestens viermal so groß aber ist die Leistung der Geothermalkraftwerke im Bereich „The Geysers", etwa 120 Kilometer nördlich von San Francisco. Mit dem dort aus der Erdwärme erzeugten Strom wird nicht nur die Stadt am Goldenen Tor, sondern auch so manches High-Tech-Unternehmen im Silicon Valley versorgt. Insgesamt kommen etwa sechs Prozent des elektrischen Stroms Kaliforniens aus den Geothermalkraftwerken des „Geyserfeldes".

Trotz dieser vereinzelten Erfolge hat sich die Nutzung der geothermischen Energie noch längst nicht weltweit durchgesetzt. Das liegt zum einen daran, daß sich bisher die meisten Versuche, Erdwärme zu nutzen, auf natürliche Reservoire von Heißwasser oder Dampf stützten. Solche Lagerstätten sind aber selbst in Vulkangebieten recht selten. Außerdem zeigt die Entwicklung des Geyserfeldes in Nordkalifornien, daß diese Reservoire nicht „überstrapaziert" werden dürfen. Innerhalb von knapp zehn Jahren wurde nämlich die dort installierte Kraftwerksleistung auf inzwischen mehr als zwei Gigawatt verdoppelt. Das hatte eine allgemeine Senkung des Dampfdrucks im Reservoir zur Folge, was insgesamt den Wirkungsgrad der Kraftwerke erheblich herabsetzte. Gleichzeitig führen die im heißen Wasser und vor allem im Dampf gelösten Minerale oft zu starker Korrosion in den Kraftwerken. Sie stellt ein erhebliches technisches Problem vor allem in den Turbinen dar und kann damit den Preis für geothermisch gewonnenen Strom in die Höhe treiben.

Weitgehend ungenutzt blieb dagegen bisher jene saubere Form der Erdwärme, die überall zu unseren Füßen im „Hot Dry Rock" gespeichert ist. Das deutsch-französische Gemeinschaftsprojekt im elsässischen Soultz-sous-Forêts ist derzeit das weltweit führende Forschungsprojekt dieser Art. Die Versuchsanlage läuft so erfolgreich, daß Energieversorgungsunternehmen aus dem südwestdeutschen Raum und aus Frankreich bereits ihr Interesse an einem auf diese Art beheizten Kraftwerk angemeldet haben. Im Prinzip läßt sich die im Gestein steckende thermische Energie nach dem HDR-Verfahren denkbar einfach gewinnen – analog zur Bewetterung eines Bergwerkes. Das warme Tiefengestein wird dazu an drei, wenige hundert Meter voneinander entfernten Stellen von der Erdoberfläche aus angebohrt. Durch die mittlere Bohrung wird kaltes Wasser in die Tiefe geschickt, das sich dann im Gestein unter Tage aufheizt. Das erwärmte

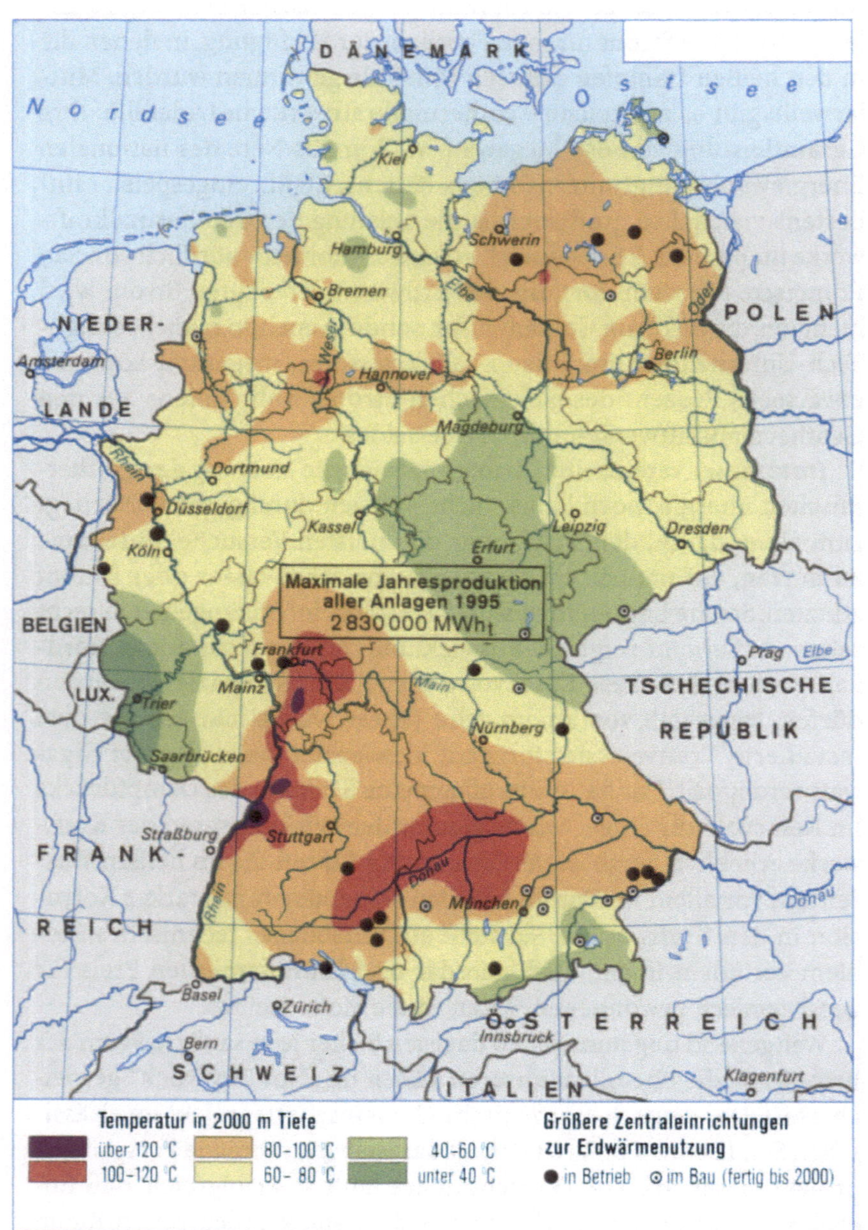

BILD 16.6.
So heiß ist der Untergrund Deutschlands in 2 000 Metern Tiefe. Unter dem Rheingraben sowie unter den Voralpen befinden sich die größten Wärmereservoire

Wasser kann schließlich durch die beiden anderen Bohrungen wieder ans Tageslicht gefördert werden.

Die Verhältnisse in der Erdkruste sind aber nicht ganz so einfach, wie sie in dem Gedankenexperiment dargestellt wurden. Zwar gibt es in fast jedem Gestein überall kleine Klüfte und Spalten, durch die Wasser dringen kann. Diese Öffnungen sind aber meist so eng, daß durch sie nicht genügend Wasser fließen kann, um eine solche Anlage wirtschaftlich zu betreiben. Außerdem müßte man wegen der „geothermischen Tiefenstufe" in Mitteleuropa sehr tief bohren, um in richtig heißes Gestein zu gelangen. Einhundert Grad werden gewöhnlich erst in 3 300 Metern Tiefe erreicht. Da diese Temperatur aber zur ökonomischen Energiegewinnung nicht ausreicht, müßte man erheblich tiefer bohren, was wiederum sehr teuer ist.

WASSER STRÖMT DURCH KÜNSTLICHE RISSE UND KLÜFTE

Zum Glück gibt es auch in Mitteleuropa Gebiete, unter denen die Temperatur der Erdkruste mit der Tiefe sehr viel schneller als gewöhnlich zunimmt. Eine dieser geothermischen Anomalien befindet sich am Westrand des Oberrheingrabens, also unter der Pfalz und dem nördlichen Elsaß. Dort würde ein in einen Schacht herabgelassenes Thermometer schon alle 23 Meter ein Grad mehr anzeigen, und nicht erst alle 33 Meter, wie sonst üblich. Auch das Problem des geringen Wasserflusses durch das Tiefengestein ist heute technisch lösbar. Der untere Bereich eines Bohrloches läßt sich nämlich unter einen derart hohen Überdruck setzen, daß das Gestein in seiner direkten Umgebung entlang der bereits vorhandenen kleinen Klüfte und Spalten platzt. Diese künstlich erzeugten „Fracs" weiten das natürliche Kluftsystem so stark auf, daß schließlich ein ausreichender Wasserfluß gewährleistet ist.

Schon im Jahre 1987 begannen Geowissenschaftler aus Deutschland und Frankreich mit Unterstützung beider Regierungen und der Europäischen Union mit der genaueren Untersuchungen der Anomalie im westlichen Oberrheingraben. Man konzentrierte sich dabei auf ein Gebiet in der Nähe der Ortschaft Soultz-sous-Forêts. Dort gibt es inzwischen sechs Bohrungen, von denen vier hauptsächlich der begleitenden Forschung dienen und mit Meßinstrumenten gespickt sind. Die eigentliche Energiegewinnung findet in den zwei Hauptbohrungen statt, von denen eine bis in 3 590 Meter, die andere bis in 3 876 Meter Tiefe reicht. Dort unten herrscht eine Temperatur von etwa 170 Grad. Zwischen diesen beiden Bohrungen wurde ein System künstlicher Risse im kristallinen Gestein erzeugt. Sie ermöglichen einen ausreichenden Wasserdurchfluß.

ZEHN MEGAWATT AUS KOCHENDEM WASSER

Im Sommer und Herbst 1997 wurde zum erstenmal im großen Maß-stab Wasser durch das Gestein unterhalb von Soultz gepumpt. Dazu wurden in eine der beiden Hauptbohrungen pro Stunde etwa 90 Ton-nen Wasser unter einem Druck von 20 Bar gepreßt. Innerhalb von vier bis fünf Tagen bahnte sich das Wasser unterirdisch einen Weg durch die künstlich erzeugten Fracs zur etwa 450 Meter entfernten zweiten

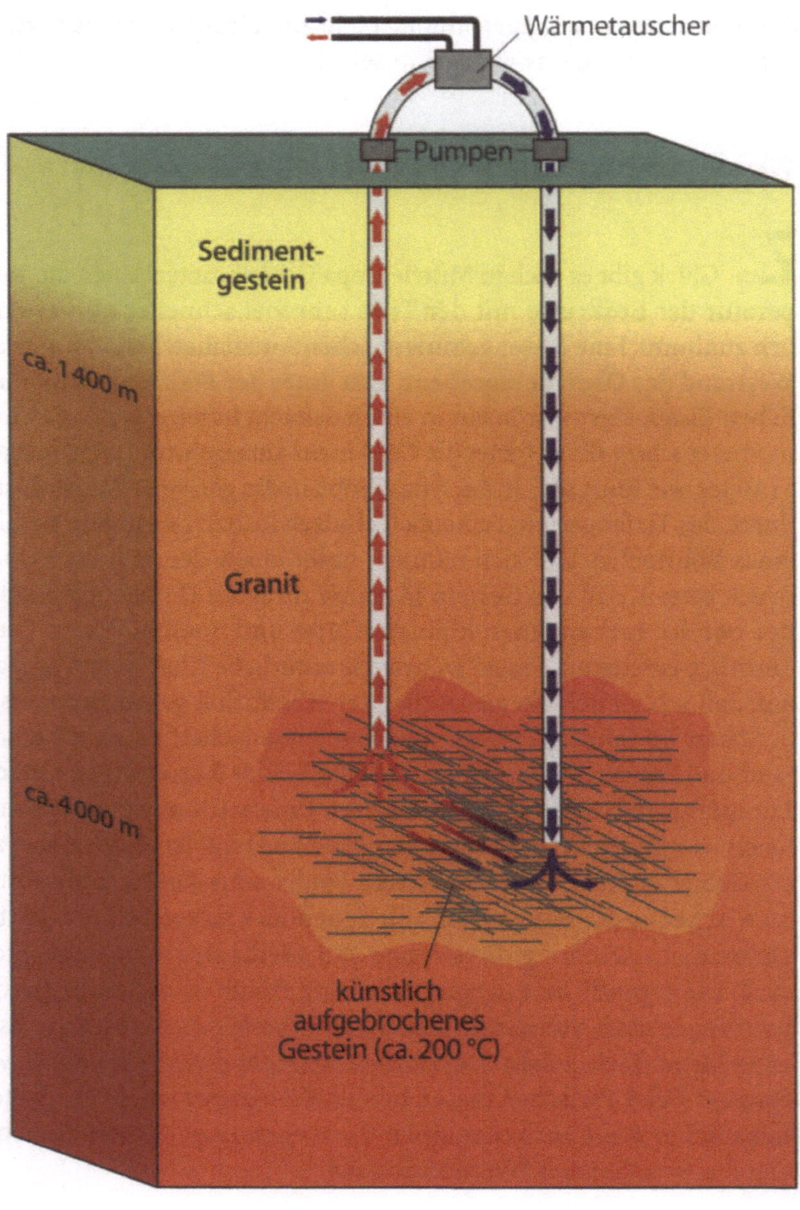

BILD 16.7.
Kaltes Wasser in die Tiefe, heißes Wasser zu Tage: Das Prinzip des Hot-Dry-Rock ist denkbar einfach. Im Detail ist es jedoch schwierig, in der großen Tiefe eine gute Verbin-dung zwischen den beiden Bohrlö-chern herzustellen

Bohrung. Dabei heizte es sich soweit auf, daß es mit 142 Grad zu Tage trat, nachdem es aus der zweiten Bohrung abgepumpt wurde. Diese thermische Energie entzog man dem Wasser anschließend in einem Wärmetauscher. Dabei ging sie unter einem Umsatz von etwa 10 Megawatt thermischer Leistung in einen Sekundärkreislauf über. Das abgekühlte Wasser floß schließlich zurück zur ersten Bohrung und wurde dort erneut in die Tiefe gepumpt.

Bei dem mehrere Monate dauernden Großversuch im Sommer 1997 wurde die im Sekundärkreislauf steckende Energie noch nicht genutzt. Nach Meinung von Jörg Baumgärtner, dem deutschen Projektkoordinator in Soultz, könnte daraus in einem Kraftwerk aber etwa ein Megawatt elektrischer Leistung erzeugt werden. Da die Pumpen für den Primärkreislauf etwa 250 Kilowatt benötigen, könnte die Anlage netto 750 Kilowatt elektrischer Leistung abgeben. Das reicht keinesfalls zur wirtschaftlichen Stromgewinnung aus. Der Wirkungsgrad würde aber erheblich steigen, wenn das aus dem Gestein kommende Wasser eine höhere Temperatur besäße.

Mit dem Versuch konnten die Geowissenschaftler in Soultz erstmals nachweisen, daß ein Wasserfluß mit konstanter Temperatur über längere Zeit aufrecht erhalten werden kann. In einem nächsten Schritt ist geplant, entweder eines der Bohrlöcher auf 5 000 Meter zu vertiefen oder ein neues Loch bis in diese Tiefe zu bohren. Fünf Kilometer unter der Geländeoberfläche ist das Gestein unter Soultz mindestens 200 Grad warm. Das eingepreßte Wasser könnte dann mit einer Temperatur von etwa 180 Grad gefördert und in den Wärmetauscher gepumpt werden. Verschiedene an dem Projekt beteiligte Energieversorgungsunternehmen haben bereits Interesse geäußert, die dann im Sekundärkreislauf steckende thermische Energie in Strom umzuwandeln. Dabei ließen sich nach ersten Schätzungen mehrere Megawatt elektrischer Leistung umweltfreundlich erzeugen.

Es gibt keinen Rohstoff, auf den die Menschheit mehr angewiesen ist, es gibt aber auch keinen, mit dem sie so selbstverständlich und gedankenlos umgeht wie mit Wasser. Dieses klare Naß, so scheint es, gibt es in Hülle und Fülle. Im Alltag der Industrieländer wird man sich des Wassers höchstens dann bewußt, wenn es einmal für ein paar Stunden fehlt. Die Einwohner vieler Entwicklungsländer und arider Gebiete haben dagegen eine andere Einstellung zum Wasser. Für sie ist jeder Tropfen ein wertvolles Gut, mit dem sie sorgsam umgehen. Auch wenn es in Mitteleuropa mehr als genug Grundwasser gibt, ist die Versorgung mit Trinkwasser hierzulande nicht immer problemlos, denn immer häufiger gelangen Schadstoffe in Böden und so in den Wasserkreislauf. Geowissenschaftler, vor allem Hydrogeologen und Geochemiker, helfen mit, die daraus resultierenden Schäden einzudämmen. Sie legen aber auch in vielen Teilen der Welt die Grundlagen für den Aufbau einer ausreichenden Versorgung der Bevölkerung mit Trinkwasser guter Qualität.

17 Grundwasser

GEFAHR DURCH GOLDENE KRÜMEL

Aus der Ferne betrachtet verschwimmen die Größenordnungen. Man sieht dem Gefährt nicht an, wie hoch seine beiden Ausleger in die Luft ragen. Unterdessen rinnt von einem dritten, noch längeren stählernen Arm unablässig etwas, das von weitem wie feines Pulver aussieht, in ein tiefes Loch. Auf Dutzenden Stahlrädern rollt das Gefährt dabei langsam, ganz langsam über einen breiten Schienenstrang an dem Loch vorbei. Erst, als sich der Beobachter auf einige hundert Meter nähert und dabei einen neben dem Gefährt geparkten Lastwagen erkennt, wird ihm die wahre Größe dieses Ungetüms bewußt. Mehr als dreißig Meter hoch reichen die Ausleger dieses „Absetzers" in den Himmel. Was aus der Ferne wie feines Pulver erschien, stellt sich jetzt als dicker Klumpen von Erdreich heraus. Auch das Loch bekommt in dem Moment, an dem man an seinen Rand tritt, eine völlig andere Dimension. Es handelt sich um einen mehr als hundert Meter tiefen ehemaligen Tagebau, den der Absetzer nun ganz allmählich mit jenem Material verfüllt, das ohne Unterlaß über seinen Ausleger fließt.

Solche Tagebaue, aus denen Braunkohle gewonnen wird, gibt es in Deutschland an mehreren Orten. In der Niederrheinischen Bucht zwischen Köln und Aachen befindet sich die bedeutendste Braunkohlelagerstätte Europas. Die Flöze des Weißelsterbeckens, südlich von Leipzig, und die der Niederlausitz, zwischen Cottbus und Dresden, waren vor der Wende die wichtigste Primärenergiequelle der ehemaligen DDR. Mehr als 30 Millionen Jahre, seit dem frühen Oligozän, ruhten die Kohlenflöze in den Sedimenten dieser Becken. Wenn jedoch die in ihrer Größe mit den Absetzern vergleichbaren Bagger zulangen, fördern sie nicht nur Kohle und damit fossile Energie zutage. Im Nebengestein der Braunkohlenflöze befinden sich auch Sedimentschichten, die einige Prozent des Minerals Pyrit enthalten.

Als „Narrengold" führte diese Verbindung aus Schwefel und Eisen schon so manchen Goldwäscher an der Nase herum. Wegen der gol-

Braunkohle hat einen Kohlenstoffgehalt von bis zu 70 Prozent, Steinkohle besteht dagegen zu über 80 Prozent aus Kohlenstoff.

denen Farbe des Schwefelkieses glaubten viele Goldsucher nämlich voreilig, das echte Edelmetall in ihren Pfannen entdeckt zu haben. In Wirklichkeit waren die kleinen Pyritkrümel völlig wertlos. Auch bei der Förderung der Braunkohle stören die pyrithaltigen Schichten nur. Die Bergleute betrachten sie deshalb als Abraum und füllen damit meist die bereits ausgekohlten Bereiche des Tagebaues. Selbst wenn der Weg von der ursprünglichen Lagerstätte zu seinem neuen Ruheplatz nur wenige Kilometer beträgt und die Reise nur einige Stunden dauert, beginnt sich der Pyrit dabei chemisch zu verändern. Sobald er mit Sauerstoff und Feuchtigkeit in Kontakt kommt, zerfällt er über verschiedene Zwischenstufen zu Schwefelsäure. Diese Reaktion wird durch das Bakterium *Thiobacillus ferrooxidans* mikrobiell katalysiert. Dieser Mikroorganismus ist in Böden allgegenwärtig und kann die Pyritverwitterung gegenüber sterilen Bedingungen um Zehnerpotenzen beschleunigen.

Thiobacillus ferrooxidans wurde erstmals im Jahre 1947 in Grubenwässern nachgewiesen. Das Bakterium wird heute im Bergbau sogar zur Metallgewinnung mittels mikrobieller Laugung eingesetzt.

SAURE WÄSSER LÖSEN SCHWERMETALLE

In ariden Gebieten bleibt die Umwandlung des Pyrits und seines engen Verwandten, des Markasits, in Sulfat weitgehend ohne Konsequenzen für das Grundwasser. Kommen die Sulfatsalze jedoch mit Niederschlagswasser in Kontakt, lösen sie sich auf. Dabei entstehen chemisch „saure" Sickerwässer mit extrem niedrigen pH-Werten sowie Eisen- und Sulfatgehalten in der Größenordnung einiger Gramm pro Liter. Diese sauren Wässer können nicht nur die chemische Zusammensetzung des Grundwassers verändern. Sie sind auch in der Lage, in Böden gebundene und damit zunächst immobile Schwermetalle zu lösen und ins Grundwasser zu spülen. Vor allem dann, wenn der Grundwasserspiegel nach der vollständigen Verfüllung eines ausgekohlten Tagebaues wieder ansteigt, kommt es zum unmittelbaren Kontakt zwischen Grundwasser und den sauren Sickerwässern. Nahezu überall dort, wo Bergbau betrieben wird, fallen mit dem Abraum Pyrit und damit auch die als „Acid Mine Drainage" bezeichneten sauren Wässer an.

Überall, wo in solchen Gegenden das Grundwasser als Quelle für Trinkwasser dient, können diese sauren Sickerwässer mit ihren hohen Eisen- und Sulfatgehalten sowie den gelösten Schwermetallen zu Problemen bei der Wasserversorgung führen.

Dennoch erwies sich die im vergangenen Jahrhundert in Deutschland gefällte Entscheidung, Trinkwasser weitgehend aus Grundwasser zu gewinnen, als Segen für unser dichtbevölkertes Land. Grundwasser gibt es bei uns mehr als genug. Zum Beispiel fließen unter dem

BILD 17.2.
Wasser mit den Eigenschaften einer
Säure: Durch Pyritverwitterung ver-
sauern infolge des Bergbaus oft Ober-
flächen- und Grundwasser

Land Hessen jährlich mehr als 1,2 Milliarden Kubikmeter Grundwasser. Von dieser, in der Fachsprache als „dynamisches Dargebot" bezeichneten Menge nutzen die hessischen Wasserwerke etwa 45 Prozent. Dieser Anteil erscheint auf den ersten Blick recht hoch. Im Untergrund Hessens sind aber insgesamt etwa 60 Milliarden Kubikmeter Grundwasser gespeichert. Dieses „statische Dargebot" ist zwar potentiell nutzbar, wird aber nicht als Trinkwasser genutzt. Es dient als langfristige Reserve zur Überbrückung von Trockenjahren.

Neben der im nördlichen Mitteleuropa nahezu uneingeschränkten Verfügbarkeit von Grundwasser wird dessen Qualität im Gegensatz zu Trinkwasser, das aus Oberflächenwasser gewonnen wird, weder durch lange Dürreperioden noch durch Überschwemmungen beeinflußt. Selbst von katastrophalen Schadensfällen, wie dem „Sandoz-Unfall" am Oberrhein im Jahre 1986, bleibt das Grundwasser meist weitgehend verschont. Die deutschen Wasserwerke beziehen mehr als zwei Drittel ihres Trinkwassers aus Grundwasser, in Österreich ist es dagegen nur knapp die Hälfte, in der Schweiz sind es etwa 42 Prozent und in Großbritannien ist es gut ein Viertel. In den USA dagegen stammen mehr als 90 Prozent des Trinkwassers aus Oberflächenwasser, also aus Seen und Flüssen sowie, beispielsweise in Kalifornien, aus der in Talsperren gespeicherten Schneeschmelze.

Von den durchschnittlich 840 Millimetern Niederschlag, die jedes Jahr auf Deutschland fallen, gelangt nur ein kleiner Teil von etwa 15 Prozent ins Grundwasser. Der größte Teil, immerhin fast 520 Millimeter, verdunstet, und der Rest fließt oberirdisch ins Meer ab. Rechnete man die von allen Wasserwerken Deutschlands im langjährigen Mittel aus dem Grundwasser entnommene Menge in Niederschlag um, würden pro Jahr lediglich 29 Millimeter, also nur dreieinhalb Prozent des Gesamtniederschlages, in die Trinkwasserversorgung fließen. Obwohl es also Wasserreserven im Überfluß gibt, gehen die Deutschen im Durchschnitt viel sparsamer mit Trinkwasser um als es die Bewohner anderer Industrieländer tun. Pro Haushalt werden in Deutschland jährlich rund 50 Kubikmeter verbraucht, in Italien sind es 78, in der Schweiz 93, in Japan 96 und in den USA sogar 110 Kubikmeter. Ganz anders stellt sich die Situation in den ariden und semiariden Klimaregionen dar, wo Grund- und Trinkwasser äußerst knappe Ressourcen sind, die einen bewußten Umgang mit diesem kostbaren Gut notwendig macht. Die Erschließung neuer Grundwasservorkommen hat in diesen Gebieten also einen sehr viel höheren Stellenwert als in den gemäßigten Breiten unserer Erde (siehe Kasten). Es gibt jedoch auch dort Landschaften, die aufgrund ihrer besonderen geologischen Situation enorme Grundwasserressourcen bergen. Die Ostsahara – heute eine der trockensten Regionen der Welt – ist eines dieser Gebiete. Hier schlummern in riesigen schüsselförmigen Einsenkungen enorme Grundwasservorkommen. Würde man z. B. die Fläche Deutschlands damit überfluten, läge Frankfurt am Grunde eines 400 Meter tiefen Süßwassersees. Die Vorstellung, diese Vorkommen würden durch einen stetigen unterirdischen Zustrom aus regenreicheren Gebieten südlich der Sahara ständig erneuert, führte in manchen Gebieten Libyens und Ägyptens zu einer planlosen, vielfach maßlosen Grundwasserentnahme. Erst die Forschungen von Ulf Thorweihe und seiner Kollegen von der TU

Nach einem Großbrand in einer Lagerhalle eines Chemiekonzerns in der Nähe von Basel gelangten mehrere Dutzend Tonnen Insektizide, Herbizide und Quecksilberverbindungen mit ablaufendem Löschwasser in den Rhein.

Berlin, die sich im Rahmen des DFG-Sonderforschungsbereiches 69 „Geowissenschaftliche Probleme in ariden und semiariden Gebieten" mit der Erfassung der Grundwasserressourcen Nordostafrikas befaßten, konnten dazu beitragen, diese Vorstellung zu korrigieren. Ihre

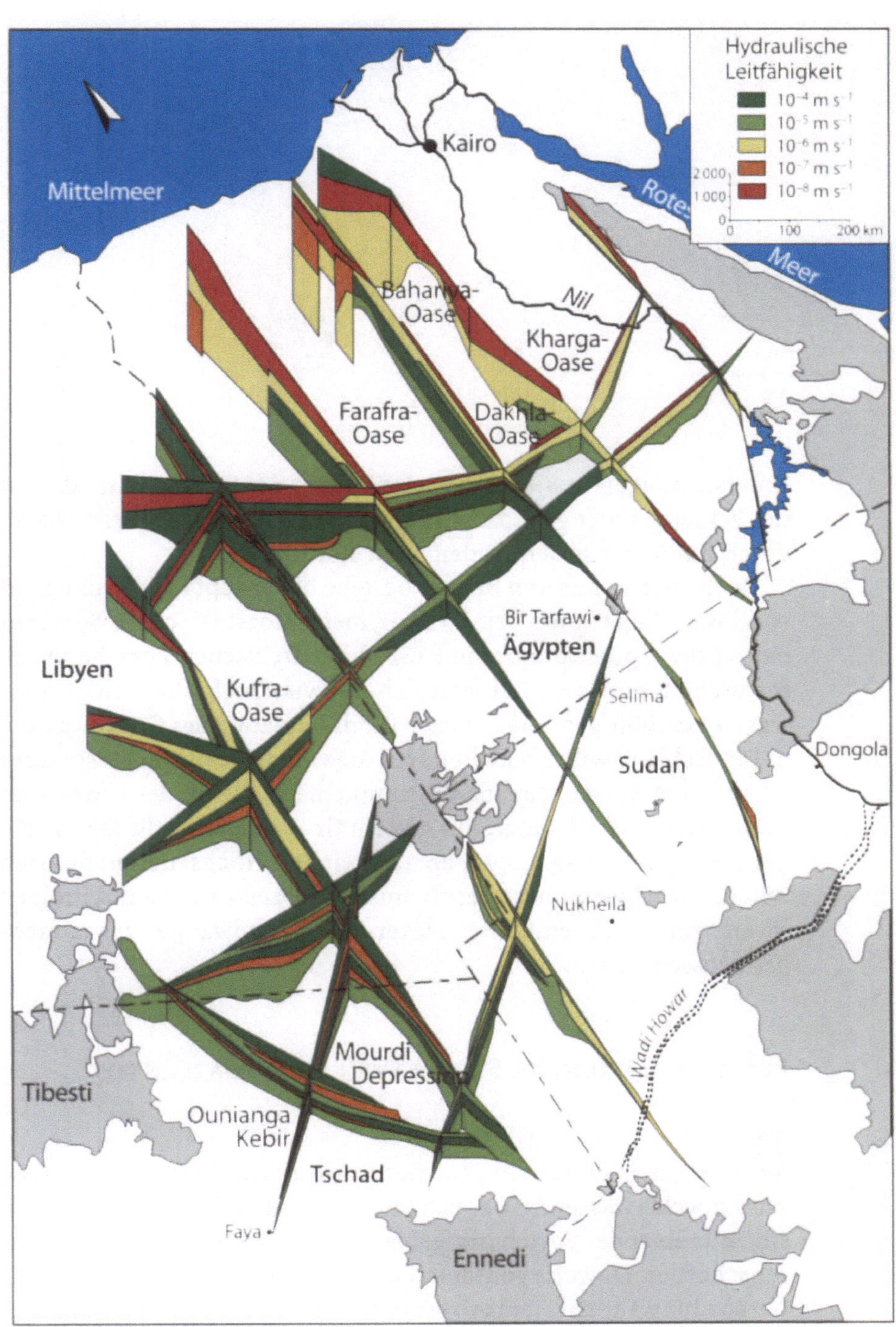

Bild 17.3.
Wasser unter der Sahara: Hydrogeologische Messungen zeigen im Schnittbild das Nubische Aquifersystem in Nordafrika

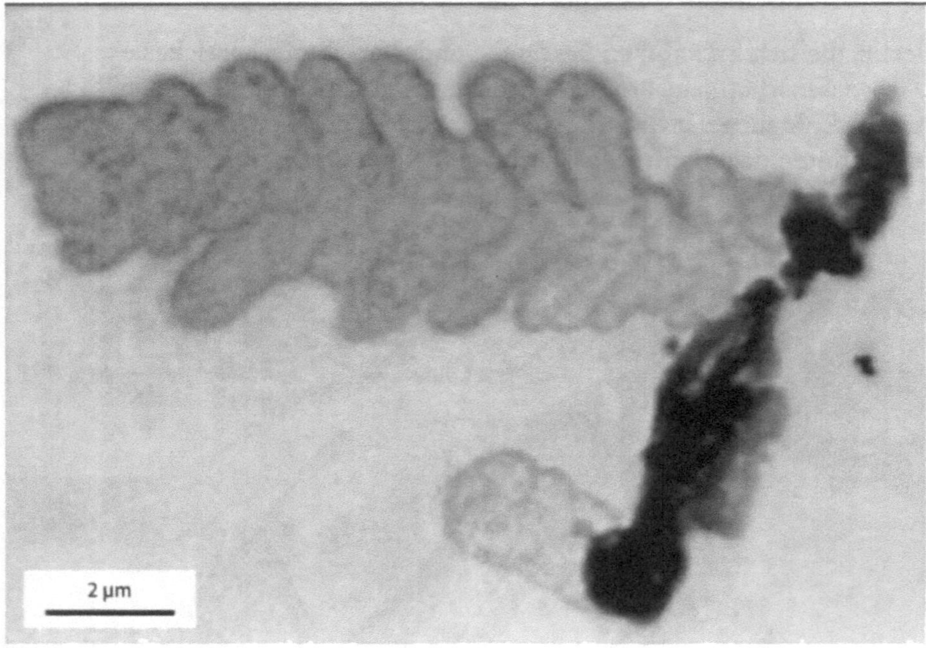

BILD 17.4.
Wie ein Eichenblatt sieht diese Fällung von dreiwertigem Eisenhydroxyd im Licht eines Röntgenmikroskops aus. Eine solche Fällung tritt spontan ein, wenn eine anoxische Lösung von zweiwertigem Eisen in ein oxisches Milieu gerät, beispielweise bei der Pyritverwitterung

Untersuchungen bewiesen, daß das Wasser der Sahara fossil, d. h. in der Vergangenheit gebildet wurde und eine stetige Erneuerung z. B. durch Zuflüsse aus dem Süden nicht stattfindet.

Doch auch in unseren Breiten bestehe überhaupt kein Grund zum sorglosen Umgang mit Trinkwasser, meint Horst D. Schulz, Sprecher eines Schwerpunktprogramms (SPP) der Deutschen Forschungsgemeinschaft, in dessen Rahmen sich Geowissenschaftler mit Grundwasser beschäftigen. Die Grenzen für die Nutzung des Grundwassers in Deutschland würden nicht durch die vorhandene Menge, sondern allein durch dessen Qualität bestimmt, meint der an der Universität Bremen lehrende Geologe. Aus diesem Grunde fördert die DFG mehr als dreißig Arbeitsgruppen an zahlreichen Hochschulen, die sich unter dem Schwerpunkt „Geochemische Prozesse mit Langzeitfolgen im anthropogen beeinflußten Sicker- und Grundwasser" zusammengeschlossen haben.

PYRIT IN DEN JUNGEN SEDIMENTEN DES SÜDATLANTIK

Die eingangs erwähnten, aus der Pyritverwitterung entstehenden sauren Sickerwässer im Bereich von Bergbauhalden und Tagebauen sind nur eines der Forschungsgebiete der am Projekt beteiligten Wissenschaftler. Obwohl von den Sickerwässern keine grundlegende Gefährdung für die Trinkwasserversorgung ausgeht, können sich kleinräumig und regional im Einzugsbereich einzelner Wasserwerke Probleme aus der Versauerung und der Belastung mit gelösten Schwermetallen ergeben. Um die bei der Pyritverwitterung ablaufenden Prozesse besser zu verstehen, untersuchen Schulz und seine Mitarbeiter den Stoffkreislauf in den jungen Sedimenten des Südatlantiks.

Dort werden nämlich jene Eisen- und Schwefelverbindungen im Sediment gebunden, die Millionen Jahre später an Land Probleme durch Pyritverwitterung bereiten.

Während die sedimentologischen Untersuchungen im Atlantik zum grundsätzlichen Verständnis des Pyritproblems beitragen, werden im Rahmen des Forschungsprogramms auch konkrete Schutzmaßnahmen gegen die Ausbreitung der sauren Sickerwässer entwikkelt. Es wurde unter anderem vorgeschlagen, die mit Abraum zu füllende Fläche mit einer dicken Kalkschicht zu bedecken, bevor die pyrithaltigen Gesteine dort abgekippt werden. Auf diese Weise wird der Säuregehalt der Sickerwässer neutralisiert. Außerdem können die Bergbaubetriebe versuchen, den pyrithaltigen Abraum so wenig wie möglich mit Sauerstoff in Kontakt kommen zu lassen, ihn also beispielsweise mit dicken Schichten pyritarmen Abraums zu bedecken. Eine derartige „geschichtete" Lagerung wird derzeit bei der Sanierung des zur Wismut gehörenden ehemaligen Urantagebaues bei Ronneburg in Thüringen verwirklicht (siehe auch Kapitel 18).

Weitaus problematischer als die mögliche Versauerung des Grundwassers im Einzugsbereich des Bergbaus ist der Einfluß, den die Landwirtschaft auf die Wasserqualität hat. Etwa 55 Prozent der Fläche Deutschlands wird zur Zeit landwirtschaftlich genutzt. Nach einer Erhebung des statistischen Bundesamtes stieg in den vergangenen fünfzig Jahren der Gebrauch an Düngemitteln für diese Flächen erheblich. Während die Landwirte kurz vor dem Zweiten Weltkrieg im Durchschnitt jeden Hektar mit knapp 25 Kilogramm Stickstoff und 56 Kilogramm Kalk düngten, verwenden sie heute jeweils etwa 110 Kilogramm.

Das größte Problem ist dabei nicht der mineralische Dünger, denn der wird – entsprechend vorsichtig dosiert – nahezu vollständig von den Pflanzen genutzt. Wird Stickstoff dagegen in organischer Form, also als Stallmist oder Gülle, auf den Flächen ausgebracht, können die Pflanzen direkt nichts damit anfangen. Der organisch gebundene Stickstoff muß erst durch Mikroben in eine anorganische Form überführt werden. Inzwischen gibt es aber auf den Wiesen und Äckern derart viel organischen Stickstoff, daß die Leistung der Mikroben an ihre Grenze stößt und nur noch ein geringer Teil in die anorganische Form umwandelt wird. Der Rest versickert, je nach Bodenbeschaffenheit (siehe Kapitel 20), recht schnell in die Tiefe und gelangt ins Grundwasser. In Gegenden, in denen keine Landwirtschaft betrieben wird, kommt in jedem Liter Grundwasser meist nur ein Milligramm Nitrat vor. Im Einzugsbereich landwirtschaftlich genutzter Flächen beträgt der Wert dagegen oft 300 Milligramm und mehr. Da es technisch äußerst aufwendig ist, Wasser von Nitrat zu reinigen, bleibt den Wasserwerken oft nichts anderes übrig, als nitrathaltige Wässer solange mit „sauberem" Grundwasser zu mischen, bis der gesetzlich vorgeschriebene Grenzwert von 50 Milligramm Nitrat je Liter unterschritten wird.

Nitrat stellt in Deutschland wegen der großen Acker- und Grünlandflächen eine weiträumige Belastung für das Grundwasser dar. Ihre Folgen sind in den Wasserwerken jedoch hydrologisch „beherrschbar". Viel größere Sorgen bereiten den Geowissenschaftlern dagegen jene nahezu 200 000 Stellen in unserem Land, an denen – oft unverfänglich unter Erdreich versteckt – Kohlenwasserstoffe wie Altöl, Benzin oder Teerabfälle als Altlasten im Boden schlummern.

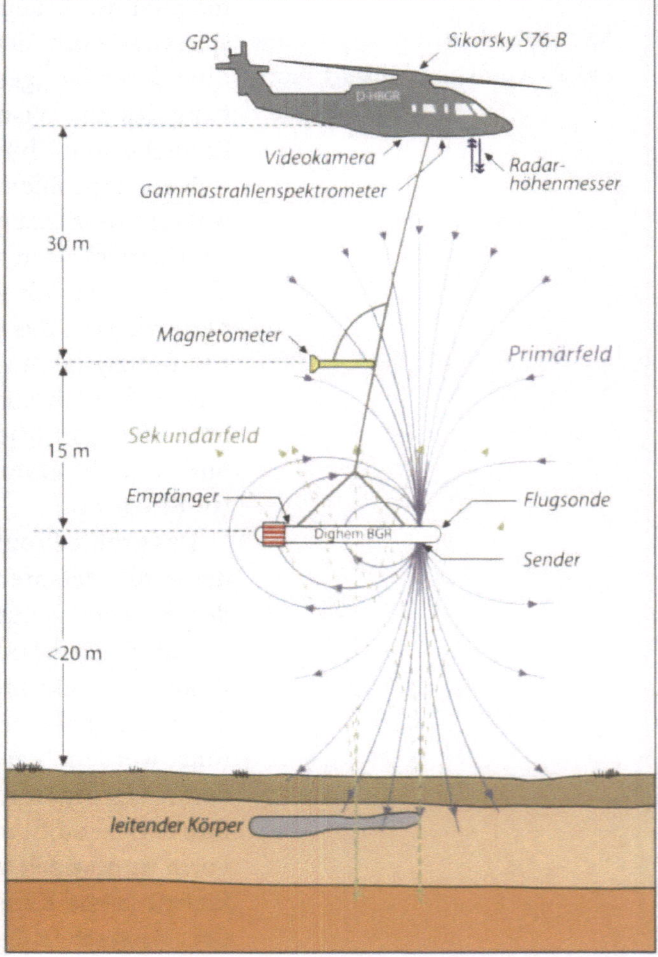

BILD 17.5.
Vom Hubschrauber aus lassen sich mit elektromagnetischen Wellen Grundwasservorkommen vermessen

Hubschrauber-Geophysik
Mit elektromagnetischen Wellen auf der Suche nach Wasser

Wie häufig haben sich Geologen wohl schon gewünscht, die Erde möge durchsichtig sein? Die Suche nach Lagerstätten, nach verborgenen Verwerfungen, ja sogar nach schlummernden Vulkanen wäre dann erheblich einfacher. Da ein direkter Blick ins Erdinnere aber unmöglich ist, verlassen sich die Geowissenschaftler auf geophysikalische Messungen. Gelegentlich gehen sie dabei auch in die Luft. Bei diesen aero-geophysikalischen Messungen kommen verschiedene Radiosender zum Einsatz, die in einem zehn Meter langen Kunststoffrohr eingebaut sind, das in geringer Flughöhe von einem Hubschrauber durch die Luft geschleppt wird. Die elektromagnetischen Wellen dieser Sender dringen in den Untergrund ein und induzieren dort elektrische Wechselströme. Diese Ströme erzeugen dann ihr eigenes elektromagnetisches Feld, das wiederum elektromagnetische Wellen abstrahlt. Obwohl diese Sekundärwellen etwa tausendmal schwächer als die ursprünglichen Radiosignale sind, können sie von empfindlichen, ebenfalls in dem durch die Luft geschleppten Kunststoffrohr untergebrachten Radioempfängern aufgezeichnet werden.

Aus diesen Registrierungen lassen sich wertvolle Informationen über den Zustand der Erdschichten des überflogenen Gebietes gewinnen. Die Feldstärke der empfangenen Wellen hängt nämlich von der elektrischen Leitfähigkeit des Untergrundes ab. Die Art des Gesteins, dessen Gehalt an Porenwasser, vor allem aber die chemische Zusammensetzung des Grundwassers bestimmen die Leitfähigkeit, den Kehrwert des elektrischen Widerstandes. Eisenerzlagerstätten haben dabei einen geringeren Widerstand als Granite. Süßwasserlinsen setzen elektrischen Strömen mehr Widerstand entgegen als Brack- oder Salzwasser.

Mit modernen aero-geophysikalischen Untersuchungsmethoden läßt sich die Leitfähigkeit des Untergrundes aber nicht nur zweidimensional als Mittelwert in eine Karte eintragen. Da die Frequenz der Radiosender die Eindringtiefe der Induktionsströme bestimmt, lassen sich dreidimensionale Bilder der Bodenleitfähigkeit zeichnen, wenn gleichzeitig mehrere Radiosender mit verschiedenen Sendefrequenzen zum Einsatz kommen. Mit Frequenzen von 380, 3600 und 33000 Herz sowie einem fliegenden Langwellensender mit 195 Kilohertz lassen sich die Leitfähigkeiten in verschiedenen Stockwerken des Untergrundes untersuchen und in einem dreidimensionalen Modell zusammenfassen. Je nach Durchfeuchtung und Beschaffenheit des Bodens dringen die elektromagnetischen Wellen dabei bis zu 200 Meter tief in die obersten Erdschichten ein.

Mitarbeiter der Bundesanstalt für Geowissenschaften und Rohstoffe (BGR) in Hannover haben dieses Meßverfahren inzwischen vielseitig eingesetzt, unter anderem bei der Suche nach Grundwasser in ariden Gebieten. Im Gegensatz zu trockenem Gestein ist nämlich Wasser, vor allem wenn darin Mineralien gelöst sind, ein guter elektrischer Leiter. Schon beim ersten Großeinsatz in Pakistan wurde der Meßtrupp fündig, als man in der Tharwüste, im Grenzgebiet zu Indien, ein etwa zehn Kubikkilometer großes Süßwasserreservoir entdeckte. Auch bei späteren Einsätzen in Namibia konnten unterirdische Flußläufe und Süßwasserlinsen sehr genau vermessen werden.

Bᴵʟᴅ 17.6.
Elektromagnetische Messungen lassen eine Süßwasserrlinse (*gelb*) im Salzwasser (*rot*) unter der Namibwüste deutlich erkennen

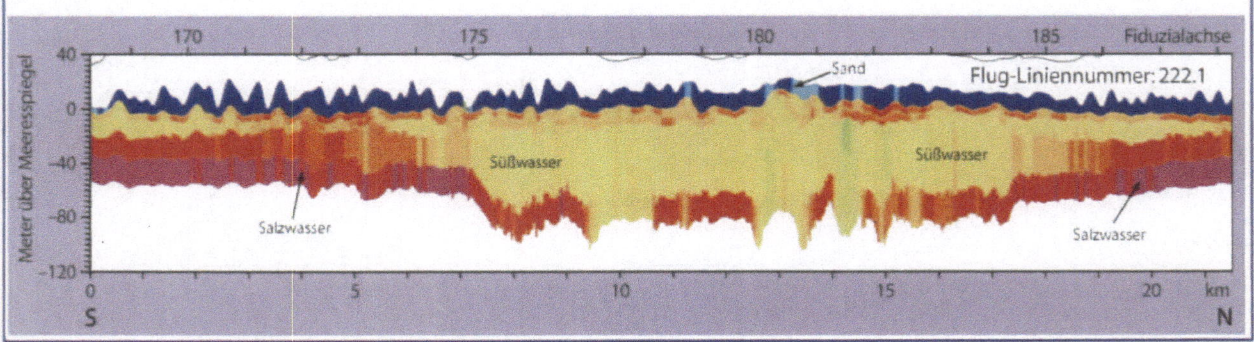

Diese Schadstoffe sind wie Zeitbomben, die eine große Gefahr für das Grundwasser und damit die Trinkwasserversorgung darstellen. Für Hydrogeologen und Hydrogeochemiker ist die Beseitigung dieser Schadstoffe sowie die gleichzeitige Minderung oder gar Verhinderung möglicher Schäden die größte Herausforderung.

KOHLENWASSERSTOFFE BELASTEN DAS GRUNDWASSER

Nach einer Erhebung der Landesanstalt für Umweltschutz in Baden-Württemberg sind 93 Prozent aller das Grundwasser betreffenden Schadensfälle dieses Bundeslandes auf Kohlenwasserstoffe zu-

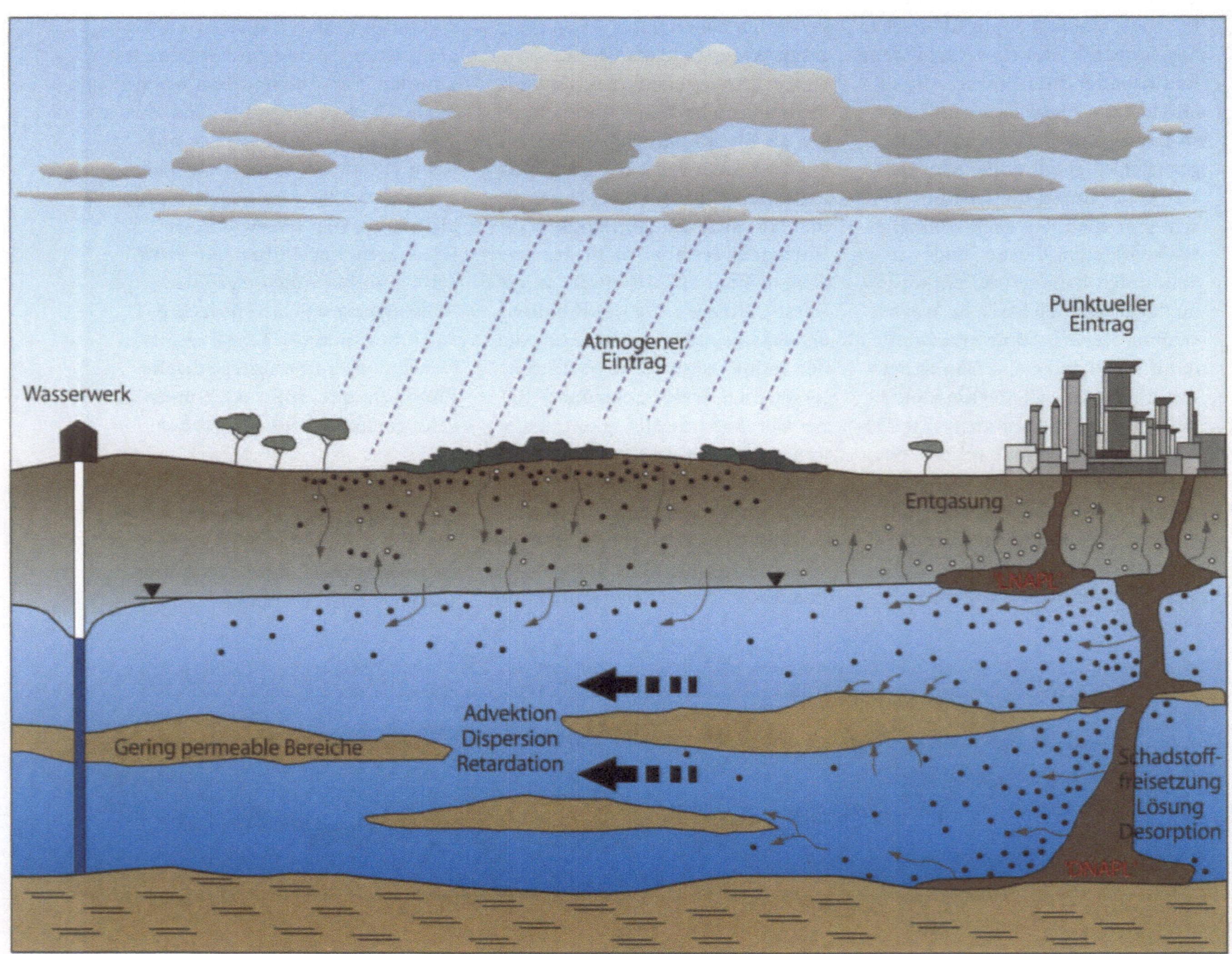

rückzuführen. Der weitaus größte Teil der das Grundwasser gefährdenden Altlasten entsteht durch die leichtflüchtigen chlorierten Kohlenwasserstoffe, die sogenannten Organohalogene. Dazu gehören die organischen Lösungsmittel wie Di-, Tri- oder Perchlorethen, die vor allem in chemischen Reinigungen sowie zur Entfettung in der metallverarbeitenden Industrie eingesetzt werden. In die zweitgrößte Gruppe, die fast zwanzig Prozent der Schadensfälle verursacht, gehören die Mineralöle und ihre Derivate, also unter anderem Vergaserkraftstoff, Diesel- und Motoröle. Sie sind hauptsächlich in der engen Nachbarschaft von Tankstellen, Tanklagern und Raffinerien in den Boden gelangt. Mit zusammen acht Prozent schlagen zwei weitere Gruppen zu Buche, zu denen besonders karzinogene Substanzen gehören, nämlich die polyzyklisch-aromatischen Kohlenwasserstoffe, kurz PAK genannt, sowie die Benzole, Toluole und Xylole, kurz BTX.

Geowissenschaftler verschiedener Disziplinen spielen bei der Beurteilung der von Altlasten ausgehenden Gefahren und bei der Begrenzung möglicher Schäden eine wichtige Rolle. Geophysiker helfen, die Altlasten überhaupt erst zu entdecken und ihre jeweilige Größe abzuschätzen. An zahlreichen Hochschulinstituten, an Großforschungseinrichtungen sowie an einigen Geologischen Landes- und Bundesämtern wurden dazu Sondierungsverfahren entwickelt. Unter anderem versucht man, den Altlasten mit elektrischen Strömen auf die Spur zu kommen, die gezielt von der Erdoberfläche aus in den Untergrund geleitet werden. Manche Schadstoffherde können aber auch mit magnetischen Verfahren, mit Radar oder auch mit seismischen Methoden aufgespürt werden.

Sind Lage, Ausdehnung und chemische Signatur einer Schadstoffquelle bekannt, lassen sich Strategien zu deren Beseitigung entwikkeln. Dabei arbeiten Umwelt- und Tiefbauingenieure eng mit Bodenkundlern, Hydrogeologen und Geochemikern zusammen. Denn die von einer Altlast ausgehende Gefährdung wird nicht allein von der Art des Schadstoffes bestimmt. Es gilt auch festzustellen, wie mobil die Schadstoffe sind. Das wiederum hängt stark von deren Löslichkeit in Wasser sowie vom Bodentyp ab. Ist die Altlast beispielsweise durch eine wasserundurchlässige Tonschicht nach unten versiegelt, ist die von ihr ausgehende Gefahr für Grund- und Trinkwasser gering. Liegt eine Altlast dagegen in einem gut durchfluteten Grundwasserstockwerk und sind die Chemikalien zudem gut löslich, besteht höchste Gefahr.

Bis vor einigen Jahren war der Bagger der fleißigste Helfer der Altlastensanierer. Das verseuchte Erdreich wurde ausgegraben und mußte danach meist als Sondermüll irgendwo deponiert werden. Dieses Verfahren ist nicht nur sehr teuer, es trug auch nicht zur grundsätzlichen Lösung des Altlastproblems bei, weil es die Schad-

In das Grundwasser eindringende Schadstoffe können das Trinkwasser belasten. Dieses Schema zeigt die möglichen Quellen und ihre Ausbreitung. Mit der Abkürzung *LNAPL* werden Schadstoffe geringer Dichte bezeichnet, die auf Wasser schwimmen, wie Mineralöl oder Kraftstoffe. *DNAPL* haben eine höhere Dichte und können bis zur Aquiferbasis vordringen. Dazu gehören chlorierte Kohlenwasserstoffe und Teeröle

stoffe nicht beseitigte, sondern lediglich verlagerte, nämlich vom ursprünglichen Standort auf eine Deponie. Es ist vor allem der Arbeit von Hydrogeologen zu verdanken, daß inzwischen ein Paradigmenwechsel stattgefunden hat. In jedem Einzelfall, so meint Georg Teutsch vom Institut für Angewandte Geologie der Universität Tübingen, müsse man sich fragen, welche Gefährdung von einer Altlast tatsächlich ausgeht. Um einer Gefährdung des Trinkwassers vorzubeugen, reiche es oft völlig aus, nicht den mit der Altlast verseuchten Boden zu sanieren, sondern das durch ihn fließende Grundwasser von Schadstoffen zu befreien. An die Stelle der teuren Altlastensanierung trete nun, so meint der ebenfalls am DFG-Schwerpunktprogramm beteiligte Wissenschaftler, die in vielen Fällen effektivere „Abstromsanierung".

Klares Wasser durch Kies und Eisen

Mit dem Bau der ersten Anlage dieser Art in Deutschland wurde im Jahre 1998 auf dem Gelände einer stillgelegten Kochtopffabrik im Neckartal bei Tübingen begonnen. In diesem Betrieb wurden chlorierte Kohlenwasserstoffe zur Entfettung von Metallen eingesetzt; dabei gelangten sie in den Boden. Da ein Baumarkt die große ehemalige Fabrikhalle übernommen hat und das Problem trotz mehrere Jahre dauernder Sanierungsbemühungen am Schadensherd nicht gelöst werden konnte, entschloß man sich, das abströmende, kontaminierte Grundwasser noch auf dem Betriebsgelände in situ zu reinigen.

Dazu wird der Grundwasserfluß im Aquifer durch Betonitwände in einer Länge von insgesamt 200 Metern umgeleitet. Auf diese Weise fließt das belastete Grundwasser durch drei jeweils fünf Meter breite „Tore". Sie bestehen aus mehreren Lagen von Kiesfiltern und feinverteiltem, metallischem Eisen. Wenn das Wasser durch diese Tore strömt, werden die Schadstoffe durch das granulare Eisen weitgehend abgebaut. Feldversuche und hydrogeologische Modellrechnungen ergaben, daß die Konzentration an organischen Schadstoffen in den Eisenreaktoren auf den für Trinkwasser gültigen Grenzwert von 10 Mikrogramm pro Liter Wasser gesenkt werden kann.

Das Verfahren der Abstromsanierung in situ hat gegenüber herkömmlichen Sanierungsmethoden eine Reihe von Vorteilen. Da die Altlast gleichsam auf natürliche Weise vom Grundwasser ausgelaugt wird, entfallen die Kosten des Ausgrabens und der Entsorgung des belasteten Bodens. Außerdem arbeiten die unterirdischen Reaktoren passiv, ohne Pumpen, und sind auf eine wartungsfreie Betriebszeit

Die erste „reaktive Wand" wurde im Jahre 1991 in Kanada eingesetzt. Inzwischen sind in Nordamerika 20 solcher Anlagen in Betrieb.

von mehreren Jahren ausgelegt. Ihre Betriebskosten sind deshalb erheblich geringer als die einer oberirdischen Grundwasserreinigung.

Wie alle anderen Methoden zur Altlastensanierung auch sind die modernen Verfahren zur Abstromreinigung nur dann langfristig erfolgreich, wenn zuvor die hydrogeologischen Verhältnisse in der direkten Umgebung einer Altlast eingehend erkundet und die Grundwasserströme modelliert werden. Geowissenschaftler, von Geochemikern bis hin zu Bodenkundlern, haben die dazu nötige Fachkenntnis und Erfahrung. Sie tragen auf diese Weise dazu bei, Gefahren für die Gesundheit durch belastetes Grund- und Trinkwasser abzuwenden. Sie helfen dadurch mit, die Lebensqualität der Bevölkerung in unserem dichtbesiedelten, industrialisierten Land zu erhalten und vielfach sogar zu steigern.

BILD 18.1.
Voll radioaktiven Schlamms sind diese Absetzbecken der Uranaufbereitung Seelingstädt der Wismut. Aufgabe der Sanierung ist es, die Becken zu stabilisieren

Die Ursprünge der Geowissenschaften liegen Jahrtausende zurück. Als unsere frühen Vorfahren entdeckten, daß sie Werkzeuge nicht nur aus Stein, sondern auch aus Eisen oder Bronze herstellen konnten, begannen sie sich für Erzlagerstätten zu interessieren. Die Suche nach Rohstoffen und die Entwicklung von Verfahren für ihren Abbau ist deshalb die älteste Aufgabe der Erdwissenschaften. Auch in Deutschland hat die Gewinnung mineralischer Rohstoffe, der Bergbau, eine lange Tradition. Aus den Gesteinen des Harzes, des Schwarzwaldes und vor allem des Erzgebirges wurden Blei, Silber und viele andere Metalle gewonnen. Unter Ruhr und Saar befinden sich noch immer riesige Steinkohlenvorräte. In den Becken des Niederrheins und der Lausitz wird Braunkohle abgebaut. Kein anderer Rohstoff hat aber eine derart große weltpolitische Bedeutung erlangt wie das Uranerz in Thüringen und Sachsen, das von der Sowjetisch-Deutschen Aktiengesellschaft Wismut in der ehemaligen DDR abgebaut wurde. Mehr als vierzig Jahre lang war dieses Uran Druckmittel im Kalten Krieg. Geowissenschaftler und Bergleute haben seine Lagerstätten entdeckt und abgebaut – nun müssen sie gemeinsam Wege finden, die Schachtanlagen und Tagebaue wieder sicher zu verschließen. Daß damit auch eine Narbe aus der Zeit der Teilung Deutschlands beseitigt wird, ist ein willkommener Nebeneffekt.

18 Altlasten

Obersteiger Peter Albrecht schaut kritisch auf einige Stahlanker, die zwei Kumpel gerade in die Wand eines Stollens tief im Sandstein unter dem Naturpark Sächsische Schweiz betoniert haben. Die Anker seien das Fundament für eine unterirdische Staumauer und müßten deshalb unter allen Umständen halten, erklärt der Bergmann. Kurze Zeit später führt Albrecht den Besucher in einen Bereich des Bergwerks, der eher an eine chemische Fabrik als an eine Schachtanlage erinnert, derart viele Rohrleitungen aus blitzblankem Edelstahl laufen hier zusammen. Warum denn in einer zur Schließung vorgesehenen Schachtanlage noch soviel gemauert und teurer Edelstahl verlegt werde, will der Besucher wissen. Als hätte ihn diese Frage in seiner Berufsehre getroffen, fragt der hochgewachsene Steiger in unverkennbar sächsischem Dialekt etwas schnippisch zurück, wie man denn sonst wohl die Umwelt über Tage schützen wolle. Der Steiger und seine Kumpel arbeiten in der Uranerzgrube Königstein unter Tage an einer einmaligen Aufgabe. Die ungelöste, bisher in keinem anderen Bergwerk der Welt gestellte Frage ist nämlich, wie man rund zwei Millionen Kubikmeter verdünnter Schwefelsäure und die darin gelösten Schadstoffe aus einem Gesteinsblock von etwa zwanzig Millionen Kubikmetern Größe entfernen kann, ohne daß sie an der Erdoberfläche die Flüsse und die Trinkwasserversorgung gefährden.

Die Schachtanlage Königstein gehört zur Wismut GmbH in Chemnitz, der inzwischen im Bundesbesitz befindlichen Nachfolgegesellschaft der „Sowjetisch-Deutschen Aktiengesellschaft (SDAG) Wismut" der ehemaligen DDR. Mehr als 40 Jahre lang bauten die Mitarbeiter dieses Unternehmens, darunter auch Albrecht, unter strenger Geheimhaltung in Sachsen und Thüringen Uranerz ab. Durch ihre Arbeit wurde die flächenmäßig kleine DDR nach den USA und Kanada zum drittgrößten Produzenten von Natururan der Welt. Insgesamt wurden im Süden Ostdeutschlands 220 000 Tonnen dieses spaltbaren Stoffes gefördert.

Das aufgearbeitete Erz ging ausschließlich in die Sowjetunion und wurde dort zu Brennstäben für Kernreaktoren verarbeitet oder zu waffenfähigem Spaltstoff hoch angereichert. Die SDAG-Wismut lieferte damit jenen Stoff, der es der Sowjetunion überhaupt ermöglichte, das Gleichgewicht des Schreckens im Rahmen des Kalten Krieges aufrechtzuerhalten. Worüber man zu DDR-Zeiten nur munkelte, wurde mit der Wende, spätestens aber bei der Übernahme des Unternehmens durch den Bund im Dezember 1991 deutlich: Der Uranbergbau hatte über und unter Tage eine Umweltkatastrophe hinterlassen. Deren Sanierung wird Jahrzehnte dauern und etwa dreizehn Milliarden Mark kosten.

DAS GEHEIMNIS DER STRAHLENDEN PECHBLENDE

Dabei sind es die Sachsen und Einwohner des südlichen Thüringens seit Jahrhunderten gewohnt, mit radioaktivem Uran in ihrer natürlichen Umgebung zu leben. In zahlreichen der vielen tausend Erzgänge des Erzgebirges kommt das schwerste natürliche Element in abbauwürdigen Konzentrationen vor. Die erzgebirgische Bergbaustadt St. Joachimsthal, in der schon im ausgehenden Mittelalter Silber abgebaut wurde, war der Ursprung des Uranbergbaus. Aus dem in dieser Region vorkommenden Mineral Pechblende gelang es dem Berliner Apotheker Martin Klaproth im Jahre 1789 erstmals, Uran zu isolieren. Marie Curie fand in der Pechblende 110 Jahre später das ebenfalls radioaktive Radium.

Wirtschaftlich – und damit auch weltpolitisch – gewann Uran aber erst im Jahre 1943 an Bedeutung, als die amerikanische Regierung das größte Forschungsprogramm aller Zeiten auflegte. Nur fünf Jahre zuvor hatten Otto Hahn, Fritz Straßmann und Lise Meitner in Berlin entdeckt, daß der Atomkern von Uran spaltbar ist und daß dabei Energie freigesetzt wird. Im „Manhattan Project" wollten die Amerikaner aus dieser Energie eine Waffe mit bisher nicht gekannter Vernichtungskraft herstellen. Uran und das daraus erbrütete künstliche Element Plutonium waren die beiden „Treibstoffe" für die ersten Atombomben.

Als amerikanische Truppen mehrere Monate vor Abwurf der ersten Kernwaffen auf Hiroshima und Nagasaki Thüringen und Teile des Erzgebirges besetzten, war ihnen nicht bewußt, welchen in diesem kristallinen Gebirge schlummernden Rohstoffschatz in Form von Uranerzen sie dabei erobert hatten. Vielleicht hätten sie dieses Gebiet sonst nicht so einfach gegen den Westteil Berlins getauscht. Es ist auch nicht überliefert, ob das Uran des Erzgebirges die sowjetischen Besatzer Berlins dazu bewogen hat, die Hälfte der bis dahin allein von ihnen besetzten deutschen Reichshauptstadt gegen Thüringen einzutauschen. Fest steht jedoch, daß viele Russen vor dem Krieg an der Bergakademie im sächsischen Freiberg studierten und dort ohne Zweifel auch viel über die Uranvorkommen im Erzgebirge gelernt hatten. Kaum war nämlich der Krieg vorbei und die sowjetische Macht im Osten Deutschlands etabliert, begannen die Besatzer eine um-fangreiche Prospektion auf Uranerz. Schon im Frühjahr 1946 wurden Aufschluß- und Schürfarbeiten in den alten Silbererzrevieren Marienberg, Annaberg, Schneeberg, Oberschlema und Johanngeorgenstadt aufgenommen. Wenig später begann die Förderung von Uranerz – und damit auch die absolute Geheimhaltung. Mit der Zusammenfassung der vielen in Sachsen und Thüringen verstreuten Uranbetriebe im Mai 1947 in die Sowjetische Aktiengesellschaft und knapp sieben Jahre später in die SDAG Wismut begann der Bergbau- und Aufbereitungsbetrieb zu einem Staat im Staate der DDR zu werden. Wie innerhalb der Wismut gearbeitet, wie prospektiert und abgebaut wurde, vor allem aber was mit dem in jedem Bergwerk anfallenden Abraum geschah, stand bis zur Wende unter strenger Geheimhaltung.

So war auch lange nur Eingeweihten bekannt, was sich unter der Sächsischen Schweiz in der Nähe von Königstein abspielte. Bei der Suche nach immer neuem Uran für sowjetische Kernwaffen und Atomreaktoren wurden die Exploratoren der Wismut im Jahre 1963

In Deutschland kommen Uranerze nicht nur im Erzgebirge und in Thüringen vor. Es gibt sie auch im Fichtelgebirge und im Schwarzwald, wo sogar ein Versuchsabbau stattfand.

auch im Pirnaer Becken südlich von Dresden fündig. In der Nähe der hoch über der Elbe gelegenen Festung Königstein fanden sich in Sandsteinen aus der Kreidezeit mehrere uranhaltige Schichten. Mit deren Abbau wurde im Jahre 1967 begonnen. Zu Beginn der Förderung enthielt das Erz stellenweise drei Prozent Uran, ein durchaus respektabler Mineralgehalt. Es stellte sich jedoch bald heraus, daß die Bergleute den Abbau an einigen besonders gehaltvollen Erzlinsen begonnen hatten. Der Erzgehalt der gesamten Lagerstätte war nämlich viel geringer als erwartet und betrug im Durchschnitt gerade einmal 0,5 Promille. Selbst in der nach westlichen Maßstäben wenig auf Wirtschaftlichkeit ausgerichteten Wismut galt ein solcher Wert als zu gering, um das Erz mit klassischen bergmännischen Verfahren weiterhin rentabel abbauen zu können.

lSÄURE BRINGT URAN ZU TAGE

Deshalb begann man schon im Jahre 1969 mit Versuchen, das Uran unter Tage auf chemischem Wege aus dem Gestein zu laugen. Dazu

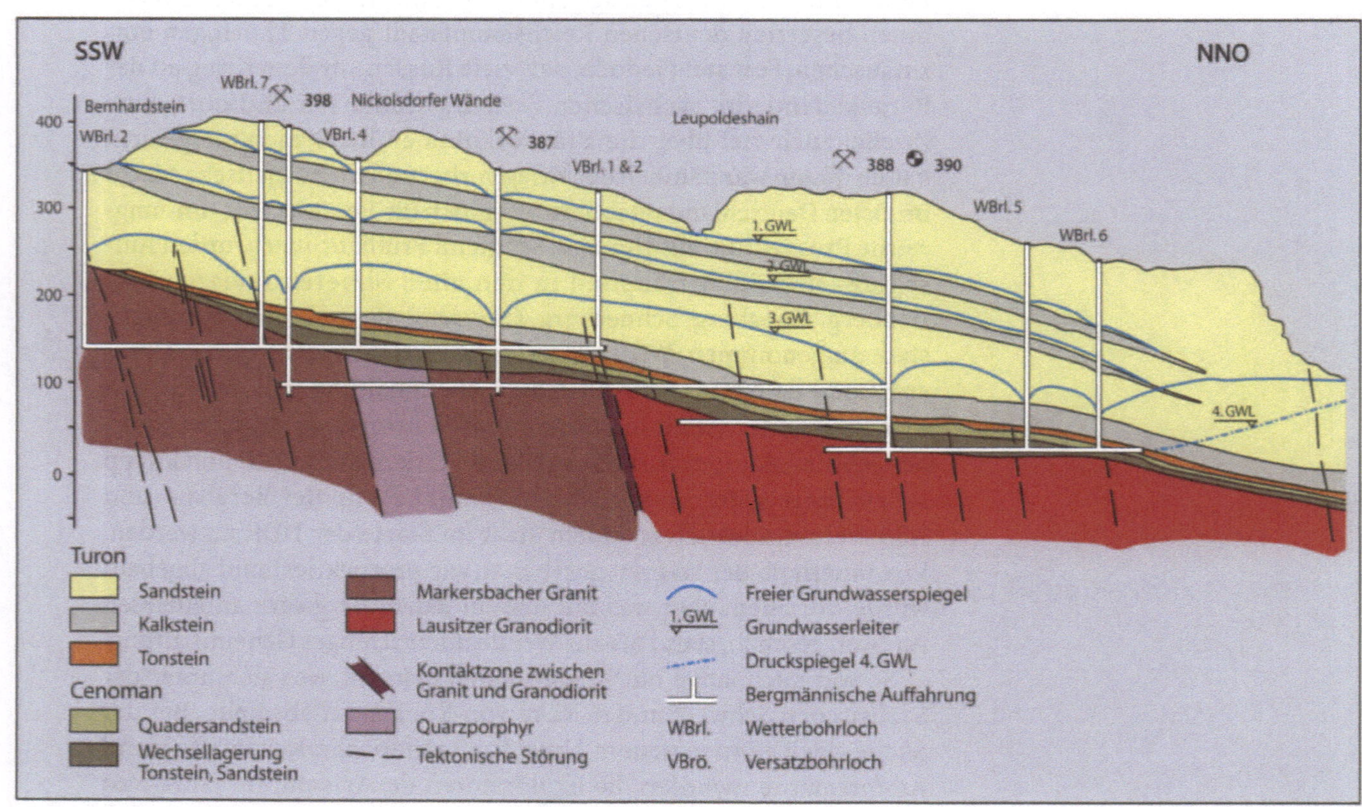

Als Prospektion wird die Suche nach wirtschaftlich abbauwürdigen Rohstofflagerstätten bezeichnet.

wurde stark verdünnte Schwefelsäure durch das Erz geleitet. Die Säure löste die Schwermetalle, darunter auch Uran, aus dem Sandstein. Es entstand eine schwefelsaure Lösung, von der ein Liter etwa 50 Milligramm Uran enthielt. Diese Lauge wurde anschließend über Tage gepumpt und dort chemisch behandelt, wobei das Uran per Ionenaustauscher der Lösung entzogen wurde. Die verbleibende Flüssigkeit wurde danach wieder mit Schwefelsäure gemischt und erneut zur Auslaugung des Gesteins in die Grube gepumpt. Über diesen geschlossenen Kreislauf entzogen die Mitarbeiter der Wismut dem elbischen Sandstein bis zur weitgehenden Einstellung des Betriebs im Jahre 1990 mehr als 6000 Tonnen Uran. Es wurde im thüringischen Seelingstädt zum Kernenergie- und Atomwaffenrohstoff „Yellow Cake" aufbereitet.

Wie jedes andere Bergwerk der Welt ist auch die Grube Königstein mit ihren fünf Schächten und ihrem unterirdischen, 850 Kilometer langen Netz von Strecken vom Grundwasser isoliert. Die Sumpfpumpen im Tiefsten der Schächte und auf der untersten Sohle der Grube werden von den Kumpels besonders sorgsam behütet, denn kein Bergmann, vor allem nicht Obersteiger Albrecht, könnte es verantworten, daß seine Zeche „absäuft". Will nun aber ein Bergwerksunternehmen eine Zeche schließen, verlangt das deutsche Bergrecht, daß die ursprünglichen Grundwasserflüsse weitgehend wiederhergestellt werden. Dazu muß der Grundwasserspiegel im Bereich der Grube auf seinen natürlichen Pegel angehoben werden. Als unweigerliche Folge „saufen" die unterirdischen Teile der Zeche ab, wenn das Bergwerk geflutet wird.

Das ist aber in Königstein nicht so einfach möglich, denn eine Flutung der Grube würde auch jene etwa zwei Millionen Kubikmeter Säure ausspülen, die noch immer im Sandstein stecken. Mit ihr gelangten dann auch die darin gelösten Schwermetalle, das Uran und andere Schadstoffe in das Grundwasser. Die Trinkwasserversorgung der Region und die menschliche Gesundheit im Elbstromtal unterhalb der Festung Königstein stünden auf dem Spiel. Eine vollständige Flutung zur Stillegung der Grube schied also als zu gefährlich aus. Die andere Extremlösung wäre gewesen, die Grube für immer vom Grundwasser abzuschotten. Das hätte aber bedeutet, den Bergwerksbetrieb bis in alle Zeiten aufrechtzuerhalten, ein extrem teures, zudem unpraktikables Verfahren. Inzwischen sind sich die Wismut-Sanierer, das Bundeswirtschaftsministerium als Besitzer des Unternehmens und die Umweltbehörden des Freistaats Sachsen weitgehend darüber einig, einen Mittelweg zwischen diesen beiden Extremlösungen zu gehen.

In einem auf die Dauer von zwei Jahren angelegten Großversuch wird nun ein Teil der unteren Sohle des Bergwerkes kontrolliert ge-

◀ **Bild 18.3.** Auf vier Sohlen (*waagerechte Linien*) wurde in der Lagerstätte Königstein Uran abgebaut. Nun gilt es, die vier mit GWL bezeichneten Grundwasserleiter vor der im Gestein verbliebenen Säure zu schützen flutet. Zur Vorbereitung der weiteren Flutung mauern Obersteiger Albrecht und seine Kumpel zur Zeit unter Tage, verlegen Rohre und installieren Meßgeräte. Ziel dieses Experimentes ist es festzustellen, wieviel Säure und wieviel Schadstoffe das Grundwasser bei der Flutung aufnimmt. Alles einfließende Wasser wird dabei noch innerhalb des Grubengebäudes aufgefangen und über Tage gepumpt. Dort durchläuft es zur Reinigung jene Anlagen, in denen die Wismut schon zu DDR-Zeiten Uran aus der Schwefelsäure abschied. Dabei bleibt auch heute das im Grubenwasser gelöste Uran an den Ionenaustauschern hängen.

DIE IRONISCHE POSSE DES KALTEN KRIEGES

Insgesamt werde man auf diese Weise in jedem der kommenden Jahre jeweils noch etwa 30 Tonnen Uran als chemische Lösung aus dem Bergwerk fördern, meint Betriebsdirektor Lothar Rosenhahn. Es mutet wie eine ironische Posse des Kalten Krieges an, daß der Besitzer dieses Stoffes nun der Bund als Eigentümer der Wismut ist, jener Klassenfeind, auf den noch vor Jahren sowjetische Raketen gerichtet waren, deren Atomsprengköpfe unter anderem von der alten Wismut

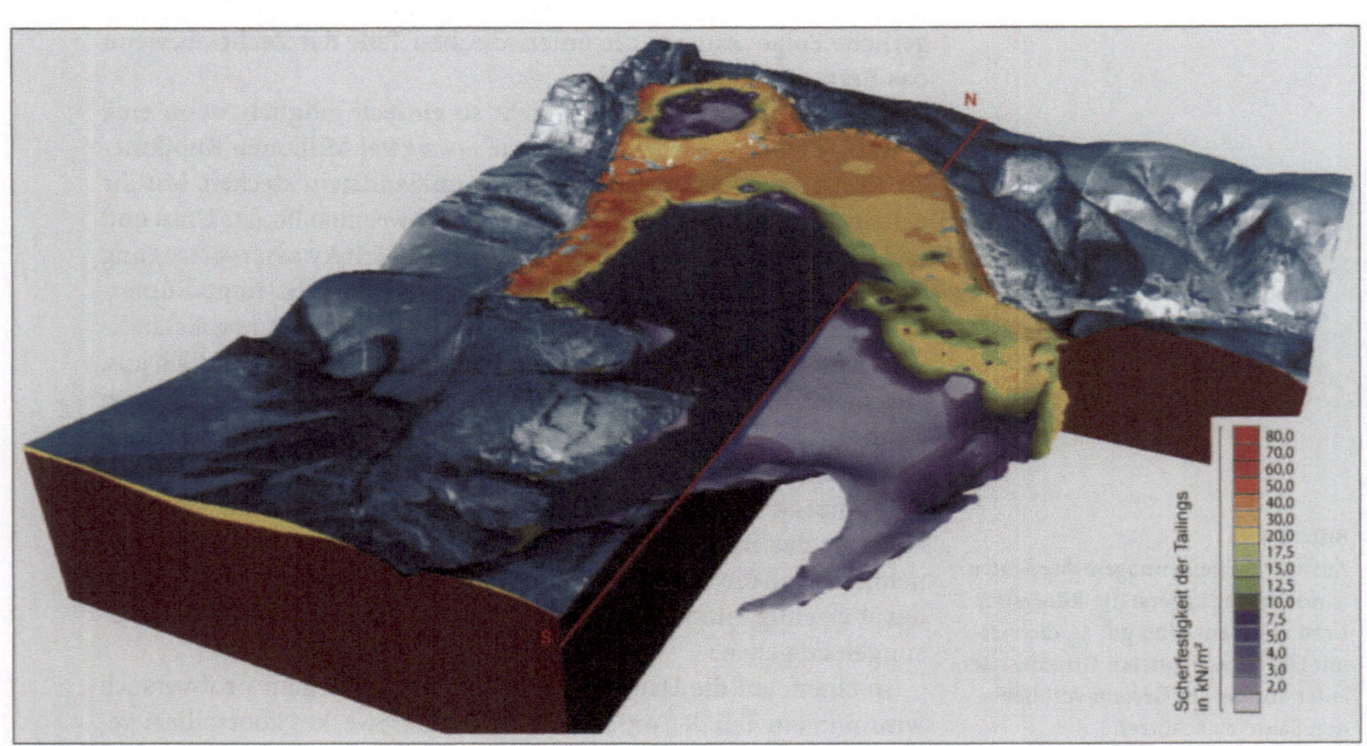

gefördertes Uran enthielten. Der Bund wird die in Königstein anfallende Uranlösung allerdings nicht entsorgen. Vielmehr läßt er sie in einer Anlage in Spanien zu Yellow Cake verarbeiten und verkauft den Stoff dann über die Euratom auf dem Weltmarkt. Bei dem niedrigen Uranpreis ist der Erlös für das Produkt sehr gering und liefert, so ein Wismut-Sprecher, nur einen sehr begrenzten Beitrag zur Deckung der Sanierungskosten – ein Geschäft macht das Wirtschaftsministerium mit dem Uran also nicht.

Wenn das Experiment, bei dem Bergleute, Geologen und Hydrologen eng zusammenarbeiten, erfolgreich verläuft und es der Wismut gelingt, nicht nur das Uran, sondern auch die anderen Schadstoffe aus dem Grubenwasser zu entfernen, hofft man, die Genehmigung zum kontrollierten Fluten weiterer Teile des Grubengebäudes zu erhalten. Bis zum Jahre 2015 könnten dann auch noch die letzten Reste von Schwefelsäure aus dem uranhaltigen Sandstein gespült worden sein, meint Rosenhahn. Frei von dem schwersten natürlichen Element wird das Grundwasser unter der Sächsischen Schweiz allerdings auch danach nicht sein, denn unter dem Sandstein liegt in etwa 300 Metern Tiefe der Markersbacher Granit, ein typisches natürliches „Liefergestein" für Uran.

Königstein ist zweifellos ein Sonderfall unter den vielen Bergwerken der Wismut. Aus den mehr als 300 Schachtanlagen und 6 Tagebauen der Gesellschaft wurden in den vier Jahrzehnten der Förderung insgesamt 476 Millionen Kubikmeter Gestein abgebaut. Etwa 84 Prozent des geförderten Gesteins war „taub" und wurde deshalb als Abraum auf Halde gekippt. Der Rest ging in die Erzaufbereitung, in der das Uran dem Gestein mit verschiedenen Methoden entzogen wurde. Bei der Laugung des Erzes blieben 175 Millionen Tonnen feingemahlenes Gestein übrig. Es enthielt nur noch Restgehalte an Uran, aber nahezu das gesamte Radium. Es wurde in Form der erwähnten Schlämme in große Absetzbecken gepumpt. Die in den Anfangsjahren der Wismut angewandte Erzaufbereitung mittels Schwerkraft und radiometrischer Sortierung ergab weitere 26 Millionen Tonnen Rückstände. Sie hatten eine schotterartige Konsistenz und wurden zunächst auf Halde gekippt. Weil diese Rückstände im Laufe der Zeit aber häufig als Baumaterial verwendet wurden, wurde es in der gesamten Region verteilt und verursacht heute stellenweise erhebliche Kontaminationen.

Unter dem Konkurrenzdruck der westlichen Industriegesellschaft hätte die SDAG-Wismut mit ihrer Uranförderung nicht lange überlebt. Im Durchschnitt betrug der Urangehalt des thüringischen und erzgebirgischen Erzes etwa 0,1 Prozent. Um eine Tonne Uran zu gewinnen, mußten die Wismut-Kumpel 930 Tonnen Erz fördern und aufbereiten. Um aber überhaupt erst an dieses Erz zu gelangen, muß-

In der Sprache der Bergleute ist ein Gestein „taub" und damit wertlos, wenn es kein Erz enthält.

◄ BILD 18.4.
Schlamm aus der Uranaufbereitung wurde zu DDR-Zeiten in Absetzbecken gekippt. Mit Computerhilfe wird nun versucht, die Festigkeit der Schlämme und damit die „Stabilität" der Becken zu modellieren. Die blau gezeichneten Bereiche sind noch weitgehend unverfestigt

ten sie zusätzlich noch 4500 Tonnen taubes Gestein beseitigen. Der niedrige Urangehalt und die große Abraummenge waren die Gründe, warum die Bagger und Absetzer der Wismut in Thüringen und Sachsen insgesamt 70 Halden aufschütteten und damit eine Fläche von mehr als 1500 Hektar bedeckten.

DIE GRÜNEN HALDEN VON OBERSCHLEMA

Viele dieser Halden enthalten eine Mischung aus Abraum und radioaktivem Gestein – Uranerze, die ohne den Bergbau im Gebirge „gefangen" geblieben wären. Mit dem Erzabbau wurden aber auch andere Schwermetalle und vor allem Pyrit an die Erdoberfläche gebracht. Beim Kontakt mit Luft sowie Regen- oder Grundwasser oxydiert der Schwefelkies und produziert dabei Schwefelsäure, die dann wiederum Uran und andere Schwermetalle aus dem Gestein löst und mit der „Acid Mine Drainage" in den Wasserkreislauf gelangen läßt (siehe auch Kapitel 17). Deshalb müssen alle Halden entweder saniert oder beseitigt werden. Dabei betreten die Mitarbeiter der Wismut, die Genehmigungsbehörden und ihre Gutachter oft bergmännisches, technisches und geowissenschaftliches Neuland.

Die damit befaßten Geowissenschaftler müssen jede dieser Halden untersuchen. Einer geologischen Kartierung gleich wird dabei festgestellt, wo welches Gestein in welcher Zusammensetzung und in welcher Menge abgelagert ist. Gemeinsam mit Landschaftsplanern, Hydrologen und Fachleuten anderer Disziplinen sind dann Pläne zu entwerfen, wie die Halden zu sanieren sind. Besteht keine Gefahr der schwefelsauren Auslaugung oder des Abtrags radioaktiver Stäube durch Wind und Wetter, reicht es, diese Halden zu begrünen und als Hügel in der Landschaft zu belassen. Das ist die gängige Methode bei der Sanierung von Abraumhalden der deutschen Braun- und Steinkohlereviere. Von der Wismut wird sie unter anderem im sächsischen Schlema angewandt, einer Stadt, die von 1918 bis in die vierziger Jahre wegen ihrer radiumhaltigen Quellen als Kurbad bekannt war. Viele der begrünten Halden werden dort inzwischen von Wanderwegen gesäumt. Im ehemaligen Kurgebiet, das sich während des Bergbaus um mehrere Meter senkte, soll nun ein Freizeitzentrum entstehen.

Einen völlig anderen Weg geht die Wismut dagegen bei der Sanierung des Bergbaugebietes in der Umgebung der thüringischen Stadt Ronneburg. Die zwischen Gera und Zwickau gelegene Lagerstätte war die ergiebigste Uranquelle der Wismut, denn etwa die Hälfte der insgesamt von ihr geförderten 220000 Tonnen Natururan stammt aus

Diabase sind basische Ergußgesteine, die meist untermeerisch erstarrt sind.

diesem Revier. Dabei reichte die Vererzung des Gesteins von knapp unter der Oberfläche bis in 1 100 Meter Tiefe. Um das Erz abzubauen, mußten also einerseits Schachtanlagen abgeteuft, aber auch Tagebaue ausgeräumt werden. Die Streckenlänge in den Zechen betrug allein etwa 3 000 Kilometer. Im bis zu 260 Meter tiefen Tagebau Lichtenberg wurde ein „Leerraum" mit einem Volumen von mehr als 160 Millionen Kubikmetern geschaffen.

Das geförderte taube Gestein, die sogenannte Berge, und das nach der Aufbereitung angefallene Resterz wurden über Tage auf insgesamt 16 Halden gekippt, die im wesentlichen aus Schiefern, Kalksteinen und Diabasen des Ordiviziums bis Unterdevons bestehen. Das Haldenmaterial enthält aber auch bis zu sieben Prozent des in Schwefelsäure umwandelbaren Pyrits. Aus den in mehr als 250 Bohrungen gewonnenen Profilen und aus geologischen Feldaufnahmen haben Geochemiker mittlerweile ein relativ genaues Bild der Zusammensetzung der Halden gewonnen. Ihr Sanierungsplan sieht nun vor, einen großen Teil des Materials dieser künstlich geschaffenen Hügel in der sonst weitgehend flachen Landschaft um Gera in das „große Loch" des Tagebaus Lichtenberg einzubringen.

Vom Rand des Tagebaus aus betrachtet erscheinen die Muldenkipper, die Stunde um Stunde mit jeder Fahrt 136 Tonnen Haldenmaterial in die Grube bringen, wie Spielzeugautos. Langsam bewegen sich die gelben Fahrzeuge vor dem eintönigen Grau des Gesteins im Tagebau. Das ausgeklügelte System, das hinter jeder dieser Fahrten steckt, wird erst deutlich, wenn es Geochemiker Wolfgang Weise dem Besucher erklärt. Das Haldenmaterial mit einem hohen Pyritgehalt – in ihm steckt ein großes Potential zur Bildung von Schwefelsäure – wird im untersten Teil der Grube abgekippt. Oberhalb des späteren Grundwasserspiegels wird pyritarmes Material gelagert. Als etwa zehn Meter dicke Abdeckung wird schließlich kalkhaltiges Haldenmaterial aufgeschüttet. Damit soll die Bildung von Säuren weitgehend unterbunden werden.

Wenn in Ronneburg die Spitzkegel brennen

Ein ganz besonderes Schauspiel bieten an kalten Wintertagen die Spitzkegelhalden im Ronneburger Revier. Aus der Ferne betrachtet, beispielsweise bei der Fahrt auf der Autobahn A4 östlich von Gera, erscheinen sie wie die Aschekegel aktiver Vulkane, die es allerdings seit Millionen von Jahren in Thüringen nicht mehr gibt. Aber Hallo, hat da nicht gerade doch etwas aus der Halde gedampft? Aus der Nähe betrachtet, bestätigt sich der Eindruck. An manchen Stellen der Hal-

de qualmt es wie aus Fumarolen eines Vulkans. Hans-Jörg Fengler, Geologe der Wismut am Standort Ronneburg, beruhigt den erstaunten Besucher. Hier sei kein Vulkan aktiv und es bestehe auch kein Grund zur Sorge, daß aus dem uranhaltigen Gestein ein Kernreaktor geworden sei. Vielmehr kommen im Abraum große Mengen kohlenstoffhaltiger Alaunschiefer aus dem Silur vor, dem Wirtsgestein des Urans dieses Reviers. Weil es sich bei der Oxydation des ebenfalls auf den Halden abgekippten Pyrits um eine exotherme Reaktion handelt, entsteht dabei viel Wärme. Da die Halden gute Isolatoren sind, staut sich die Wärmeenergie in ihnen und die Temperatur steigt. Sobald 350 Grad Celsius überschritten werden, beginnt der Kohlenstoff im Alaunschiefer zu brennen; es kommt zu Qualm- und Dampfentwicklung, die vor allem an kalten, trockenen Wintertagen Rauchwolken über den kegelförmigen Halden entstehen und sie als aktive Vulkane erscheinen läßt.

Diese rauchenden Halden sind nicht nur Symbol der bergmännischen und geologischen Geschichte des Gebietes. Da aus ihrem Gestein auch das Rohmaterial für Atombomben hergestellt wurde, steckt in ihnen auch ein Stück Weltgeschichte. Sie sind somit zu einem Denkmal im Spannungsfeld zwischen Geowissenschaften und Geopolitik geworden.

Geophysik

Die Suche nach verborgenen Gefahren

Nicht immer sind Altlasten so leicht zu finden wie die Halden und Absetzbecken der Wismut in Ostdeutschland. Oft sind umweltgefährdende Stoffe, vom alten, halbleeren Ölfaß bis zum rostenden russischen Panzer, metertief unter Bodenschichten verborgen. Mit geophysikalischen Messungen können Wissenschaftler heute die meisten Altlasten zwar aufspüren und deren genaue Lage bestimmen. Allerdings dauert diese Suche oft sehr lange und ist entsprechend teuer. Das gilt insbesondere, wenn großflächig, beispielsweise auf alten Truppenübungsplätzen, nach verborgenen Umweltgefahren gefahndet wird. Dabei ist die geophysikalische Vermessung an sich weniger zeitaufwendig als die vorbereitende genaue geodätische Aufnahme des Geländes und dessen Einteilung in ein Meßraster. Geowissenschaftler der Ruhr-Universität Bochum und des Unternehmens Deutsche Montan-Technik in Essen sind nun in der Lage, auch große Gebiete relativ schnell zu Fuß zu vermessen. Sie haben dazu die eigentliche geophysikalische Messung mit der „differentiellen GPS-Technik" (siehe Kapitel 5) kombiniert. Vereinfacht gesagt läuft ein Meßtechniker mit zwei Meßgeräten das Gelände ab. Das eine empfängt die Signale der GPS-Satelliten und berechnet daraus den Ort, an dem sich der Techniker befindet. Das andere nimmt die magnetische Feldstärke auf. Da beide Meßwerte in einem Computer gespeichert werden, können die Ergebnisse noch im Feld ausgewertet werden. Zeigen sich dabei Anomalien, verursacht beispielsweise durch den Stahl eines unterirdischen Öltanks, kann der verdächtige Ort schnell und ohne viel Aufwand mit größerer Auflösung erneut vermessen werden.

BILD 18.6.
Wie ein abstraktes Gemälde sieht diese Darstellung der geomagnetischen Altlastensuche aus. Da die Lage jedes Meßpunktes genau bekannt ist, kann eine Anomalie (*rot*) leicht eingegrenzt und genauer vermessen werden

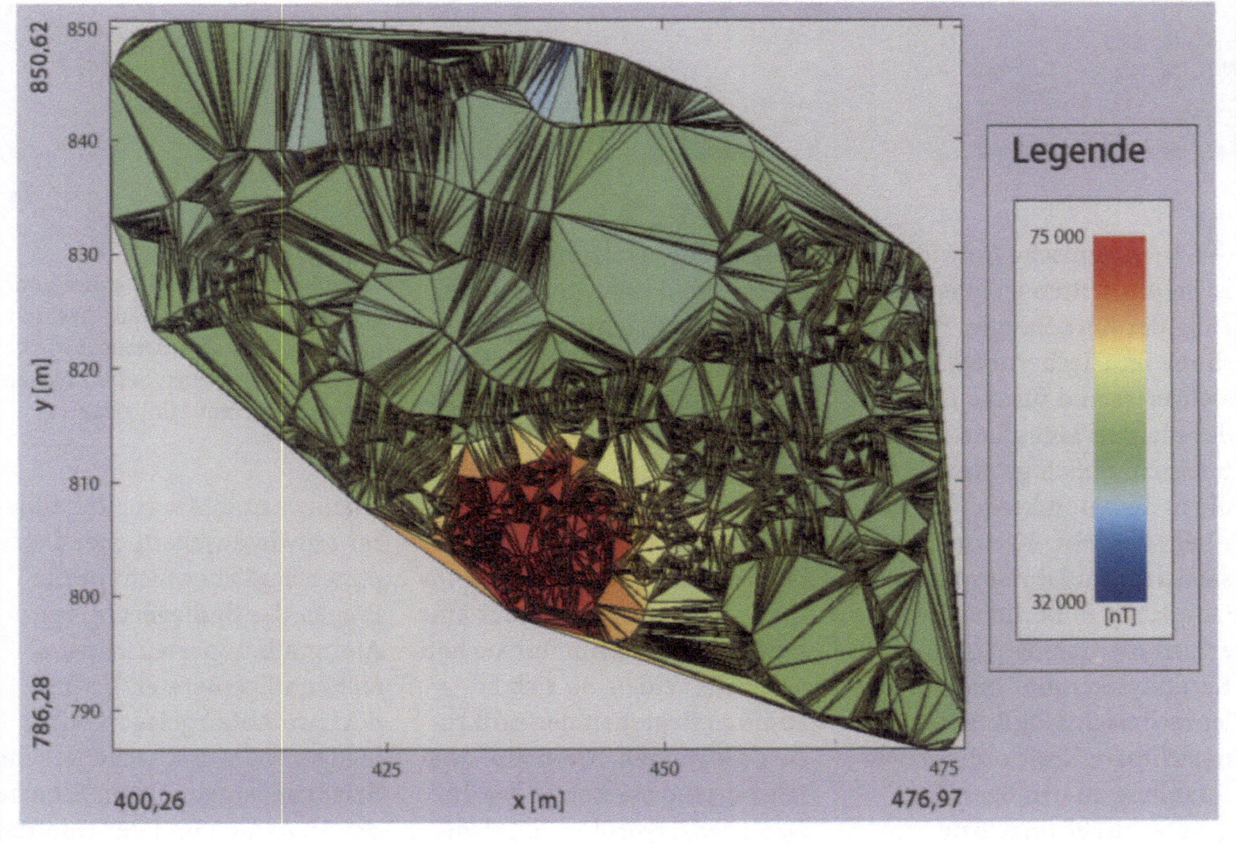

Keine technische Entwicklung ist so umstritten wie die Nutzung der Kernenergie. Hiroshima und Tschernobyl stehen stellvertretend für die Furcht der meisten Menschen vor der unbeschreiblich großen Kraft, die in den Atomkernen steckt. Allein das Wort Kernspaltung – sie wurde im Jahre 1938 von Otto Hahn in Berlin entdeckt – erhitzt die Gemüter, obwohl Kernphysiker und Ingenieure alles technisch Mögliche tun, die unsichtbare Kraft radioaktiver Strahlung zu bändigen. Das größte, bisher ungelöste Problem bei der Nutzung der Kernenergie ist deshalb auch nicht die Reaktorsicherheit oder der Transport radioaktiven Materials. Vielmehr weiß niemand, was mit den Zehntausenden Tonnen Atommüll geschehen soll, die sich seit dem Beginn des Atomzeitalters angesammelt haben. Bei der Lösung dieses Problems spielen Geowissenschaftler eine zentrale Rolle, denn nur sie können entscheiden, ob sich bestimmte Regionen der Erdkruste dazu eignen, Atommüll über Jahrtausende sicher zu lagern. Geologen, Hydrologen, Felsmechaniker und Mitarbeiter anderer erdwissenschaftlicher Disziplinen sind aber nicht nur in Fragen der Endlagerung von Atommüll unparteiische und fachkundige Berater. Überall dort, wo Abfall gelagert wird, bringen Geowissenschaftler ihre Erfahrungen ein – zum Schutze des Menschen und der Umwelt.

19 Abfallentsorgung

Schnupftabak im Salz des Zechstein

Ein wenig Geschicklichkeit gehört schon dazu, in das stählerne Behältnis zu steigen, das den Besucher innerhalb weniger Minuten 840 Meter tief unter die Erdoberfläche bringt. Es handelt sich nicht um einen der üblichen Förderkörbe, mit denen Bergleute anderswo in Zechen einfahren. Im Schacht 1 des Erkundungsbergwerkes Gorleben findet die Seilfahrt statt dessen in einem Stahlkübel statt, den man über einige angeschweißte Sprossen umständlich besteigen muß. Kaum steht der Besucher im Kübel, ermahnen ihn die Kumpel auch schon zur Vorsicht. Bei der Seilfahrt möge man sich bloß nicht hinauslehnen, denn der Kübel sei offen und an einigen Stellen werde es im Schacht recht eng. Als sich dann der an einem armdicken Drahtseil hängende Kübel in Bewegung setzt, unterscheidet sich die Schachtanlage Gorleben aber durch nichts mehr von den vielen anderen Bergwerken Deutschlands. Das Tageslicht wird schon nach wenigen Metern vom Berg verschluckt. Im Schein der auf den Helm gesteckten elektrischen Grubenlampe huscht der Schachtausbau gespensterhaft vorbei. Kabel und Druckluftleitungen tauchen unerwartet auf, Betonringe und Maschendraht lassen sich bei der schnellen Seilfahrt gerade noch erkennen. Mit zunehmender Tiefe wird es spürbar wärmer und die Luft stickiger. Als der Kübel schließlich auf der Schachtsohle ankommt, liegt schon ein leichter Salzgeschmack auf den Lippen.

Unter Tage wird der Besucher von den Bergleuten mit einem herzlichen „Glück auf" und einer Prise Schnupftabak begrüßt. Das durch das braune Pulver induzierte Niesen reinigt Nase und Bronchien und erleichtert so das Atmen. Im Vergleich zu den anderen Salzbergwerken Nord- und Mitteldeutschlands oder zu den Kohlegruben an Ruhr und Saar ist das Bergwerk im Salzstock Gorleben noch klein. Auch wurde lange Zeit mit einfachen bergmännischen Mitteln gearbeitet. Beispielsweise mußten die Bergleute die Sprenglöcher für den Streckenvortrieb anfangs von Hand setzen. Dabei bedienten jeweils zwei Kumpel eines der mit Druckluft betriebenen Bohrgeräte. Während der eine den meterlangen rotierenden Bohrer in der Waage hielt,

Mitteleuropa, besonders Deutschland, ist ein wichtiger Lieferant des Rohstoffs Salz. Fast ein Fünftel der Weltproduktion von Stein- und Kalisalzen stammt aus mitteleuropäischen Gruben und Solen.

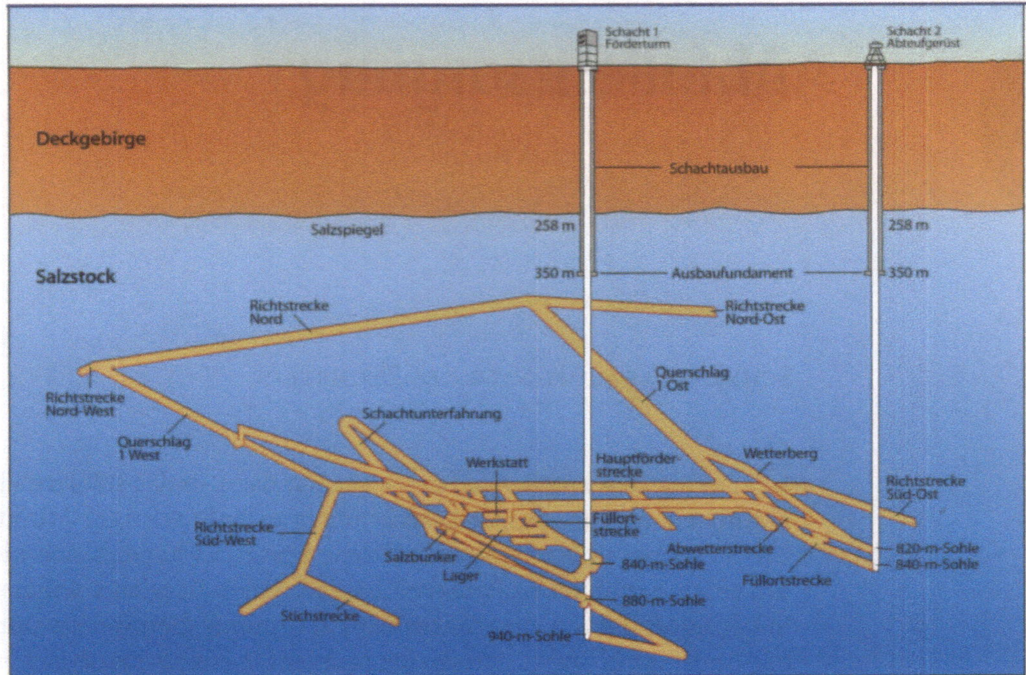

drückte der andere auf dem Boden sitzend das Bohrgestänge mit der Kraft seiner Beine in das Salz.

Diese einfachen technischen Hilfsmittel waren notwendig, weil in Gorleben eine völlig neue Schachtanlage entstand. Nach dem Abteufen der beiden Schächte war auf der Sohle zunächst nicht genügend Platz, um schwere Maschinen einzusetzen. Dieser Raum mußte von den Bergleuten erst in „Handarbeit" geschaffen werden. Der offene Förderkübel und die einfachen technischen Geräte bedeuteten aber keineswegs, daß Gorleben ein „primitiver" Schacht wäre. Tief unter den Kiefernwäldern des Landkreises Lüchow-Dannenberg entsteht in der Tat eines der modernsten Bergwerke Deutschlands.

Ziel ist dabei nicht der Salzabbau, sondern allein die genaue Untersuchung, ob sich das Steinsalz als Endlager für Atommüll eignet. Von insgesamt zwei Schächten aus – Schacht 2 befindet sich etwa 450 Meter östlich von Schacht 1 – sollen im Laufe der Zeit die anfangs nur wenige Dutzend Meter kurzen Stollen zu einem etwa 20 Kilometer langen Netz von Strecken und Querschlägen ausgebaut werden. Von dort aus wird dann ein Volumen von etwa 24 Kubikkilometern im tiefen Inneren des Salzstocks mit vielen Bohrungen „angestochen" und auch mit geophysikalischen Messungen durchleuchtet. Erst nach Auswertung der dabei gewonnenen Erkenntnisse werden die Fachleute der beteiligten Bundesbehörden und ihre Berater eine Empfehlung geben können, ob im Zechsteinsalz überhaupt Atommüll für Jahrtausende sicher aufbewahrt werden kann.

BILD 19.2.
Wenn es die Politiker wollen, könnte das Versuchsbergwerk Gorleben einmal so aussehen wie in dieser Schemazeichnung

In der ehemaligen DDR begann man dagegen schon im Jahre 1981 damit, radioaktive Abfälle im Salz endzulagern. Dazu wurde ein stillgelegtes Salzbergwerk bei Morsleben in Sachsen-Anhalt, kaum mehr als hundert Kilometer von Gorleben entfernt, ausgewählt. Das Lager ist allerdings nur für schwach- und mittelaktive Abfälle geeignet. Nach der Wiedervereinigung wurde Morsleben vom Bund übernommen, allerdings dann im Herbst 1998 aus politischen Gründen vorläufig stillgelegt. Zu diesem Zeitpunkt waren in Morsleben in etwa 500 Metern Tiefe bereits mehr als 35 000 Kubikmeter Atommüll gelagert.

Zur Sonne, nach Bikini oder in den Granit?

Es gibt schon seit langer Zeit eine Fülle von Vorschlägen, wie Atommüll beseitigt werden könnte. Sie reichen vom Exotischen, wie dem Transport mit Raketen zur Sonne, über das Naheliegende, wie der Lagerung in Abklingbecken auf dem Gelände der Kernkraftwerke, bis zum geradezu Absurden, wie dem Bau von Depots in den autonomen Indianerreservaten Nordamerikas oder auf dem in den fünfziger Jahren von vielen Atomversuchen gebeutelten Bikiniatoll im Zentralpazifik. Ernsthaft wird aber in einigen Ländern untersucht, ob und wie Atommüll in Bergwerken unter Tage gelagert werden kann. Den Geowissenschaftlern kommt dabei die Aufgabe zu, die Eignung des jeweils ausgewählten Gesteins als atomares Endlager zu untersuchen. Dabei gibt es keine einhellige Meinung darüber, welches Gestein sich als ideale Deponie eignen könnte. In der Schweiz und in Schweden werden beispielsweise verschiedene Granite auf ihre Eignung erkundet.

In den USA geht man zwei verschiedene Wege, jedoch nicht aus geologischen, sondern aus historischen Gründen. Man will den aus Kernkraftwerken stammenden radioaktiven Abfall von jenem Atommüll getrennt halten, der bei der Atomwaffenproduktion entstand. Im Yucca Mountain, ca. 125 Kilometer nördlich von Las Vegas in Nevada, wird vulkanisches Gestein für die Einlagerung ausgebrannter Brennstäbe von Kernkraftwerken untersucht. Dieser Yucca Mountain-Rükken besteht fast ausschließlich aus Ignimbrit. Dieses dichte Gestein entsteht, wenn heiße Auswurfprodukte eines Vulkans bei ihrer „Landung" auf dem Erdboden zusammenbacken. Der Tuff stammt vom Timber Mountain-Oasis Valley-Komplex, einem großen, vor mehr als zehn Millionen Jahren aktiven Vulkangebiet, das etwa 50 Kilometer vom geplanten Endlager entfernt ist. Weil Yucca Mountain in dem geologisch aktiven Gebiet der „Basin and Range Province" liegt, ist längst nicht sicher, ob radioaktive Stoffe im Innern dieses Berges für mehrere zehntausend Jahre sicher aufbewahrt werden können.

Das geplante Endlager im Yucca Mountain befindet sich direkt neben dem Gelände für unterirdische Atomversuche, der „Nevada Test Site".

236 KAPITEL 19

Atommüll im Lande der Apachen

In der Nähe der Ortschaft Carlsbad in Neu-Mexiko steht dagegen eine Salzlagerstätte als Deponie für jene radioaktiven Abfälle zur Verfügung, die bei der Kernwaffenproduktion entstanden sind. Der Landstrich im Südwesten Nordamerikas gehört zum großen Texanischen Becken, eine der reichsten Ölprovinzen der Welt. Im Zeitalter des Perm war dieses Land ein tropischer Ozean, mit sanften Lagunen von der Größe Hessens. Aus den Korallenriffen von damals sind heute Gebirgszüge geworden. Noch vor gut hundert Jahren lebten die letzten Mescalero-Apachen in den wilden Kalksteinklüften der Guadelupeberge, einem der Riffe dieses Beckens. Bei niedrigem Wasserstand verdampfte das Meerwasser in den Lagunen. Dabei blieben mächtige Salzablagerungen zurück. Zur Aufnahme des militärischen Atommülls wurde im Steinsalz der 600 Meter mächtigen Saladoformation ein Bergwerk abgeteuft, das im Sommer 1998 die Betriebsgenehmigung erhielt. In Deutschland wird seit beinahe 20 Jahren an drei Stellen das Steinsalz unter der Norddeutschen Tiefebene auf „Einlagerfähigkeit" überprüft. Wissenschaftler aus der ehemaligen DDR waren in einer Salzstruktur bei Morsleben in Sachsen-Anhalt aktiv, ihre westdeutschen Kollegen im Versuchsbergwerk der Schachtanlage Asse bei Wolfenbüttel und eben in Gorleben, im Nordostzipfel Niedersachsens.

Auf den ersten Blick erscheint es absurd, daß sich Salz als Endlager für hochradioaktiven Müll eignen könnte, denn schließlich ist es wasserlöslich und dabei auch noch korrosiv. Aus der Tatsache, daß unter Neu-Mexiko und Norddeutschland aber schon seit dem ausgehenden Erdaltertum Salz existiert, während andere Epochen der Erdgeschichte spurlos wegerodiert sind, schöpfen Geologen berechtigte Hoffnung, daß dieses Gestein längst nicht so vergänglich ist wie „Salz in der Suppe". Die Langlebigkeit des Salzes verwundert umsomehr, weil es im Laufe seiner Geschichte stärker als andere Gesteine durch Druck und Temperatur verformt wurde.

Ein Meer verdampft im Zechstein

Wie bei den anderen Salzformationen in Norddeutschland reicht auch der Ursprung des Salzstocks Gorleben bis in die Epoche des „Zechstein" zurück. Damals, vor mehr als 250 Millionen Jahren, war die Norddeutsche Tiefebene von einem flachen Randmeer bedeckt, dessen Wasser im heißen Zechsteinklima nahezu vollständig verdampfte. Wie in Texas und Neu-Mexiko blieb dabei eine mächtige

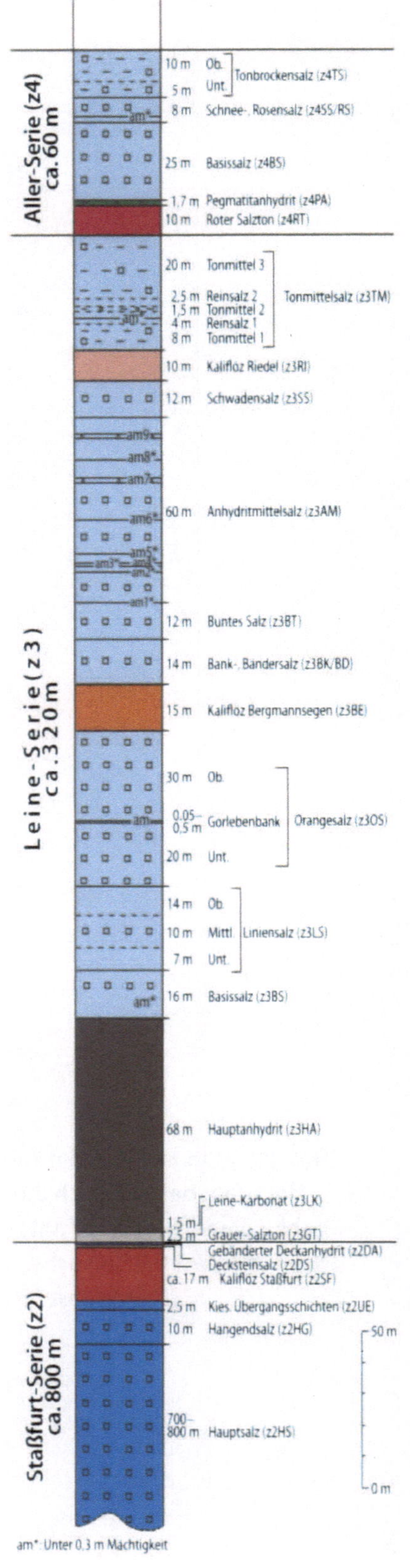

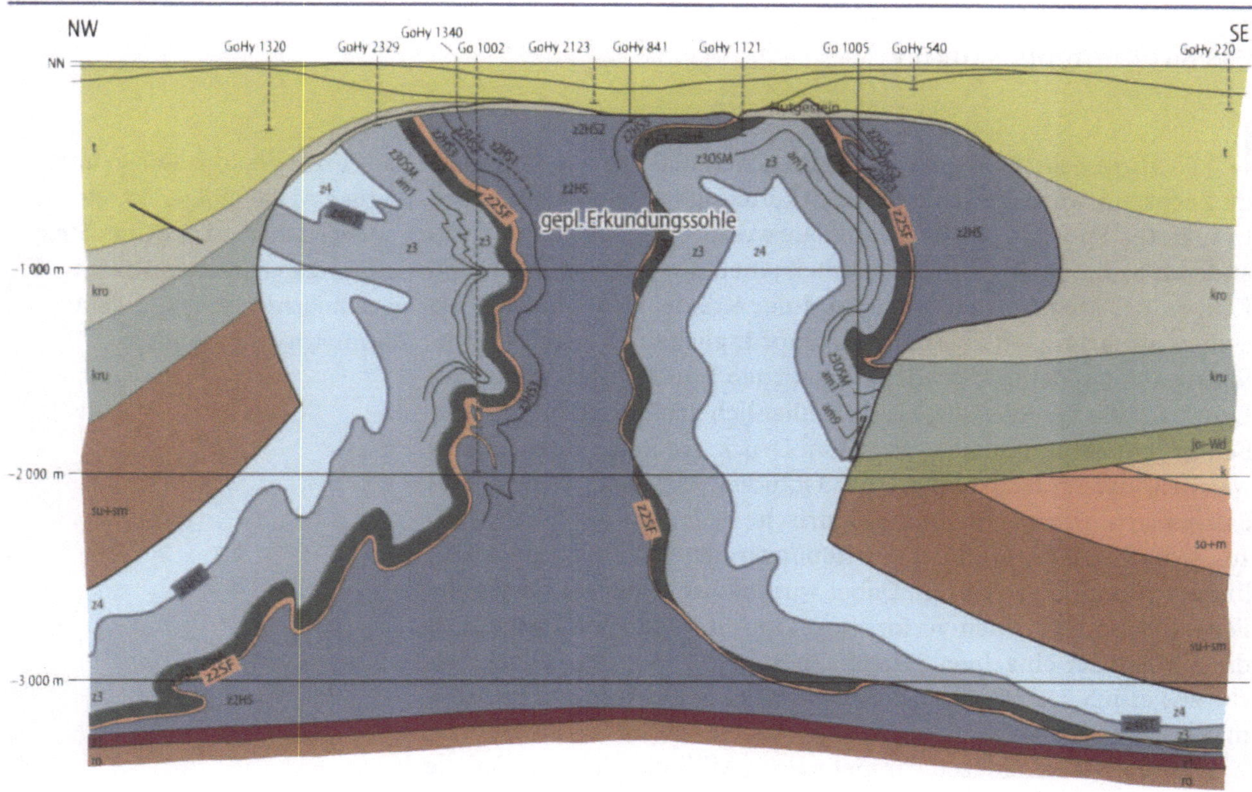

BILD 19.3.
Links: Der Salzstock Gorleben besteht aus mehreren Salzschichten. *Oben:* Erkundet wird im Hauptsalz der Staßfurtfolge (*blaugrau*)

Salzschicht übrig, die im Bereich des heutigen Landkreises Lüchow-Dannenberg etwa 1 400 Meter mächtig gewesen sein muß. Die Salzablagerung geschah damals nicht kontinuierlich, sondern vollzog sich innerhalb einiger Millionen Jahre in mehreren Phasen. Dabei wurde das Randmeer immer wieder überflutet. Mit jeder dieser Fluten änderte sich die chemische Zusammensetzung des Meersalzes ein wenig. Deshalb besteht das Zechsteinsalz heute aus einer Reihe deutlich unterscheidbarer Schichten, die bis auf eine von den Geologen nach norddeutschen Flüssen benannt wurden.

Die älteste dieser Schichten ist die sogenannte „Werrafolge", die ursprünglich einmal 60 Meter mächtig gewesen sein muß. An sie schließt sich die „Staßfurtfolge" an, mit ursprünglich 900 Meter Mächtigkeit, die mächtigste Schicht im Zechsteinsalz. Darüber liegen, mit abnehmendem Alter, die Folgen „Leine" (320 Meter), „Aller" (60 Meter) und „Ohre" (10 Meter). In keiner dieser Folgen ist das Salz homogen. Vielmehr bestehen die einzelnen Folgen wiederum aus deutlich unterscheidbaren Schichten. So gibt es in der Folge „Staßfurt" beispielsweise mehrere Steinsalzlagen, darunter das sogenannte „Hauptsalz", aber auch eine aus Kalisalzen bestehende Schicht, das Flöz „Staßfurt". Die „Leinefolge" enthält Schichten aus Anhydrit, orangefarbenem Salz, sowie die beiden Kaliflöze „Bergmannsegen" und „Riedel".

DAS SALZ UND DIE SAURIER

Lägen diese Schichten noch so schön horizontal übereinander wie im Zechstein, wäre die geologische Erkundung wesentlich einfacher. In späteren Epochen der Erdgeschichte wurde das Zechsteinsalz von anderen Sedimenten bedeckt, nämlich jenen des Buntsandstein und Keuper, des Muschelkalk, Malm und der Kreide. Heute beträgt die Sedimentmächtigkeit oberhalb der ursprünglichen Zechsteinschichten etwa 3 000 Meter. Mit jeder zusätzlichen Schicht erhöhte sich der Druck auf die Salzkristalle, bis sie schließlich nachgaben und zu fließen begannen. Der einzige Weg, dem Druck des Erdinneren zu entweichen, war der nach oben – so entstanden Salzstöcke, Diapire und Salzmauern. Der sogenannte „diapirische Aufstieg" des Salzes vollzog sich über Jahrmillionen mit Hebungsraten von etwa einem Millimeter pro hundert Jahren. Dabei wurden die zunächst horizontal liegenden Salzschichten verformt, gekippt und gefaltet. Deshalb ist die Abfolge der einzelnen Salzschichten in den von der Erdoberfläche aus erbohrten Proben des Salzstockes kompliziert und unregelmäßig.

Während der Kreidezeit vor mehr als 65 Millionen Jahren stieß die Oberkante des Gorlebener Salzstocks sogar durch die Erdoberfläche, wobei nicht auszuschließen ist, daß der eine oder andere Dinosaurier gelegentlich an dem Steinsalz geleckt haben mag. Später deckten die Sedimente des Tertiär und schließlich die quartären Gletschergeschiebe der letzten Eiszeiten den Salzstock wieder zu. An vielen Stellen Norddeutschlands liegt das Zechsteinsalz heute wieder einige hundert Meter unter der Erdoberfläche.

Wenn sich die Bergleute nun von beiden Schächten aus durch den Salzstock bohren und sprengen, werden sie ständig von Geologen begleitet. Jede kleine Falte in den Salzschichten wird dabei aufgezeichnet, jede Unregelmäßigkeit registriert.

Die „Qualität" zweier Salzfolgen nehmen die Wissenschaftler derzeit ganz besonders unter die Lupe, nämlich das Hauptsalz der Staßfurtfolge sowie das Linien- und Orangesalz der Leinefolge. Nach geotechnischen Untersuchungen eignet sich das Staßfurthauptsalz besonders zur Einlagerung der Container mit hochradioaktiven Abfällen. Es ist ein wenig fließfähiger als die anderen Salzlagen und könnte die Behälter im Laufe der Zeit förmlich einschließen. Bei der bergmännischen Erkundung muß nun geklärt werden, ob es von diesem Salz zwischen 850 und 900 Meter Tiefe genügend große, homogene, von anderen Schichten ungestörte Mengen gibt. Im Gegensatz dazu sind das Linien- und das Orangesalz der Leinefolge mechanisch wesentlich stabiler und könnten somit als eine Art Rückgrat für den

gesamten Infrastrukturbereich des Bergwerkes dienen. In diesem Salz wäre nämlich die statische Integrität der Schachtanlage und der Betriebsräume unter Tage gesichert. Deshalb muß die genaue Verteilung dieses Salzes in und unterhalb der Erkundungssohle kartiert werden.

Mindestens ebenso wichtig ist die Untersuchung der bekannten „Problemschichten". So gilt das Salz im Kaliflöz Staßfurt beispielsweise als besonders wärmeempfindlich. Es könnte durch die vom radioaktiven Abfall ausgehende Zerfallswärme zum „Fließen" angeregt werden. Dieses Kalisalz darf deshalb in der Endlagersohle unter keinen Umständen in das Hauptsalz hineinreichen. Auch die jüngsten Schichten der Leinefolge sind nicht unproblematisch. Es handelt sich vorwiegend um nicht sehr standfeste Tonsalze. Diese Schichten kommen aber nur an wenigen Stellen in Randbereichen des Salzstocks vor.

Halokinese

Warum Salz nicht liegenbleibt

Kalisalz war für lange Zeit der wichtigste Bodenschatz Norddeutschlands. Die Hansestädte Lüneburg und Lübeck blühten bereits im Mittelalter, aufbauend auf Salzgewinnung und Salzhandel. Bis zum Beginn des Ersten Weltkrieges verfügte Deutschland sogar über ein weltweites Kalimonopol. Zum Abbau des Salzes waren damals mehr als 180 Schachtanlagen in Betrieb. Wie unter Gorleben liegt ein großer Teil des Salzes nicht mehr horizontal im Untergrund. Statt dessen kommt es in Form von Salzmauern, Diapiren, Salzstöcken und -linsen vor. Insgesamt haben Geologen etwa 800 solcher Salzstrukturen unter der Norddeutschen Tiefebene gefunden.

Die Ursache ihrer Entstehung war oft Gegenstand hitziger wissenschaftlicher Debatten. Inzwischen ist das Modell der „Halokinese" jedoch weitgehend akzeptiert. Grundlage der Halokinese ist die Tatsache, daß sich Salz unter hohem Druck und hoher Temperatur nicht mehr wie ein starrer Körper, sondern zähflüssig verhält. Unebenheiten in den Gesteinsschichten unterhalb des Salzes führen dazu, daß sich der Druck der dar-

überliegenden Sedimente nicht gleichmäßig auf das Salz verteilt. Es entstehen Druckgradienten, die es langsam fließen lassen. Da Salz eine geringere Dichte als die überlagernden Sedimente hat, beginnt es aufzusteigen. Dieser sogenannte „diapirische Aufstieg" vollzog sich über Jahrmillionen und lief nach dem Modell völlig automatisch ab. Zunächst entsteht ein Salzkissen. Sobald es anschwillt, bilden sich in den Sedimenten darüber Risse und Störungen, durch die das Salz dann weiter aufsteigen kann.

Dieses Modell erklärt zwar die Entstehung vieler Salzstöcke Norddeutschlands und der gelegentlich Erdöl führenden Sedimentschichten in ihrer unmittelbaren Umgebung. Es läßt aber offen, warum es, trotz mächtiger Salzvorkommen, unter dem westlichen Schleswig-Holstein, unter Westmecklenburg und unter der nordöstlichen deutschen Nordsee keine Salzstöcke gibt.

Zur Erklärung dieses Phänomens muß das Modell der Halokinese nach Meinung von Mitarbeitern der Bundesanstalt für Geowissenschaften und Rohstoffe (BGR) erheblich erweitert werden. Danach kommt der unterirdische „Salzfluß" nicht aufgrund von Unebenheiten im Grundgebirge zustande. Vielmehr setzen äußere

Kräfte die Bewegung des Salzes in Gang und treiben den diapirischen Aufstieg an. Zu diesem Schluß kamen die Geologen bei der Untersuchung von Salzstöcken auf ihre Eignung für Kavernen als strategische Ölreserve und als mögliche Atommüllendlager sowie der Auswertung aller seismischen Messungen und aller Bohrungen in Norddeutschland. Dabei wurde deutlich, daß überall dort im Untergrund Salzstöcke, Diapire oder Salzmauern entstanden, wo entweder die Sedimentdecke oder das Grundgebirge geologisch gestört waren. In Gegenden, in denen man keine Spuren tektonischer Kräfte fand, wie unter Westmecklenburg, gibt es auch keine Salzstrukturen – dort liegen die Salzschichten noch horizontal wie seit Jahrmillionen.

BILD 19.5.
Ein Schnitt durch die Salzstrukturen in Norddeutschland

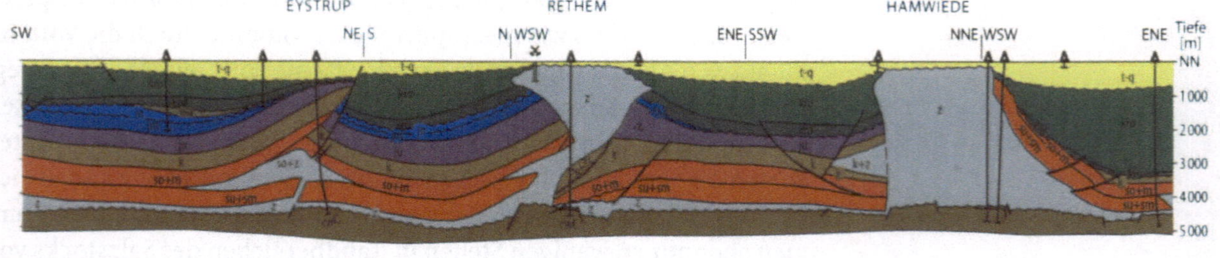

250 Millionen Jahre alte Salzlaugen

Sorgen bereitet den Geowissenschaftlern außerdem der altersmäßig zwischen den Schichten Staßfurt und Leine liegende „Hauptanhydrit". Diese Salzschicht ist erheblich spröder als ihre Nachbarn und enthält Sprünge und Risse. Es ist nicht auszuschließen, daß einige dieser Klüfte vom Rande des Salzstocks bis in grundwasserführende Schichten reichen. Mit Grundwasser will jedoch niemand den Atommüll in Kontakt wissen. Bisher gibt es hierfür keine Anzeichen; weitere Untersuchungen müssen den endgültigen Beweis dafür erst noch erbringen.

Daß Geowissenschaftler, die sich mit den Fragen der Endlagerung von Atommüll beschäftigen, in den Malstrom politischer Auseinandersetzung geraten, wurde vor allem zu Beginn der untertägigen Erkundung deutlich. Nicht nur in der Sensationspresse war davon die Rede, daß es in den aufgefahrenen Strecken wiederholt zu „Wassereinbrüchen" gekommen sei. Den Geologen wurde nicht geglaubt, daß diese Bezeichnung maßlos übertrieben war. Zum einen waren die Mengen gering. Außerdem handelte es sich bei der Flüssigkeit, die in die Grube eindrang, nicht um Wasser, sondern um ein ganz besonderes Fluid. Einige Klüfte des Anhydrit enthalten nämlich noch Salzlösungen aus seiner Entstehungszeit. Wenn der Bohrer eine solche Kluft ansticht, blubbert eine 250 Millionen Jahre alte Sole aus den Löchern; Reste des ursprünglichen Zechsteinmeeres. Daß diese konzentrierte Salzlösung derart lange im Salzstock bestehen konnte, werten die Geologen als ein positives Zeichen. Diese Solen gäbe es in ihrer heutigen Form nämlich nicht, wenn das Salz jemals mit Frischwasser in Kontakt gekommen wäre. Die bergmännischen Untersuchungen sollen unter anderem klären, welche Größe diese „Wasserlinsen" im Anhydrit erreichen können. Die Flüssigkeiten enthalten freilich nicht nur Salz, sondern auch noch Reste von Lebewesen des ehemaligen Zechsteinmeeres. Diese Organismen sind mittlerweile vollkommen verwest und zu Methan und flüssigen Kohlenwasserstoffen umgewandelt worden. Die Solen von Gorleben sind somit ein anschauliches Lehrstück der Geologie, das zeigt, wie eng die Entwicklung der Salzstöcke und die Entstehung der Erdöl- und Erdgasfelder Norddeutschlands miteinander verknüpft sind.

Das Wort Anhydrit kommt aus dem Griechischen und bedeutet „wasserfrei". Kommt dieses Salz mit Wasser in Berührung, entsteht daraus gewöhnlicher Gips.

Grenzen trennen nicht nur Staaten, sie können auch zusammenführen. Es sind die Grenzen, an denen sich die Einflüsse verschiedener Völker und Kulturen stets als erstes mischen. Das gilt nicht nur für politische Demarkationslinien, es gilt auch in der Natur, in der keine Grenzlinie absolut scharf und unüberwindlich ist. Vielmehr spielen sich über natürliche Grenzschichten hinweg oft die interessantesten Wechselwirkungen ab. Keine Grenze in der Natur hat dabei derart viele Facetten wie die des Erdbodens. In dieser dünnen, meist nur wenige Dezimeter mächtigen Krume treffen all jene Welten zusammen, die das Leben auf der Erde überhaupt erst ermöglichen. Die Atmosphäre liefert Wärme und Niederschlag, die Hydrosphäre Wasser, die Biosphäre Pflanzen, Tiere und Mikroben. Aus der Geosphäre stammen schließlich die vielen Minerale, die den zahlreichen Böden ihre charakteristischen Eigenschaften geben. Das einzig Stetige am Boden sind die dauernden Veränderungen, denen er durch chemische Reaktionen, mechanische Kräfte und biologische Vorgänge unterliegt. Der Boden ist der Quell allen Lebens auf den Kontinenten und ist deshalb die wertvollste Schatzkammer der Erde. Geowissenschaftlern, vor allem Bodenkundlern, kommt die verantwortungsvolle Aufgabe zu, dieses empfindliche Lebenselexier zu erforschen, zu pflegen und für spätere Generationen zu erhalten.

20

Böden

BLITZENDE PFLUGSCHAREN AUF TIEFSCHWARZER ERDE

Scheinbar schwerelos gleiten zwei Rotmilane mit weit ausladenden Schwingen im blauen Frühlingshimmel dahin. Den Auftrieb in der lauwarmen Luft nutzend, ziehen die beiden Greifvögel langsam ihre Kreise. Hin und wieder, als habe er daran besonderen Spaß, zieht einer der beiden Milane seine Flügel ein und läßt sich im Sturzflug fallen. Der andere Vogel macht es ihm sogleich nach. Kurz bevor sie den Erdboden, einen frisch gepflügten Acker, erreichen, breiten die beiden Greife ihre Schwingen aus, fangen damit den freien Fall ab und schweben anschließend langsam davon. Nicht nur der Autofahrer, der gerade an der Bundesstraße 180 zwischen Naumburg und Eisleben rastet, bewundert das rasante Schauspiel der beiden Vögel. Auch der pflügende Landwirt hält seinen Ackerschlepper für einen Moment an, um den Milanen zuzuschauen. Als die Vögel wieder langsam kreisend an Höhe gewinnen, kommen die beiden Beobachter ins Gespräch. Nach dem vielen Regen der vergangenen Wochen käme der Sonnenschein nun gerade recht für die Feldarbeit, sagt der Bauer. Die stählernen Pflugscharen blitzen dabei in der Sonne. Der feuchte Boden, der noch an ihren Spitzen hängt, macht einen gesunden Eindruck. Der Landwirt bückt sich und hebt einen Klumpen der dunklen, gerade vom Pflug umgelegten Krume auf. „Die Schwarzerde liegt hier bis zu sechzig Zentimeter dick," sagt er zufrieden und fügt stolz hinzu, das sei einer der besten Böden Deutschlands. Mit seinen schwieligen Händen bricht der Landwirt den Klumpen in kleine Stücke. Die Erde ist feucht, aber nicht schmierig. Sie ist fest, ohne zusammenzukleben. Auf dem Acker ergibt sie einen satten, kräftigen Boden, der sich dennoch leicht bearbeiten läßt.

Auf der wie ein Flickenteppich in allen Farben schillernden Bodenkarte des Geologischen Landesamtes von Sachsen-Anhalt ist die Gegend nordöstlich der Unstrut und westlich von Halle, in der das Gespräch zwischen Bauer und Besucher stattfand, ganz in eintönigem Grau gehalten. Auch die Markierung auf der Karte mit der Nummer 13 und dem Bodensymbol „öT-W" läßt nichts Besonderes ver-

In Sachsen-Anhalt kommen etwa einhundert Bodentypen vor, insgesamt gibt es aber mehr als 7 500 verschiedene Böden auf der Welt.

muten. Hier kämen „Löß-Schwarzerden bis -Braunschwarzerden" vor, heißt es dazu in der Legende, und als Erklärung folgt: „Für den Anbau aller Feldfrüchte geeignet. Diese fruchtbarsten Böden Deutschlands sind unbedingt vor Schadstoffeintrag zu schützen, die Klärschlammeinbringung ist bedenklich, dosierte Gülleverbringung nur bedingt möglich. Durch Erosionsschutz und schonende Bodenbehandlung erhalten." Diese wenigen, unscheinbar auf der Rückseite der Bodenkarte in einer Tabelle eingetragenen Zeilen umreißen die gesamte Problematik der Bodenkunde. Schadstoffe, Erosion, unsach-

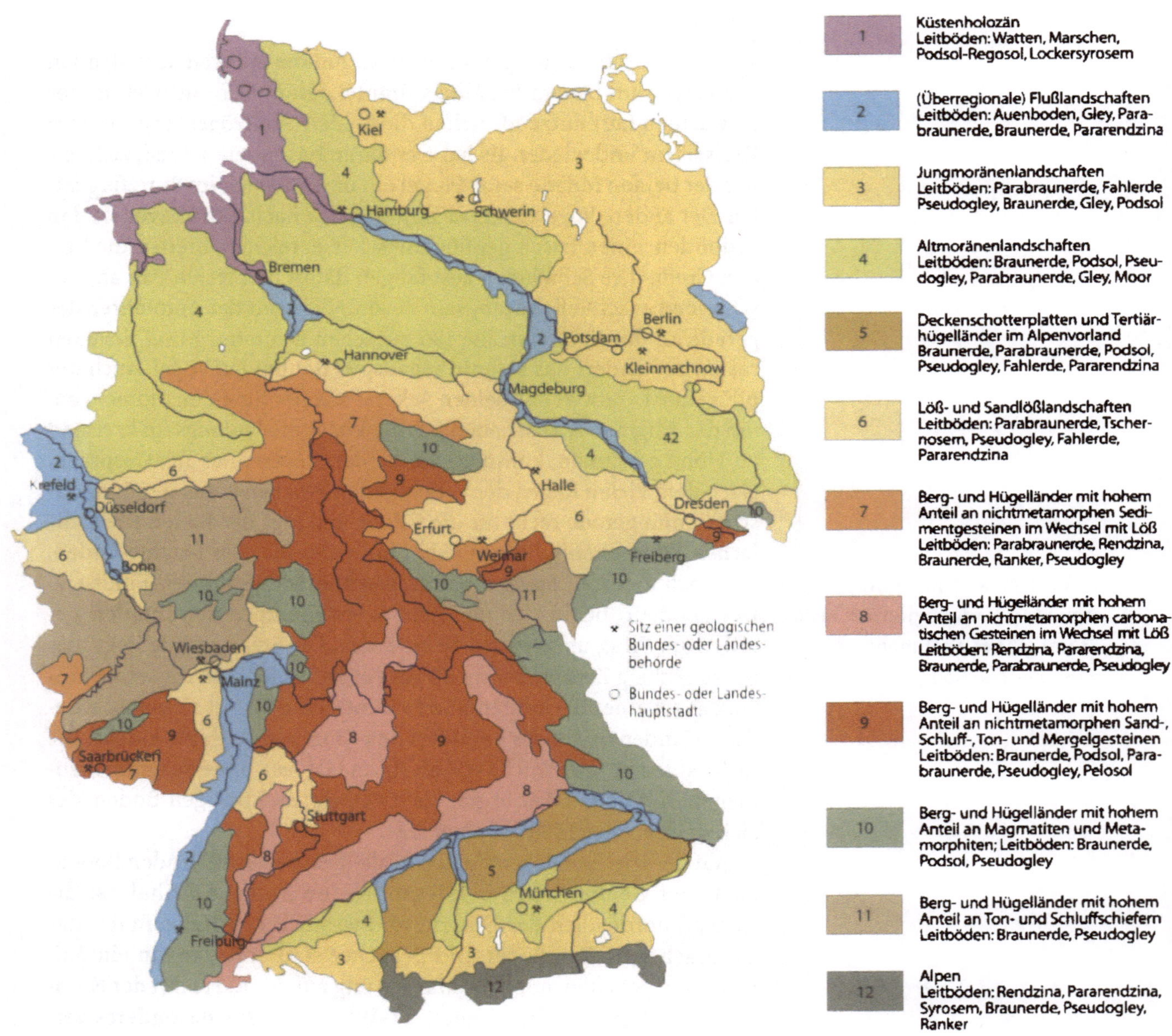

BILD 20.2.
Deutschland besteht aus zwölf verschiedenen Bodenregionen. Die Einteilung wird von Topographie und Klima bestimmt

1 Küstenholozän
Leitböden: Watten, Marschen, Podsol-Regosol, Lockersyrosem

2 (Überregionale) Flußlandschaften
Leitböden: Auenboden, Gley, Parabraunerde, Braunerde, Pararendzina

3 Jungmoränenlandschaften
Leitböden: Parabraunerde, Fahlerde Pseudogley, Braunerde, Gley, Podsol

4 Altmoränenlandschaften
Leitböden: Braunerde, Podsol, Pseudogley, Parabraunerde, Gley, Moor

5 Deckenschotterplatten und Tertiärhügelländer im Alpenvorland
Braunerde, Parabraunerde, Podsol, Pseudogley, Fahlerde, Pararendzina

6 Löß- und Sandlößlandschaften
Leitböden: Parabraunerde, Tschernosem, Pseudogley, Fahlerde, Pararendzina

7 Berg- und Hügelländer mit hohem Anteil an nichtmetamorphen Sedimentgesteinen im Wechsel mit Löß
Leitböden: Parabraunerde, Rendzina, Braunerde, Ranker, Pseudogley

8 Berg- und Hügelländer mit hohem Anteil an nichtmetamorphen carbonatischen Gesteinen im Wechsel mit Löß
Leitböden: Rendzina, Pararendzina, Braunerde, Parabraunerde, Pseudogley

9 Berg- und Hügelländer mit hohem Anteil an nichtmetamorphen Sand-, Schluff-, Ton- und Mergelgesteinen
Leitböden: Braunerde, Podsol, Parabraunerde, Pseudogley, Pelosol

10 Berg- und Hügelländer mit hohem Anteil an Magmatiten und Metamorphiten; Leitböden: Braunerde, Podsol, Pseudogley

11 Berg- und Hügelländer mit hohem Anteil an Ton- und Schluffschiefern
Leitböden: Braunerde, Pseudogley

12 Alpen
Leitböden: Rendzina, Pararendzina, Syrosem, Braunerde, Pseudogley, Ranker

gemäße Bearbeitung und übermäßige Düngung bedrohen inzwischen nicht nur die nährstoffarmen, mageren Böden Mitteleuropas, sondern auch die fetten, ertragreichen Schwarzerden im Herzen Deutschlands.

Wie in kaum einem anderen Zweig der Geowissenschaften müssen Bodenkundler – jene Wissenschaftler, die sich mit der Erforschung und der Erhaltung von Böden beschäftigen – auf vielen Gebieten bewandert sein. Diese Vielfalt liegt in der Natur ihres Forschungsgebietes. Denn obwohl es sich bei Böden im Vergleich zur 40 Kilometer dicken Erdkruste oder dem fast 3 000 Kilometer mächtigen Erdmantel tatsächlich nur um eine hauchdünne Krume von höchstens einigen Dutzend Dezimetern Mächtigkeit handelt, spielen sich in ihnen Vorgänge von ungeheurer Komplexität ab. Mechanische Kräfte, thermische Veränderungen, chemische Reaktionen, biochemischer Metabolismus – es gibt praktisch keinen natürlichen Prozeß, der in Böden nicht vorkommt. Wegen der Vielfalt der Böden in Mitteleuropa, von den sandigen Podsolen der Nordseeküste über die Schwarzerden des östlichen Harzvorlandes und des Thüringer Bekkens bis zu den Gleyen und Rendzinen der Mittelgebirge, hat die Bodenkunde an deutschen Hochschulen und in den Geologischen Landesämtern eine lange Tradition.

Der Fels ist nicht für die Ewigkeit

Ihrer Entstehung nach lassen sich die Böden in zwei Gruppen aufteilen. Die Moore sind die Wiege der „organischen Böden". Ihr Ausgangsmaterial ist ausschließlich organischer Natur. Zum größten Teil sind es abgestorbene Pflanzen, im geringeren Maße Reste von Tieren, aus denen sie entstehen. Durch Mikroorganismen werden diese Stoffe zunächst zersetzt und anschließend „humifiziert". Dabei bleiben Fette und Harze weitgehend erhalten. Der größte Teil der organischen Substanz wird aber im Huminstoffe umgewandelt. In Form von Humus stellen sie die essentielle Komponente eines jeden Bodens dar.

Humus bildet sich auch in der zweiten Bodengruppe, den „Mineralböden", allerdings erst nach langer Vorbereitung. Der Ursprung dieser weitaus häufigsten Bodengruppe ist nämlich das Gestein der Erdkruste. Dem flüchtigen Beobachter mögen Fels und Gebirge ein Bild von beständiger Unzerstörbarkeit, ja vielleicht sogar von Ewigkeit bieten. Dem Geologen stellt sich Gestein allerdings anders, nämlich als vergänglich dar. Das liegt daran, daß die Elemente des Wetters unnachgiebig selbst am festesten Fels nagen. Der Spruch „Steter Tropfen höhlt den Stein" ist wahrlich keine Binsenweisheit. Regen und Frost bahnen sich durch kleinste Haarrisse einen Weg bis tief ins Gestein. Temperaturunterschiede, ja selbst der Wind helfen mit, den Fels allmählich zu zerrütten. Es mag Jahrzehnte, vielfach sogar Jahrhunderte dauern, bis die Verwitterung greift, aber ungeschoren kommt kein Fels an der Erdoberfläche davon. Jedes Gestein reagiert auf seine eigene Art auf die Kräfte der Verwitterung. Mancher Fels, beispielsweise Kalkstein, wird chemisch aufgelöst. Andere Gesteinsarten, z. B. Granit, werden in kleine körnige Bestandteile und letztlich Quarzsand zerlegt.

Die Gesteinsverwitterung ist keinesfalls ein rein mechanischer oder allein nach den Gesetzen der anorganischen Chemie ablaufender Vorgang. Pflanzen und Mikroben haben einen wesentlichen Anteil an der Zersetzung. Wurzeln suchen beispielsweise in kleinsten Rissen nach Feuchtigkeit und können – wenn sie dort Wasser finden – den Fels sprengen. Sie tragen auf diese Weise zur mechanischen Verwitterung bei. Mikroben helfen auf biochemische Weise, festes Gestein aufzulösen. So spielen schleimbildende Bakterien, vor allem einige Bacillusstämme, eine wichtige Rolle bei der Zersetzung von Silikaten (siehe auch Kapitel 17). Die mechanisch, chemisch oder biologisch aus dem Gestein herausgelösten Mineralstoffe helfen den Pflanzen, die sich langsam auf dem entstehenden Boden ansiedeln, bei ihrem Wachstum. Mit dem Absterben der älteren Pflanzen sammelt sich im Laufe der Jahre genügend organisches Material im mineralischen Boden an. Dabei entsteht allmählich – ähnlich wie bei organischen Böden – ein Humushorizont. Der Boden beginnt sich zu entwickeln.

Vom Winde verweht

Die Eigenschaften vieler Böden werden weitgehend durch das darunterliegende Gestein und die sich daraus lösenden Mineralien bestimmt. Böden sind häufig ortsfest, denn ihre Bestandteile haben sich, wenn überhaupt, nur wenige Meter von ihrem Entstehungsort entfernt. Moorböden, aber auch die durchnäßten Gleyen gehören ebenso dazu wie viele, hauptsächlich auf Kalkgestein vorkommende Rendzinaböden. Es gibt aber auch Böden, die praktisch nichts mit dem unter ihnen befindlichen Gestein zu tun haben. Ihre Bestandteile wurden von Wind, Wasser oder Eis oft über Tausende von Kilometern verfrachtet. So ist Löß beispielsweise ein äolisches, also vom Wind verfrachtetes Sediment. Ursprünglich war es ein Gesteinsmehl, das Gletscher wie Schmiergelpapier von festem Gestein abgeschlif-

Gleye kommen hauptsächlich in feuchten Niederungen vor, dort, wo sich Grundwasser staut. Sande und Lehme sind häufig ihr Ausgangsmaterial.

BILD 20.3.
Der typisch graue A-Horizont gab
dem Podsolboden (russ. für „Asche")
– auch Bleicherde genannt – seinen
Namen

fen hatten. Mit dem Rückgang des Eises brachte der Wind die feinsten Partikel schließlich dorthin, wo sie heute den Landwirten soviel Erträge geben, z. B. als Schwarzerdeböden im heutigen Sachsen-Anhalt.

Neben dem Wind ist Wasser das effektivste Transportmittel für verwittertes Gestein. In flüssiger Form lagert es vor allem bei Hochwasser über Bäche und Flüsse große Mengen an Sedimenten in Tälern und Auen ab. Ist dieses Material fein genug, kann es vorhandene Böden anreichern. Das beste Beispiel dafür waren die regelmäßigen Überschwemmungen des Nil, die vor dem Bau des Assuanstaudammes in jedem Frühjahr die Felder Ägyptens „düngten". Auch am Oberrhein, zwischen Basel und Mainz, kam es vor dessen Begradigung im späten 19. Jahrhundert zu regelmäßigen, dem vorhandenen Boden wohltuenden Überflutungen. Das an Flußbiegungen oder in Auen abgelagerte Sediment kann jedoch auch selbst zu einem neuen Boden werden, beispielsweise wenn der Fluß trockenfällt oder wenn er sein Bett in einen benachbarten Mäander verlagert. Während der Eiszeiten wirkte Wasser auch in Form von Gletschereis als „Spediteur" verwitterten Gesteins. Wie riesige Bulldozer verfrachteten Gletscher Millionen Tonnen Material, das sogenannte Geschiebe. Die Moränen unterhalb der Gletscherzungen und an den Seiten der Gletscher enthalten Sedimente, die oft über Hunderte von Kilometern transportiert wurden. Die Sandböden der Mark Brandenburg oder die Podsole im Alpenvorland sind aus solchen eiszeitlichen Moränen entstanden.

Welche Bodentypen sich aus diesen unterschiedlichen Ablagerungen bilden, hängt nicht nur vom ursprünglichen Mineralgehalt, sondern auch vom Klima und vom Standort ab, an dem sich der Boden entwickelt. Das Zusammenspiel dieser drei Faktoren bestimmt nämlich im wesentlichen, welche biologischen Prozesse das zunächst leblose, mechanisch und chemisch zerrüttete Gestein in lebendigen Humus verwandeln. So lassen die Tropen völlig andere Böden als die gemäßigten Klimate entstehen. Der Permafrost der Tundra hat wieder andere Böden zur Folge. Ein in einem Talkessel befindlicher, dauernd mit Wasser gesättigter Boden hat andere Eigenschaften als eine ganz dünne, häufig starken Winden ausgesetzten Krume im Hochgebirge.

Meist besteht ein Boden aus drei Horizonten, nämlich dem Oberboden oder der Krume (A-Horizont), in der kleinere Pflanzen wurzeln, dem Unterboden (B-Horizont), in dem Mineralstoffe ausfällen, sowie dem C-Horizont, dem verwitternden Ausgangsgestein.

IN DER TROCKENEN LUFT DER BÜCHEREI

In sogenannten Bodenbibliotheken können sich Wissenschaftler, Studenten und interessierte Laien einen Überblick über die verschiedenen Bodentypen verschaffen. Dort sind zum Teil Hunderte verschiedener Bodenprofile aus allen Teilen der Welt zusammengetragen und zwischen Kunststoffscheiben konserviert. So interessant und vielgestaltig derartige Bibliotheken auch sind, sie spiegeln ein grundsätzliches Problem der Bodenkunde wider: Böden lassen sich nämlich nicht so leicht wie ein Stück unbelebte Natur erforschen, sie machen den Wissenschaftlern ihre Arbeit schwer. Beispielsweise vermitteln die in der Bodenbibliothek gesammelten Proben zwar einen generellen Eindruck von ihrem jeweiligen Aufbau. Der Nachteil dieser Proben ist jedoch, daß die darin zur Schau gestellten Böden nicht mehr leben. Die Proben sind trocken, ihr Gefüge ist gestört, denn die trockene Bibliotheksluft hat ihnen im Laufe der Zeit das Wasser entzogen.

Dabei hängt die Qualität eines Bodens ganz wesentlich vom Wassergehalt und der Durchlässigkeit seines Gefüges ab. Die meisten chemischen und biologischen Vorgänge werden nämlich vom Grad der Durchnässung des Bodens und von der Geschwindigkeit bestimmt, mit der Wasser durch das Erdreich dringt. Neben der Luft ist Wasser auch das wichtigste Medium, das den Kontakt zwischen dem Boden und seiner Umgebung herstellt. Über die Luft können beispielsweise die bei der mikrobiellen Umsetzung organischer Materie entstehenden Gase entweichen. Wasser transportiert dagegen Mineralien zwischen den verschiedenen Horizonten eines Bodens. Auf landwirtschaftlich genutzten Böden bringt es aber auch Dünger von der Bodenoberfläche in jene Horizonte, in denen die Wurzeln der Pflanzen aktiv sind. Wasser kann jedoch auch Schadstoffe, die zunächst im Boden gebunden sind, auswaschen und ins Grundwasser überführen. Der Erforschung der Wasserbewegung in einem Boden

BILD 20.4.
Bodenkunde ist oft mühsame Detailarbeit. Mit blauem Farbstoff und einem Raster messen Wissenschaftler in situ die Ausbreitung von Wasser in einem Boden

kommt deshalb eine besondere Bedeutung zu. Mit diesem Zweig der Bodenkunde beschäftigen sich die Bodenphysiker.

Kurt Roth ist ein solcher Bodenphysiker an der Universität Hohenheim im südlichen Stadtgebiet Stuttgarts. Enthusiastisch spricht er über seine Bodenproben und führt den Besucher in den Labortrakt im Keller des ehrwürdigen Schlosses, das Herzog Carl Eugen von Württemberg Ende des 18. Jahrhunderts für sich und seine Frau Franziska von Hohenheim bauen ließ. Die weitläufige Schloß- und Parkanlage ist heute das Kernstück der Universität. In einem der unscheinbaren Laborräume zeigt er auf einige Metallzylinder, die unter einem Gewirr von Schläuchen und Kabeln verborgen sind. „Hier messen wir an echten Bodenproben, wie schnell das Wasser hindurchdringt," sagt Roth und kann dabei seinen schweizer Akzent nicht verleugnen. Die Daten der Meßfühler werden von Computern automatisch aufgezeichnet und anschließend von Mitarbeitern des Instituts für Bodenkunde ausgewertet. Roth und seine Kollegen können inzwischen die wasserführende Porenstruktur eines Bodens nicht nur mit modernen Methoden messen, sondern sie auch gleichzeitig in einem Computermodell numerisch beschreiben. Das ist bisher noch keiner anderen Forschergruppe der Welt gelungen.

Die Wasserleitfähigkeit eines Bodens ist stark von seiner Zusammensetzung und seinem Feuchtigkeitsgehalt abhängig. Durch sandige Böden dringt Wasser im allgemeinen wesentlich schneller als durch lehmige Böden gleicher Feuchte. Ist die Erde jedoch sehr naß oder sogar wassergesättigt, leiten lehmige Böden das Wasser oft deutlich besser, unter anderem, weil sie von langen Regenwurmgängen durchzogen sind. Die mittlere Geschwindigkeit, mit der Wasser durch feuchten Boden fließt, ist äußerst langsam. In den in Deutschland vorkommenden Böden beträgt sie im Durchschnitt nur etwa einen Meter pro Jahr. Nach starken Regenfällen allerdings, beispielsweise nach einem Gewitter, steigt die Wasserleitfähigkeit des Erdbodens kurzzeitig auf zehn Zentimeter pro Stunde oder mehr. Dieser sogenannte „schnelle Transport" birgt das größte Risiko für eine Verunreinigung des Grundwassers durch Schadstoffe. Besprüht beispielsweise ein Landwirt sein Feld kurz vor einem starken Regenguß mit einem Pestizid, kann der schnelle Transport dafür sorgen, daß das Mittel ins Grundwasser ausgewaschen wird. Ohne Regen wäre das Pestizid dagegen nur sehr langsam durch den Boden gesickert und dabei schon in den obersten Schichten ohne Gefahr für das Grundwasser mikrobiologisch abgebaut worden. Selbst trockene Böden können noch große Mengen Wassers enthalten. So beträgt beispielsweise die relative Luftfeuchtigkeit in den Poren eines Bodens, auf dem Pflanzen schon zu welken begonnen haben, noch immer mehr als 98 Prozent.

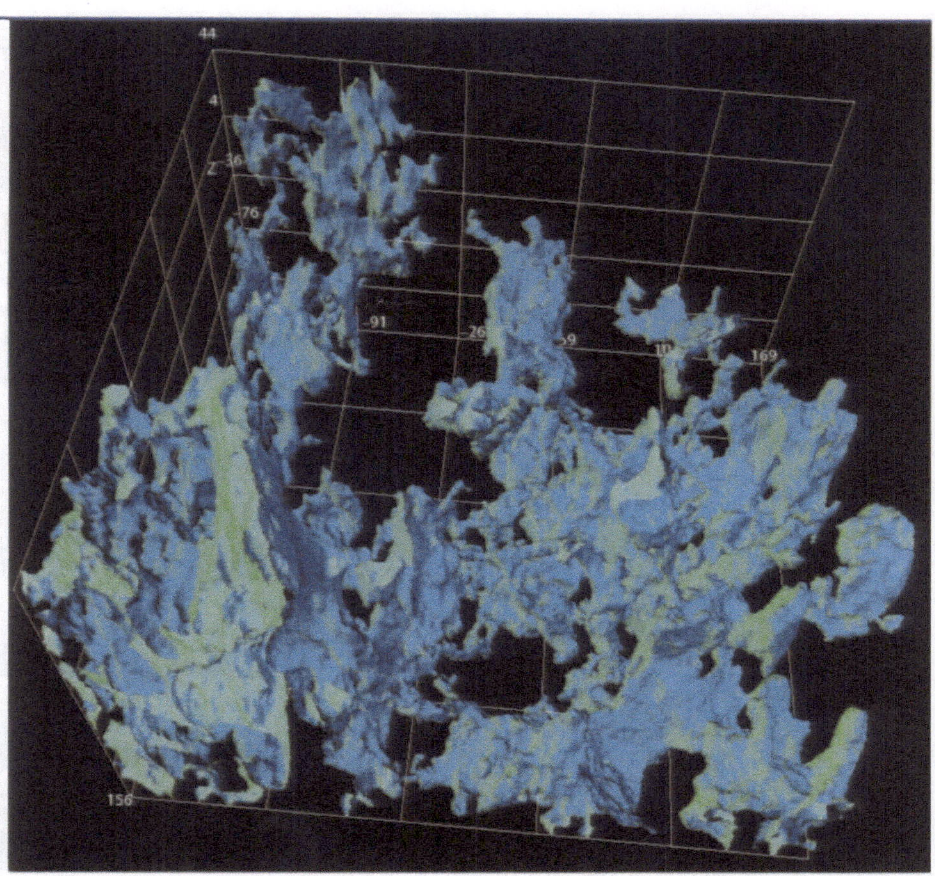

BILD 20.5.
Aus Röntgenuntersuchungen an
Proben entstand dieses digitale
Modell der Porosität eines Bodens

EINE SACKGASSE AUS LAUTER POREN

Für ihre Untersuchungen wählten Kurt Roth und sein Mitarbeiter
Hans-Jörg Vogel in Hohenheim eine Parabraunerde, die aus einem
Acker in der Nähe von Jülich in der Rheinischen Bucht stammt. Ähnlich wie die Schwarzerde östlich des Harzes entstand auch dieser
Boden im Laufe der Jahrtausende aus Löß. Seine braune Farbe erhielt
er durch die Freisetzung von Eisenoxydhydraten im Zuge der Silikat-
verwitterung. Im Gegensatz zu den Schwarzerden sind die Parabraun-
erden mit Ton durchschlämmt. Aus verschiedenen Tiefen entnahmen
die Bodenphysiker dem Acker mehrere zylindrische Bodenproben
von jeweils 16 Zentimeter Durchmesser und 10 Zentimeter Höhe. Die
Wasserleitfähigkeit der einzelnen Proben wurde dann im Labor bestimmt.

Die feineren Poren eines Bodens
sind wegen der in ihnen wirkenden
Kapillarkräfte in der Lage, Wasser
für lange Zeit zu speichern.

In der Regel trägt nur ein kleiner Anteil des Volumens einer Bo-
denprobe zum Wasserfluß bei. Es sind dies die Poren, also die zum
Teil mikroskopisch kleinen Zwischenräume zwischen den eigentlichen Bodenpartikeln. Bodenkundler waren schon seit langem in der

Bodenfeuchte

Geowissenschaftler als Helfer der Landwirte

Richtig aufgebracht helfen Düngemittel dem Landwirt, den Ertrag seiner Felder zu steigern. Eine falsche Düngung führt dagegen oft zur Belastung von Böden und Grundwasser mit Nitrat. Jeder gute Landwirt schätzt einen günstigen Zeitpunkt zur Düngung seiner Flächen intuitiv ab, doch ein Regenguß zur falschen Zeit kann zur Auswaschung des Düngers führen. Mit moderner Computer- und Satellitentechnik helfen Bodenkundler der Universität Potsdam nun Landwirten auf den Sandböden der Mark Brandenburg, Zeit und Ort für das Ausbringen von Düngemittel besser zu bestimmen. Dazu werden unter anderem landwirtschaftliche Maschinen eingesetzt, die mit GPS-Ortungssystemen ausgerüstet sind. Das erleichtert dem Bauern auch auf großen Äckern die Orientierung. Geländemodelle, Ertragskartierungen und Bodenkarten bilden die Grundlagen für die „digitale" Bewirtschaftung von Böden.

Der kritische Parameter für eine sachgerechte Düngung ist die Bodenfeuchte, denn eine Pflanze kann Nährstoffe nur über den sogenannten Wasserpfad aufnehmen. Das Düngemittel muß also in Wasser gelöst sein, wobei der Lösungsgrad von der Feuchtigkeit des Bodens abhängt. Ist der Boden zu trocken, löst sich das Düngemittel schlecht, ist er zu naß, wäscht es zu schnell aus. Mit geoelektrischen Verfahren messen Bodenkundler das Jahr über den Feuchtigkeitsgehalt. Nassere Böden setzten dem elektrischen Strom nämlich einen geringeren Widerstand entgegen als trockene Böden.

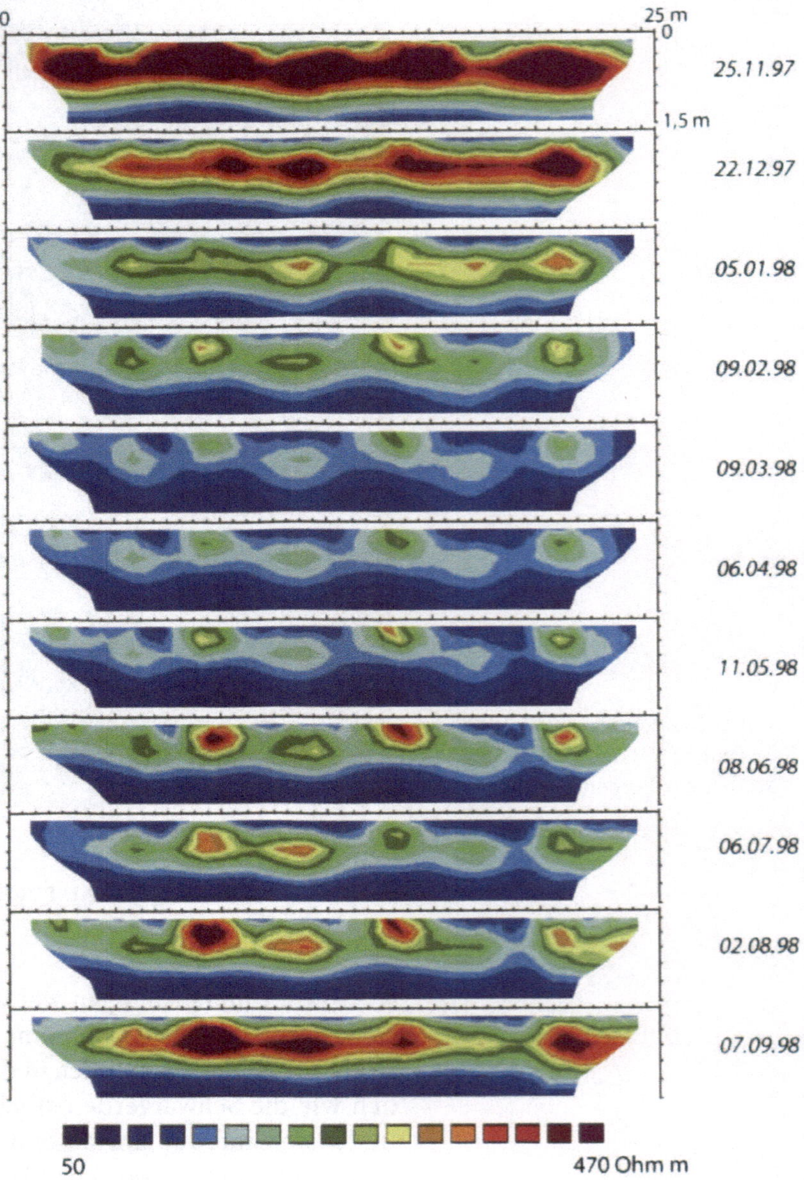

Die Graphik, auf der der elektrische Widerstand eines Ackerbodens in bis zu eineinhalb Metern Tiefe dargestellt ist, zeigt die jahreszeitlichen Schwankungen. Im November ist der Boden äußerst trocken (*rot*), im März und April dagegen besonders feucht (*blau*). Aus solchen Diagrammen kann der Landwirt den besten Zeitpunkt zu Düngung bestimmen.

BILD 20.6.
Der elektrische Widerstand ist ein Maß für die Bodenfeuchte. Das hier gezeigte Beispiel aus der Mark Brandenburg gibt die jahreszeitliche Variation der elektrischen Widerstandsverteilung wieder

Lage, das durchschnittliche Porenvolumen eines Bodens zu ermitteln. Messungen der Verbindungen zwischen den Poren waren aber bisher unmöglich. Man wußte daher nicht, wieviele der Porenräume in „Sackgassen" endeten und damit wenig Einfluß auf den Wasserdurchfluß im Boden hatten. Die beiden Bodenkundler durchleuchteten nun ihre Proben schichtweise mit Hilfe eines Röntgentomographen. Bei diesem aus der Medizin stammenden und Cat-Scan genannten Verfahren entstanden Bilder der Dichteverteilung im Inneren der Proben. Die „leeren" Porenräume ließen sich dabei deutlich von den wesentlich dichteren Bodenpartikeln unterscheiden. Vogel entwickelte anschließend ein Computerprogramm, mit dessen Hilfe die Poren jeder einzelnen Schicht einer Probe systematisch mit den Poren der Nachbarschichten verglichen wurden. Das Ergebnis dieses Vergleichs ist eine erste dreidimensionale „Straßenkarte" der Porenräume eines Bodens. Sie zeigt, welche Porenstrukturen vom Wasser als „Kanäle" benutzt werden können und welche in Sackgassen enden. Ein überraschendes Ergebnis dieser Untersuchungen war, daß weitaus mehr Porenräume in Sackgassen endeten als bisher vermutet.

Die numerische Beschreibung dieser „Wasserwege" erlaubt es nun, den Transport von Wasser und Schadstoffen durch einen Boden wesentlich genauer als bisher mit Computermodellen zu simulieren. Dabei interessiert die Bodenkundler vor allem die Analyse des „schnellen Transports" nach starken Niederschlägen. Obwohl sich diese Modellierungen noch im Aufbau befinden, geben sie den Bodenkundlern schon erste, wichtige Einblicke in das Verhalten von Böden. Das gilt vor allem für das Verständnis der Auswaschung von Nitraten und Pestiziden aus landwirtschaftlich genutzten Böden. Das ist besonders für ein dichtbesiedeltes Land wie Deutschland wichtig, in dem immerhin 55 Prozent der Böden land- oder forstwirtschaftlich genutzt werden. Die Computermodelle lassen sich aber auch zur Beschreibung der unterirdischen Ausbreitung chemischer Schadstoffe heranziehen. Die Untersuchungen in Hohenheim sind ein Beispiel dafür, wie eng die Grundlagenforschung mit der konkreten Anwendung – im Falle der Böden mit dem Umweltschutz – zusammenhängen.

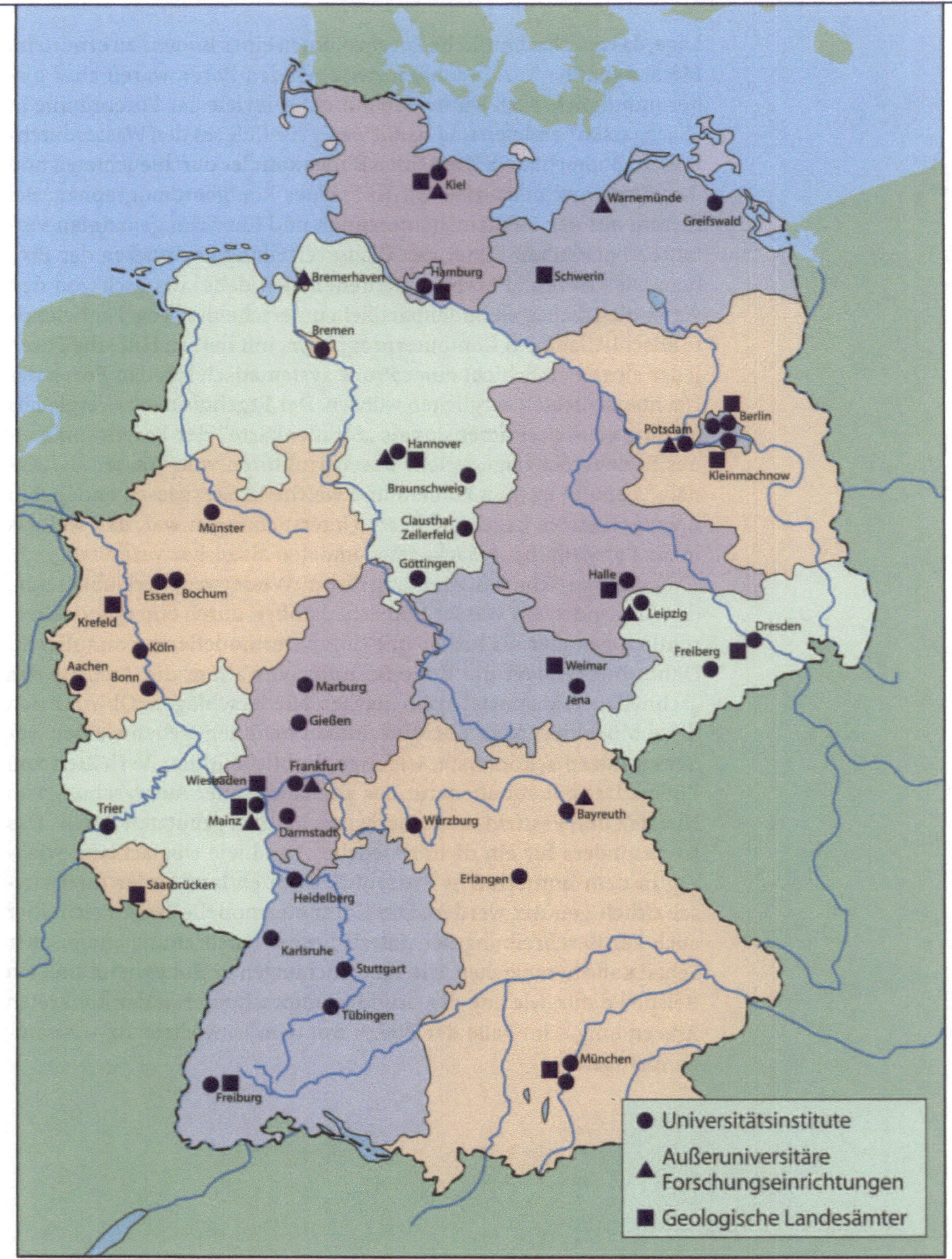

BILD 21.1.
Geowissenschaftliche Hochschulinstitute und außeruniversitäre Forschungsinstitutionen in Deutschland

21 Ausblick

GEOWISSENSCHAFTEN AN DER SCHWELLE ZUM
21. JAHRHUNDERT

Heraklit, der griechische Philosoph, schien schon genau zu wissen, was es mit der Erde auf sich hat. „Panta Rhei" schrieb er vor 2 500 Jahren: Alles fließt, nichts bleibt konstant, das einzig Stete ist die Änderung. Es dauerte aber noch bis zur Mitte dieses Jahrhunderts, bis auch der letzte Skeptiker akzeptierte, daß unsere Erde nicht statisch ist, sondern seit ihrem Entstehen vor nahezu fünf Milliarden Jahren einem ständigen Wandel unterliegt. Die Vorstellung, daß dort, wo heute riesige Gebirge aufragen, einst seichte Wellen einen tropischen Strand heraufrollten, oder kilometerdicke Eispanzer Gebiete beherrschen, die ehemals von riesigen Wäldern mit einer reichen Flora und Fauna bedeckt waren, ist nicht nur für den Laien überwältigend. Die enormen Kräfte des Erdinneren, die die Kontinente auf eine immerwährende Wanderschaft schicken, die in Erdbeben und Vulkanausbrüchen stecken oder schroffe Gebirgsketten entstehen lassen, strapazieren selbst die Vorstellungskraft des Fachmanns, denn die Zeitkonstanten der dynamischen Vorgänge auf der Erde umfassen 14 Zehnerpotenzen.

Bei einem Erdbeben bricht das Gestein in Bruchteilen von Sekunden, Hurrikane dauern ein paar Tage, Vulkanausbrüche kündigen sich im Laufe einiger Monate an, sind dann aber in wenigen Wochen vorbei. Lithosphärenplatten bewegen sich mit wenigen Zentimetern pro Jahr, Gletschereis wandert in Jahrzehnten und Jahrhunderten, die stete Erosion der Gebirge dauert Jahrtausende, die Gebirgsbildung schließlich bis zu hundert Millionen Jahre.

Für die Bewohner Mitteleuropas liegen diese Vorgänge weit außerhalb der täglichen Erfahrungswelt. Daß die Erde ein ruheloser Planet ist, bemerken sie höchstens dann, wenn in den Nachrichten wieder einmal von Naturkatastrophen die Rede ist. Für den Städter scheinen sich natürliche Veränderungen nur in der belebten Welt abzuspielen. Er nimmt die Jahreszeiten wahr, bemerkt das eigene Altern und beobachtet die Eingriffe des Menschen in die Natur. Er sieht neue

Georgius Agricola (1494–1555) gelang die erste systematische Darstellung geologisch-mineralogischer Einzelerkenntnisse. Er trug damit wesentlich zur Begründung einer wissenschaftlichen Methode in den Geowissenschaften bei.

Hochhäuser wachsen, neue Eisenbahntrassen und neue Flughäfen entstehen. Jene Veränderungen aber, die der Planet an sich selbst vornimmt, bleiben ihm meist verborgen.

Die Aufgabe der Geowissenschaften ist es, das komplexe „System Erde" in seiner Gesamtheit zu erforschen und auf der Grundlage wissenschaftlicher Erkenntnisse Rat zu geben, wenn unser Planet bei Erdbeben, Vulkanausbrüchen, Hochwasser oder Lawinenabgängen wieder einmal seine Muskeln spielen läßt. Kurzum: Die Geowissenschaften helfen, aus der Geschichte der Erde zu lernen und die Zukunft der Erde rational mitzugestalten.

GEOWISSENSCHAFTEN HEUTE – BEDEUTUNG UND VERANTWORTUNG FÜR UNSERE GESELLSCHAFT

Verwurzelt in der traditionsreichen Geschichte der Geologie und Mineralogie galten die Geowissenschaften bis in die jüngste Zeit hinein, ungeachtet ihrer engen Beziehungen zum Bergbau und zur Metallurgie, als ein klassisches Beispiel erkenntnisorientierter Forschung. Dabei hemmte ein über Jahrhunderte durch religiöse Dogmen bestimmtes Weltbild und eine nur unscharfe Abgrenzung zwischen wissenschaftlicher Erkenntnis und philosophischer Naturbetrachtung lange Zeit die Entwicklung der geowissenschaftlichen Disziplinen zu einer eigenständigen, anerkannten Naturwissenschaft. Erst durch die rasanten Fortschritte, die die geowissenschaftliche Forschung in den letzten Jahrzehnten machen konnte, gelang es den modernen Erdwissenschaften, ein eigenes, auch nach außen sichtbares Profil zu gewinnen. Maßgeblich trugen dazu die im Rahmen systematischer Grundlagenforschung gewonnenen Erkenntnisse über die Beweglichkeit der Kontinente bei, die die Vorstellungen über die innere Dynamik unseres Planeten revolutionierten. So erklärt z. B. der Mechanismus der heute als „Plattentektonik" bekannten Hypothese der Kontinentaldrift (siehe Kapitel 1) überzeugend die Ursachen für Naturkatastrophen wie Vulkanausbrüche und Erdbeben (siehe Kapitel 8 und 9). Neue Konzepte zur Klimaprognostik, die auf der Klimarekonstruktion der jüngsten geologischen Vergangenheit aufbauen (siehe Kapitel 4) sowie die konsequente Umsetzung materialkundlicher Erkenntnisse in die Praxis der Denkmalpflege (siehe Kapitel 12) und die Bereitstellung geotechnischer Sicherheitskonzepte zur Vermeidung katastrophaler Erdrutsche oder zur Nutzung des Untergrundes als Wirtschaftsraum (siehe Kapitel 11) haben die modernen Geowissenschaften zu einem wichtigen Partner bei der Lösung akuter Umweltprobleme gemacht. Die Geowissenschaften ha-

Die Menschen vergangener Zeiten glaubten fest an ein Reich im Inneren der Erde, in dem die Mächte der Finsternis lebten.

ben damit eine durch Beobachtungen gestützte, globale Perspektive bekommen und sich aus ihrer historischen Betrachtungsweise heraus zu einem Instrument der Vorhersage und Vorsorge entwickelt. Im Schulterschluß mit den übrigen Naturwissenschaften und den Ingenieurwissenschaften leisten die Geowissenschaften heute einen unverzichtbaren Beitrag zur Zukunftsvorsorge.

GEOWISSENSCHAFTLICHE FORSCHUNG IN DEUTSCHLAND

Der globalen Perspektive der modernen Geowissenschaften wird heute durch eine Reihe interdisziplinärer und grenzüberschreitender Programme Rechnung getragen. Vorreiter war hier das Ende der fünfziger Jahre ausgerufene „Internationale Geophysikalische Jahr" an dem, nur 12 Jahre nach Kriegsende, auch deutsche Geowissenschaftler teilnahmen. Seitdem sind sie an allen wichtigen internationalen Projekten, zum Teil in führender Position, beteiligt. Eine auf rein nationale Belange konzentrierte Forschung ist damit einer in-

BILD 21.2.
Moderne Laborausstattungen sind heute Standard in geowissenschaftlichen Instituten der Hochschulen und außeruniversitären Forschungseinrichtungen

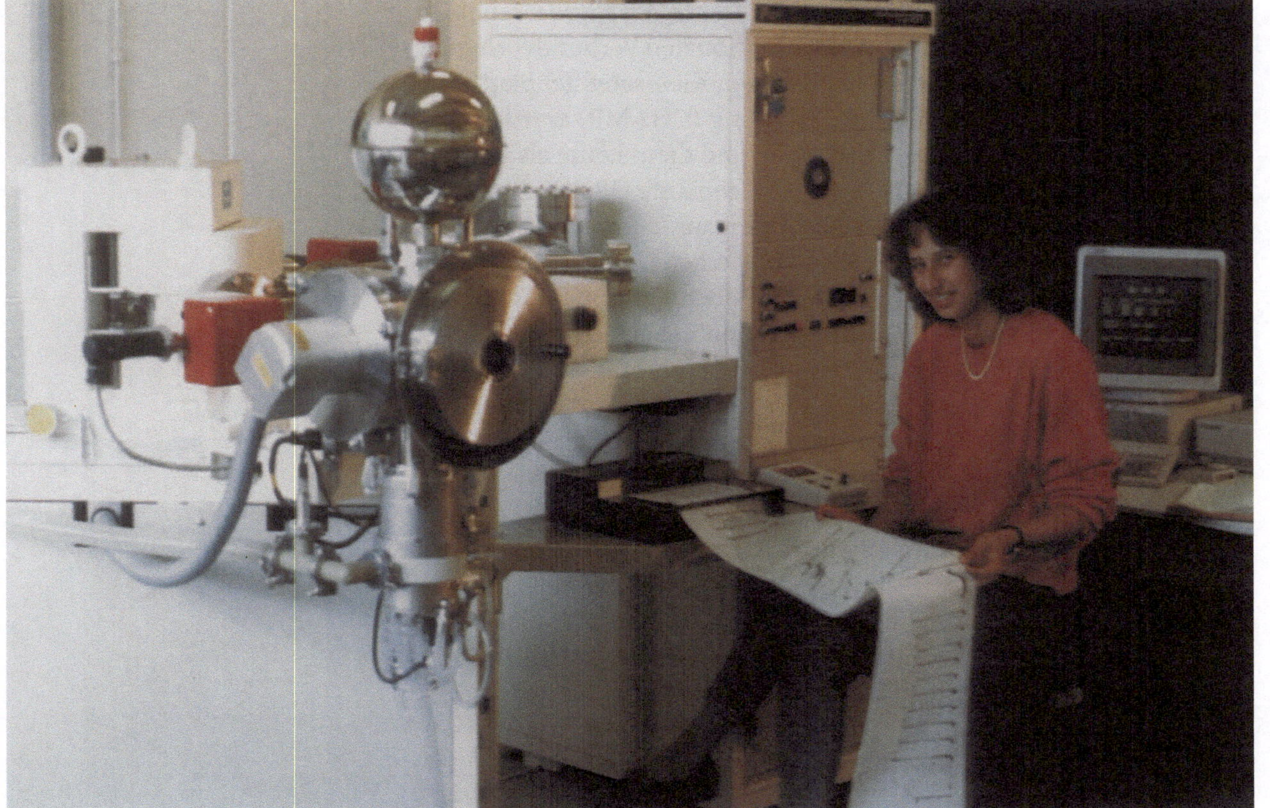

ternationalen Orientierung gewichen. Heute ist das Nebeneinander von internationalem Wettbewerb und internationaler Kooperation ein wichtiger Bestandteil der nationalen geowissenschaftlichen Forschung in Deutschland.

Als eines der gelungensten Beispiele für eine erfolgreiche internationale Wissenschaftskooperation gilt das in Kapitel 2 beschriebene internationale Ocean Drilling Program (ODP), an dem die Bundesrepublik Deutschland seit 1974 nicht nur als Partner teilnimmt, sondern entscheidend an der inhaltlichen Gestaltung und operativen Realisierung mitwirkt. Bei der Organisation und Koordination des vor kurzem ins Leben gerufenen Internationalen Kontinentalen Bohrprogramms (ICDP) übernahm die Bundesrepublik Deutschland sogar in direkter Konsequenz der in Kapitel 6 beschriebenen Kontinentalen Tiefbohrung (KTB) die führende Rolle.

Von internationaler Bedeutung ist auch die deutsche Beteiligung an Satellitenmissionen zur Erdbeobachtung, an geomagnetischen und seismologischen Netzen und an internationalen geodätischen Meß- und Datennetzen. Auf diesem Feld spielte der erste deutsche geodätische Kleinsatellit GFZ-1, der im Rahmen eines deutsch-russischen Gemeinschaftsprojektes seit 1995 Daten über das Schwerefeld der Erde in einer bislang nicht gekannten Qualität an die Bodenstationen übermittelt, eine Vorreiterrolle. Das in der Bundesrepublik entwickelte und in Kürze in einem internationalen Verbundvorhaben umzusetzende Konzept einer preisgünstigen Kleinsatellitenplattform für die Erd- und Atmosphärenbeobachtung (CHAMP) wurde mittlerweile auch von der NASA aufgegriffen und dient heute als Grundlage für die gemeinsam mit Deutschland geplante GRACE-Mission.

Für die internationale Verbundforschung auf europäischer Ebene sind die Forschungsprogramme der Europäischen Union (EU) und der European Science Foundation (ESF) maßgebend. Das meereswissenschaftliche Programm MAST (Marine Action in Science and Technology) der EU, die kontinental orientierten Programme EUROPROBE und ELDP (European Lake Drilling Programme) oder das polarwissenschaftlich ausgerichtete „European Project for Ice Coring in Antarctica" (EPICA) spielen in diesem Rahmen eine zentrale Rolle. EUROPROBE ist in ganz besonderem Maße auf die Zusammenarbeit mit den Ländern Mittel- und Osteuropas ausgerichtet und hat durch gemeinsame Forschungsprojekte, Partnerschaften und einen in beide Richtungen orientierten Austausch von Gastwissenschaftlern dem politischen Zusammenwachsen Europas auch wissenschaftlich Rechnung getragen. Im Rahmen bilateraler Abkommen hat die geowissenschaftliche Meeresforschung in den arktischen Gewässern und in der Ostsee durch die enge Zusammenarbeit mit Rußland und den baltischen Republiken einen neuen Anstoß erfahren.

Durch ihre Mitarbeit in den globalen Kooperationsprogrammen genießen die deutschen Geowissenschaften heute weltweit einen ausgezeichneten Ruf. Die wissenschaftliche Qualität der Forschung und der systematische Auf- und Ausbau leistungsfähiger Forschungsstrukturen, der in den vergangenen Jahrzehnten nicht nur die Erweiterung der Hochschulkapazitäten, sondern auch den Bau neuer außeruniversitärer Forschungseinrichtungen einschloß, bildete die Grundlage für diese starke internationale Position.

Geowissenschaftliche Forschung wird in der Bundesrepublik Deutschland heute in Universitäten, drei geowissenschaftlich orientierten Helmholtz-Zentren (GeoForschungsZentrum Potsdam, Alfred-Wegener-Institut für Polar- und Meeresforschung in Bremerhaven und Umweltforschungszentrum in Leipzig), den geologischen Diensten der 16 Bundesländer, der Bundesanstalt für Geowissenschaften und Rohstoffe (BGR) in Hannover, dem GEOMAR-Forschungszentrum für Marine Geowissenschaften in Kiel und dem Bayerischen Forschungsinstitut für Experimentelle Geochemie und Geophysik in Bayreuth betrieben. In kaum einem anderen Land der Welt existiert ein derart hohes Potential an geowissenschaftlichen Lehr- und Forschungseinrichtungen.

Eine wichtige Rolle bei der Abstimmung und Koordination geowissenschaftlicher Forschungsprogramme übernimmt die Deutsche Forschungsgemeinschaft (DFG), die zentrale Forschungsförderungsinstitution der Bundesrepublik Deutschland und wichtigster Drittmittelgeber der deutschen geowissenschaftlichen Hochschulforschung. Allein 1998 wurde die geowissenschaftliche Forschung mit über 100 Mio. DM aus DFG-Mitteln unterstützt. Neben der breiten allgemeinen Forschungsförderung entwickelt die DFG geeignete Förderinstrumente, um national und international die interdisziplinäre Zusammenarbeit der Geowissenschaften zu fördern. Eine maßgebliche Rolle übernimmt hierbei die DFG-Senatskommission für Geowissenschaftliche Gemeinschaftsforschung.

Das Bundesministerium für Bildung und Forschung (BMBF) berücksichtigt sowohl die Projektförderung als auch die institutionelle Forschung. Zwischen 1983 und 1996 hat das BMBF, z. B. für das Kontinentale Tiefbohrprogramm der Bundesrepublik Deutschland, Mittel in Höhe von fast 600 Millionen DM zur Verfügung gestellt. Zusammen mit der DFG sichert es die Mitgliedschaft der Bundesrepublik im Internationalen Kontinentalen Bohrprogramm (ICDP) und im Ocean Drilling Program (ODP). Bei der institutionellen Forschung trägt das Ministerium die finanzielle Hauptlast der Helmholtz-Zentren und finanziert mit den Forschungsschiffen „Sonne", „Polarstern" und „Meteor" (letztere zusammen mit der DFG) wichtige Teile der deutschen Forschungsflotte.

GEOWISSENSCHAFTLICHE AUSBILDUNG UND LEHRE

Die unverzichtbare Basis für die auf thematische Schwerpunkte konzentrierte Forschung stellt die geowissenschaftliche Grundlagenforschung an den deutschen Universitäten dar. Sie bedarf der besonderen Aufmerksamkeit und Förderung, denn die Qualität universitärer Forschung und Lehre bestimmt die Qualität des wissenschaftlichen Nachwuchses für Wirtschaft und Wissenschaft. Heute werden Geowissenschaften an 35 Universitäten und Technischen Hochschulen gelehrt (zur weiteren Information sei hier auf Tabelle 21.1 verwiesen).

Traditionell gliedern sich die Geowissenschaften an den Hochschulen in die nicht scharf voneinander abgrenzbaren und sich zunehmend vernetzenden Einzeldisziplinen der Geologie und Paläontologie, der Mineralogie und Kristallographie und der Geophysik. Hinzu kommen die Physische Geographie, die Geodäsie und die Bodenkunde. Von Ausnahmen abgesehen wird die Physische Geographie an den Hochschulen im Allgemeinen der Geographie, die Geodäsie den Ingenieurwissenschaften zugeordnet.

BILD 21.3.
Die Ausbildung im Gelände ist auch im Zeitalter moderner Technik unerläßlich – Studentenexkursion nach Finnland

Die Einbindung der deutschen Geowissenschaften in die internationale Wissenschaftsgemeinschaft und ein in den vergangenen Jahren deutlich verändertes geowissenschaftliches Berufsbild legt heute eine verstärkt integrative Ausrichtung der in der Regel noch eigenständigen Studiengänge nahe. Inhaltliche Umstellungen der traditionellen Studienpläne, die Einführung international kompatibler Studienabschlüsse und eine hinreichende Flexibilität in Bezug auf stets neue Anforderungen des Arbeitsmarktes müssen diese Entwicklung berücksichtigen.

Die Gesamtzahl der Studierenden mit Geologie, Mineralogie oder Geophysik im Hauptfach betrug 1998 ungefähr 10 000. Etwa 800 Absolventen verlassen im Jahr die Hochschule mit einem entsprechenden Abschluß als Dipl.-Geologe, Dipl.-Mineraloge oder Dipl.-Geophysiker.

Kaum ein anderes Studium ist so vielfältig, bietet soviel Facetten, wie das Studium der Geowissenschaften. Die Zeiten sind längst vorbei, in denen ein Geologe lediglich mit einem Hammer und einem Notizbuch bewaffnet ins Feld ging und aus seinen Beobachtungen neue Hypothesen zur Entstehung der Kontinente ableitete.

Keine Frage: Dies gehört nach wie vor zum Rüstzeug eines Geowissenschaftlers, aber ebenso wie die Arbeit im Gelände müssen ihm die chemisch-physikalischen und analytischen Methoden geläufig sein, die grundlegende Kenntnisse in Biologie, Chemie, Physik, Mathematik sowie den Ingenieur- und Computerwissenschaften voraussetzen.

BERUFSFELDER FÜR GEOWISSENSCHAFTLER

Geowissenschaftler sind heute in den unterschiedlichsten Tätigkeitsbereichen anzutreffen. Das Spektrum reicht dabei von der grundlagen- und anwendungsorientierten Forschung über Anstellungen in der Rohstoff-, Umwelt- und Versicherungswirtschaft bis hin zu planerischen und gutachterlichen Tätigkeiten in Ingenieurbüros und Behörden. Insbesondere durch die rohstoffkundliche Komponente gehören die Geowissenschaften zu den Fachrichtungen mit einem internationalem Betätigungsfeld. Der Arbeitsmarkt ist bis heute aber starken Fluktuationen ausgesetzt. So wurde beispielsweise die bis in die Mitte der achtziger Jahre ausgesprochen gute Arbeitsmarktsituation in der Rohstoffindustrie durch den dramatischen Verfall der Ölpreise ins Gegenteil gekehrt. Gleichzeitig führte in dieser Zeit jedoch ein rasch anwachsendes und zunehmend auch politisch getragenes Umweltbewußtsein der Gesellschaft dazu, daß mehr Geo-

Hochschulinstitute	
Aachen:	http://www.rwth-aachen.de/zentral/sul_geologie.htm
	http://www.rwth-aachen.de/zentral/sul_mineralogie.htm
Bayreuth:	http://www.uni-bayreuth.de/departments/bcg/
Berlin:	http://mindepos.bg.tu-berlin.de/fb09/
	http://userpage.fu-berlin.de/~wwwgravi/geoinst.html
	http://userpage.chemie.fu-berlin.de/~mininst/Welcome.html
	http://userpage.fu-berlin.de/~palaeont/
	http://www.tu-bs.de/FachBer/fb2/
Bochum:	http://www.ruhr-uni-bochum.de/exogeol/geowiss.html
Bonn:	http://www.geologie.uni-bonn.de/
	http://petrol.min.uni-bonn.de/index.html/
Braunschweig:	http://www.tu-bs.de/FachBer/fb2/
Bremen:	http://www.palmod.uni-bremen.de/
Clausthal-Zellerfeld:	http://www.ifg.tu-clausthal.de/
	http://www.immr.tu-clausthal.de/
	http://www.geologie.tu-clausthal.de/
Darmstadt:	http://www.tu-darmstadt.de/fb/geo/welcome.html
Dresden:	http://www.forst.tu-dresden.de
Erlangen:	http://www.uni-erlangen.de/docs/FAUWWW/Fakultaeten/NAT3/NAT31.html
Essen:	http://www.uni-essen.de/geologie/
Frankfurt:	http://www.rz.uni-frankfurt.de/presse/brosch/fb17.htm
Freiberg:	http://www.tu-freiberg.de/~wwwggb/index.html
Freiburg:	http://www.uni-freiburg.de/geo/
Gießen:	http://www.uni-giessen.de/fb16/
Greifswald:	http://www.uni-greifswald.de/~geo/
Göttingen:	http://www.Uni-Goettingen.DE/FB/Geo/
	http://www.Physik.Uni-Goettingen.DE/
Halle:	http://www.uni-halle.de/geowiss/
Hamburg:	http://www.geowiss.uni-hamburg.de/i-geolo/start.html
	http://www.geophysics.dkrz.de/
	http://www.rrz.uni-hamburg.de/mpi/
	http://www.geowiss.uni-hamburg.de/i-boden/start.html
Hannover:	http://www.uni-hannover.de/fb/geo.htm
Heidelberg:	http://www.uni-heidelberg.de/institute/fak15/
Jena:	http://www.uni-jena.de/chemie/geowiss/

TABELLE 21.1.
Internet-Zugangsadressen geowissenschaftlicher Hochschulinstitute und Forschungseinrichtungen

Hochschulinstitute	
Karlsruhe:	http://www.bio-geo.uni-karlsruhe.de/Fakultaet/biogeo.htm http://www.physik.uni-karlsruhe.de/
Kiel:	http://www.uni-kiel.de/fak/mathnat/sektion-geo/index.html
Köln:	http://www.uni-koeln.de/math-nat-fak/mineral/index.html http://www.uni-koeln.de/math-nat-fak/kristall/index.html http://www.uni-koeln.de/math-nat-fak/geologie/ http://www.uni-koeln.de/math-nat-fak/geomet/index.html
Leipzig:	http://www.uni-leipzig.de/physik/
Mainz:	http://www.uni-mainz.de/UniInfo/Fachbereiche/geowissenschaft.html
Marburg:	http://www.uni-marburg.de/geowissenschaften/
München:	http://www.chemie.tu-muenchen.de/ http://141.84.50.121/Fak20/Fak20_Home.htm
Münster:	http://www.uni-muenster.de/Geowissenschaften/Welcome-d.html http://www.uni-muenster.de/Physik/Welcome-d.html
Potsdam:	http://www.uni-potsdam.de/u/Geowissenschaft/index.htm
Stuttgart:	http://www.uni-stuttgart.de/organisation/fakultaeten/geowissenschaften/
Trier:	http://www.uni-trier.de/uni/fb6/geo-wiss.htm
Tübingen:	http://www.uni-tuebingen.de/geo/
Würzburg:	http://www.uni-wuerzburg.de/fakultaet/geol_3.html

Außeruniversitäre Forschungseinrichtungen

Alfred-Wegener-Institut für Polar- und Meeresforschung, Bremerhaven: http://www.awi-bremerhaven.de/

Bayerisches Forschungsinstitut für Experimentelle Geochemie und Geophysik der Universität Bayreuth: http://www.bgi.uni-bayreuth.de/

Bundesanstalt für Geowissenschaften und Rohstoffe (BGR), Hannover: http://www.bgr.de/

Bundesanstalt für Kartographie und Geodäsie, Frankfurt/M.: http://www.ifag.de

Forschungsinstitut und Naturmuseum Senckenberg, Frankfurt/M.: www.senckenberg.uni-frankfurt.de

GeoForschungsZentrum Potsdam:http://www.gfz-potsdam.de

GEOMAR Forschungszentrum für marine Geowissenschaften der Christian-Albrechts-Universität zu Kiel: http://www.geomar.de/

Institut für Ostseeforschung: http://www.io-warnemuende.de/de_index.htm

UFZ-Umwelt Forschungszentrum Leipzig-Halle: http://www.ufz.de/

wissenschaftler ihr berufliches Aufgabengebiet im Umweltschutz und in der mittelständischen Umwelt- und Geotechnik fanden, was vor allem die Nachfrage nach Absolventen mit ingenieur- und hydrogeologischer, geochemischer und verfahrenstechnischer Vorbildung auslöste. Zunehmend ergeben sich auch neue Aufgabenbereiche in der umweltgerechten Regionalplanung und dem Natur- und Geotopschutz.

So wie Struktur und Inhalte des geowissenschaftlichen Studiums in Bewegung geraten, so wandeln sich auch die Themen geowissenschaftlicher Forschung und Praxis. Die kontinuierliche Zunahme der Weltbevölkerung und die daraus erwachsenden Ressourcenprobleme, wachsende Abfallmengen und die dadurch zunehmende Gefährdung der Umwelt oder die Gefahr langfristiger Klimaänderungen und Naturkatastrophen sind dabei nur einige Schlaglichter einer neuen vielschichtigen Problematik.

Mit ihrer Kenntnis um die Entwicklung und Dynamik unseres Planeten fällt den Geowissenschaften heute die wichtige Aufgabe zu, an der Schnittstelle zwischen Natur- und Ingenieurwissenschaften Beiträge zu einem besseren Gesamtverständnis des menschlichen

BILD 21.4.
Mahlzeiten unter freiem Himmel sind während der Geländetage die Regel. Internationales Team von Geowissenschaftlern während einer Geländekampagne im Südural, Russland

Lebensraums, zu seiner umweltverträglichen Nutzung und zur Entwicklung von Vorhersage- und Vorsorgestrategien zu leisten. Der „Geomarkt von morgen" wird daher in weiten Bereichen der menschlichen Daseinsvorsorge verpflichtet sein.

Unter Zugrundelegung dieser Vorstellungen lassen sich mehrere Kernbereiche künftiger geowissenschaftlicher Aktivitäten mit erheblichem wissenschafts- wie arbeitsmarktpolitischen Zukunftspotential definieren:

- Auffindung und Bewertung von Rohstoffen und fossilen Energieträgern;
- Sicherung von Grund- und Trinkwasserressourcen und Wassermanagement;
- Entwicklung innovativer Technologien, z. B. im Bereich geophysikalischer Erkundungsmethoden und in der Bohrtechnik;
- Entwicklung von Frühwarnsystemen, Erdbeobachtungssystemen und Robotiksystemen für Meß-, Probenahme- und Experimentieraufgaben;
- Kommunale und kommerzielle Dienstleistungen, z. B. auf dem Gebiet des Erd- und Grundbaus und in der Abfall- und Sanierungstechnik;
- Aufgaben im Umweltmanagement und Katastrophenschutz;
- Wissenschaftlich-technische Zusammenarbeit mit Ländern der Dritten Welt.

Neben den geänderten wissenschafts- und arbeitsmarktpolitischen Anforderungen stellt sich den Geowissenschaften als wichtige Zukunftsaufgabe auch die bessere Vermittlung ihrer Anliegen in der Öffentlichkeit. Zu einseitig ist vielfach auch heute noch die Vorstellung über die Arbeit des Geowissenschaftlers und ihre Relevanz für Wirtschaft und Gesellschaft. Damit z. B. junge Menschen – die Wissenschaftler von morgen – für dieses Fach gewonnen werden können, ist es notwendig, die Kompetenz, die Leistungsfähigkeit und die Einsatzmöglichkeiten der Geowissenschaften einer breiten Öffentlichkeit zu vermitteln. Dieses war auch ein wesentliches Anliegen bei der Konzeption des vorliegenden Buches.

Anhang

A Abkürzungen

AWI	Alfred-Wegener-Institut für Polar- und Meeresforschung, Bremerhaven, Großforschungseinrichtung des Bundes und des Landes Bremen;
BAS	British Antarctic Survey, Polarforschungseinrichtung Großbritanniens;
BGR	Bundesanstalt für Geowissenschaften und Rohstoffe, Hannover;
BMBF	Bundesministerium für Bildung und Forschung;
BTX	Gruppe von organischen Schadstoffen im Grundwasser (Benzol, Toluol, Xylol);
CIA	Central Intelligence Agency, amerikanischer Geheimdienst;
CHAMP	Challenging Mini-Satellite Payload for Geophysical Research and Application, geowissenschaftlicher Kleinsatellit des GFZ;
CMR	Center for Monitoring Research, eine Einrichtung zur Überwachung des umfassenden Teststoppabkommens in Rosslyn (Bundesstaat Virgina);
CO$_2$	Chemische Formel für Kohlendioxyd;
Dara	Deutsche Agentur für Raumfahrt-Angelegenheiten, Bonn;
DDR	Deutsche Demokratische Republik;
DEKORP	Deutsches Kontinentales Reflexionsseismisches Programm, ein geowissenschaftliches Großprojekt zur seismischen Untersuchung der Erdkruste unter Deutschland, (1984–1994);
DFG	Deutsche Forschungsgemeinschaft, Bonn;
DNAPL	Dense Non-Aqueous Phase Liquid, Schadstoff hoher Dichte;
DSDP	Deep Sea Drilling Project, Vorgänger des ODP unter amerikanischer Federführung. Beginn im Jahre 1968;
ELDP	European Lake Drilling Programme;

ENEL   Ente Nazionale per L'Energia Elettrica, Nationales Energieversorgungsunternehmen Italiens;

EPICA   European Project for Ice Coring in Antartica;

ERS   European Remote-Sensing Satellite, ein Radarsatellitenpaar der ESA;

ESA   European Space Agency, europäische Weltraumagentur;

ESF   European Science Foundation;

EU   Europäische Union;

GEOMAR   Forschungszentrum für Marine Geowissenschaften an der Universität Kiel;

GERESS   German Experimental Seismic System, Freyung, seismische Richtantenne im Bayerischen Wald;

GFZ   GeoForschungsZentrum, Potsdam, Großforschungseinrichtung des Bundes und des Landes Brandenburg;

GIS   Geographisches Informationssystem;

GLA   Geologisches Landesamt. Nahezu jedes des 16 Bundesländer verfügt über eine solche Einrichtung;

GPS   Global Positioning System, amerikanisches Satellitensystem zur genauen Positionsbestimmung;

HDR   Hot Dry Rock, Verfahren zur Nutzung geothermischer Energie;

ICDP   Internationales Kontinentales Bohrprogramm;

ICE   Intercity-Express, Hochgeschwindigkeitszüge der Deutschen Bahn;

IPCC   International Panel on Climate Change, Expertengruppe zur Beurteilung von Klimaschwankungen;

KFA   Kernforschungsanlage Jülich, heute Forschungszentrum Jülich;

KTB   Kontinentales Tiefbohrprogramm, Windischeschenbach, Oberpfalz;

LNAPL   Light Non-Aqueous Phase Liquid, Schadstoff geringer Dichte;

Moho   Grenzschicht zwischen Erdkruste und Erdmantel, benannt nach dem kroatischen Seismologen Andrija Mohorovičić (1857–1936), der die Existenz dieser Schicht im Jahre 1909 aus den Aufzeichnungen von Erdbeben ableitete;

MAST   Marine Action in Science and Technology, Forschungsprogramm der Europäischen Union zur Exploration, zum Schutz und zur Nutzung der Meeresressourcen;

NASA   National Aeronautics and Space Administration, Weltraumbehörde der USA;

NLfB   Niedersächsisches Landesamt für Bodenforschung, eine der BGR in Hannover angegliederte Einrichtung des Landes Niedersachsen;

NOAA	National Oceanic and Atmospheric Administration;
ODP	Ocean Drilling Program, ein im Jahre 1985 ins Leben gerufenes, internationales meeresgeologisches Bohrprogramm zur Untersuchung der Erdkruste unter den Ozeanen;
PAK	Polyzyklische aromatische Kohlenwasserstoffe;
pH	Maßzahl für die Konzentration von Wasserstoffionen in einer Lösung;
ppb	Parts per billion, 1 ppb ist eine Konzentration von einem Teil je einer Milliarde Teile;
ppm	Parts per million, 1 ppm ist eine Konzentration von einem Teil je einer Million Teile;
SBB	Schweizerische Bundesbahnen;
SDAG	Sowjetisch-Deutsche Aktiengesellschaft „Wismut", betrieb den Uranbergbau in der ehemaligen DDR;
SFB	Sonderforschungsbereich der Deutschen Forschungsgemeinschaft;
SKE	Steinkohleeinheit, ein Maß für die fossilen Brennstoffen steckende Energie bezogen auf den Heizwert einer Tonne Steinkohle;
SPP	Schwerpunktprogramm, eine der Fördermaßnahmen der DFG;
SRO	Seismic Research Oberservatory, Netz weltweit verteilter Seismometer;
SZGRF	Seismologisches Zentralobservatorium Gräfenberg, eine gemeinsam von der DFG und der BGR betriebene Einrichtung der Erdbebenkunde;
TAG	Transatlantische Geotraverse, koordinierte meeresgeologische Untersuchung eines Ost-West-Schnittes durch den Atlantik im Jahre 1985;
TNT	Trinitrotoluol, chemischer Sprengstoff;
UFZ	Umweltforschungszentrum Leipzig;
WWSSN	World Wide Standard Seismograph Network, ein in den sechziger Jahren installiertes Netz weltweit verteilter baugleicher Seismographen.

B Abbildungsnachweise

Die im folgenden aufgeführten Abbildungen wurden für den einmaligen Abdruck in diesem Buch freundlicherweise zur Verfügung gestellt.

Kapitel 1   Dynamik des Erdinnern

1.1   NASA, USA;

1.2   Geo 4/94, Copyright © Holger Everling, Hamburg;

1.3   Bayerisches Forschungsinstitut für Experimentelle Geochemie und Geophysik, Universität Bayreuth;

1.4   Aus: Frankfurter Forschungshefte;

1.5a Aus: Kontinentales Tiefbohrprogramm der Bundesrepublik Deutschland, BMBF-Broschüre, S.12, Copyright © Holger Everling, Hamburg;

1.5b Aus: This Dynamic Earth, W. J. Kious und R. J. Tilling, Broschüre des US-Geological Survey;

1.6   Jeremy Bloxham, Harvard;

1.7   Aus: H.-P. Harjes: Struktur und Dynamik der Erde; Mannheimer Forum '88/89.

Kapitel 2   Geowissenschaftliche Meeresforschung

2.1   GEOMAR-Forschungszentrum für Marine Geowissenschaften, Kiel;

2.2   Bundesanstalt für Geowissenschaften und Rohstoffe, Hannover;

2.3   Aus: This Dynamic Earth, W. J. Kious und R. J. Tilling, Broschüre des US-Geological Survey;

2.4   Foto: V. Diekamp, Fachbereich Geowissenschaften, Universität Bremen;

2.5   Aus: Wissenschaftliche Ergebnisse der Deutschen Atlantischen Expedition auf dem Forschungs- und Vermessungsschiff METEOR 1925–1927, Bd. 3, 1: Morphologie des Atlantischen Ozeans – Die Tiefenverhältnisse des offenen Atlantischen Ozeans, 1935, Berlin;

2.6   H. Beiersdorf, Bundesanstalt für Geowissenschaften und Rohstoffe, Hannover;

2.7   Foto: V. Diekamp, Fachbereich Geowissenschaften, Universität Bremen.

Kapitel 3   Antarktis

3.1   Foto: Grobe, Alfred-Wegener-Institut für Polar- und Meeresforschung, Bremerhaven;

3.2 Alfred-Wegener-Institut für Polar- und Meeresforschung, Bremerhaven;

3.3 Bundesamt für Kartographie und Geodäsie, Frankfurt;

3.4 Foto: D. Fütterer, Alfred-Wegener-Institut für Polar- und Meeresforschung, Bremerhaven;

3.5 Alfred-Wegener-Institut für Polar- und Meeresforschung, Bremerhaven;

3.6 Alfred-Wegener-Institut für Polar- und Meeresforschung, Bremerhaven;

3.7 Foto: Tessensohn, Bundesanstalt für Geowissenschaften und Rohstoffe, Hannover.

Kapitel 4   Klima

4.1 NASA, USA;

4.2 NOAA, National Oceanic and Atmospheric Administration, USA;

4.3 J. Negendank, GeoForschungsZentrum Potsdam;

4.4 J. Negendank, GeoForschungsZentrum Potsdam;

4.5 H. Willems, Fachbereich Geowissenschaften, Universität Bremen;

4.6 Nach: S. J. Johnsen, Et All, 1995: Greenland Palaeotemperatures derived from Grip Borehole Temperatures and icecore Isotope profiles – Tellus, 47b, S. 624–629;

4.7 Foto: S. Kipfstuhl, Alfred-Wegener-Institut für Polar- und Meeresforschung, Bremerhaven.

Kapitel 5   Erdbeobachtung aus dem Weltraum

5.1 Ch. Reigber, GeoForschungsZentrum Potsdam;

5.2 Ch. Reigber, GeoForschungsZentrum Potsdam;

5.3 Ch. Reigber, GeoForschungsZentrum Potsdam;

5.4 Ch. Reigber, GeoForschungsZentrum Potsdam; Foto Satellit: L. Hannemann; Foto Erde: NASA, Bildarchiv T. Althaus, GFZ;

5.5 Ch. Reigber, GeoForschungsZentrum Potsdam;

5.6 NASA, USA.

Kapitel 6   Kontinentale Tiefbohrung

6.1 Bundesanstalt für Geowissenschaften und Rohstoffe, Hannover;

6.2 GeoForschungsZentrum-Potsdam;

6.3 Grafik: G. Hirschmann, Bundesanstalt für Geowissenschaften und Rohstoffe, Hannover;

6.4 GeoForschungsZentrum-Potsdam;

6.5 GeoForschungsZentrum-Potsdam;

6.6 GeoForschungsZentrum-Potsdam.

Kapitel 7   Geschichte des Lebens

7.1   Museum für Naturkunde an der Humboldt-Universität zu Berlin;
7.2   Zeichnung: W. Balat, München, Copyright © Bayerische Staats-
      sammlung für Paläontologie und Historische Geologie, München;
7.3   Graphik: W. Weigel, Jura-Museum, Naturwissenschaftliche
      Sammlungen, Eichstätt;
7.4   Copyright © Freunde der Bayerischen Staatssammlung für Pa-
      läontologie und Historische Geologie München e. V.;
7.5   G. Viohl, Jura-Museum, Naturwissenschaftliche Sammlungen,
      Eichstätt;
7.6   Forschungsinstitut und Naturmuseum Senckenberg, Frankfurt;
7.7   Forschungsinstitut und Naturmuseum Senckenberg, Frankfurt;
7.8   Forschungsinstitut und Naturmuseum Senckenberg, Frankfurt.

Kapitel 8   Vulkane

8.1   Foto: H. Rademacher, San Franzisco, USA;
8.2   BAV/Helga Laade Fotoagentur, Frankfurt;
8.3   Foto: L. Stroink, Bochum;
8.4   B. Lewis/Network/Agentur Focus;
8.5   Fotos: H. Rademacher, San Franzisco, USA;
8.6   Vulkan-Eifel-Touristik und Werbung GmbH, Daun.
8.7   Peggy Hellweg, Universität Stuttgart;
8.8   J.D. Griggs, US-Geological Survey;
8.9   R.W. Decker, US-Geological Survey.

Kapitel 9   Erdbeben

9.1   Foto: Gerry Brady, Palo Alto;
9.2   SPL/Agentur Focus, Hamburg;
9.3   Foto: H. Grosser, GeoForschungsZentrum-Potsdam;
9.4   G. Grünthal, GeoForschungsZentrum Potsdam; aus: Bautech-
      nik 75 (1998) Heft 10, Ernst & Sohn, Berlin;
9.5   K.-G. Hintzen, Erdbebenstation Bensberg;
9.6   US-Geological Survey;
9.7   Geophysikalisches Institut, Universität Karlsruhe.

Kapitel 10   Unterirdische Atomversuche

10.1 Los Alamos National Laboratory, USA;
10.2 US Department of Energy;
10.3 International Data Center, Arlington, Virginia, USA;
10.4 Institut für Geophysik der Ruhr-Universität Bochum;

10.5 Institut für Geophysik der Ruhr-Universität Bochum;
10.6 Institut für Geophysik der Ruhr-Universität Bochum.

Kapitel 11   Geotechnik

11.1 US Department of Energy, Yucca Mountain Project;
11.2 B. Siering/Helga Laade Fotoagentur, Frankfurt;
11.3 K. Schetelig, Lehrstuhl für Ingenieurgeologie und Hydrogeologie der RWTHAachen;
11.4 K. Schetelig, Lehrstuhl für Ingenieurgeologie und Hydrogeologie der RWTHAachen;
11.5 K. Schetelig, Lehrstuhl für Ingenieurgeologie und Hydrogeologie der RWTHAachen;
11.6 Mit freundlicher Genehmigung der Fa. Wirth, Maschinen- und Bohrgeräte Fabrik GmbH, Erkelenz;
11.7 Aus: Werbebroschüre der Schweizerischen Bundesbahnen, Bern.

Kapitel 12   Schutz von Kulturdenkmälern

12.1 Copyright © Hohe Domkirche Köln, Dombauverwaltung;
12.2 B. Fitzner, Arbeitsgruppe Natursteine und Verwitterung am Geologischen Institut der RWTH Aachen;
12.3 B. Fitzner, Arbeitsgruppe Natursteine und Verwitterung am Geologischen Institut der RWTH Aachen;
12.4 B. Fitzner, Arbeitsgruppe Natursteine und Verwitterung am Geologischen Institut der RWTH Aachen;
12.5 B. Fitzner, Arbeitsgruppe Natursteine und Verwitterung am Geologischen Institut der RWTH Aachen;
12.6 B. Fitzner, Arbeitsgruppe Natursteine und Verwitterung am Geologischen Institut der RWTH Aachen;
12.7 B. Fitzner, Arbeitsgruppe Natursteine und Verwitterung am Geologischen Institut der RWTH Aachen.

Kapitel 13   Seismische Tiefenerkundung

13.1 M. G. Lamont, Texas Inc., Texas, USA; aus: The Leading Edge, vol. 18, no. 1, 1999;
13.2 Foto: H. Rademacher, San Franzisco, USA;
13.3 Aus: F.-J. Jordan und U. Schulz: Salzstrukturen in der Seismik, Kurzfassungen, 18. DGMK-Mintrop-Seminar Salzerkundung, S. 55, 10.–12. Mai 1998 in Münster;
13.4 Aus: Prakla-Seismos Report 1+2/87;
13.5 Grafik: E. Scheuber, SFB-267, Fachbereich Geophysik, Freie Universität Berlin;

13.6   C. v. Winterfeld/O. Oncken, GeoForschungsZentrum Potsdam.

Kapitel 14   Kohlenwasserstoffe

14.1   Laura Stern, US Geological Survey;
14.2   Niedersächsisches Landesamt für Bodenforschung, Hannover;
14.3   Niedersächsisches Landesamt für Bodenforschung, Hannover;
14.4   Copyright © RWE-DEA Aktiengesellschaft für Mineralöl und Chemie, Hamburg;
14.5   Mit freundlicher Genehmigung von H. Welte, Integrated Exploration Systems (IES), Jülich;
14.8   GEOMAR-Forschungszentrum für Marine Geowissenschaften, Kiel.

Kapitel 15   Erzlagerstätten

15.1   Falconbridge Limited, Toronto (Kanada);
15.2   P. Herzig, Lehrstuhl für Lagerstättenlehre, Institut für Mineralogie, Technische Universität Bergakademie Freiberg;
15.3   P. Herzig, Lehrstuhl für Lagerstättenlehre, Institut für Mineralogie, Technische Universität Bergakademie Freiberg;
15.4   P. Herzig, Lehrstuhl für Lagerstättenlehre, Institut für Mineralogie, Technische Universität Bergakademie Freiberg;
15.5   Grafik: S. Petersen, Lehrstuhl für Lagerstättenlehre, Institut für Mineralogie, Technische Universität Bergakademie Freiberg;
15.6   National Geographic Society, Washington DC. aus: Exploring our Living Planet, S. 122.

Kapitel 16   Geothermische Energie

16.1   Foto: S.R. Brantley, USGS;
16.2   Soccomine, Soultz-sous-Forêts;
16.3   GeoForschungsZentrum Potsdam, Potsdam;
16.4   C. Clauser, Bundesanstalt für Geowissenschaften und Rohstoffe, Hannover;
16.5   © C. Clauser, Bundesanstalt für Geowissenschaften und Rohstoffe, Hannover;
16.6   Aus: Unsere Welt, Mensch und Raum, Große Ausgabe, S. 49; Cornelsen-Verlag, Bielefeld.

Kapitel 17   Grundwasser

17.1   Aus: Prakla-Seismos-Report 3+4, 1985;

17.2 Foto: J. Schüring, Fachbereich Geowissenschaften, Universität Bremen;

17.3 Grafik: U. Thorweihe, Technische Universität Berlin;

17.4 Foto: J. Thieme, Universität Göttingen;

17.5 Bundesanstalt für Geowissenschaften und Rohstoffe, Hannover;

17.6 Bundesanstalt für Geowissenschaften und Rohstoffe, Hannover;

17.7 G. Teutsch, Universität Tübingen.

Kapitel 18   Altlasten

18.1 Copyright © Wismuth GmbH, Chemnitz (L 706/08);

18.2 Copyright © Wismuth GmbH 1998, Chemnitz (L 164/52);

18.3 Copyright © Wismuth GmbH 1998, Chemnitz;

18.4 Copyright © Wismuth GmbH 1998, Chemnitz;

18.5 Copyright © Wismuth GmbH 1998, Chemnitz (L 323/55);

18.6 DMT-GEOTEC, Essen.

Kapitel 19   Abfallentsorgung

19.1 Bundesamt für Strahlenschutz, Salzgitter;

19.2 Bundesamt für Strahlenschutz, Salzgitter;

19.3 Bundesamt für Strahlenschutz, Salzgitter;

19.4 Bundesamt für Strahlenschutz, Salzgitter;

19.5 Aus: Kockel, F. (ed.) (1996): Geotektonischer Atlas von NW-Deutschland, Hannover.

Kapitel 20   Böden

20.1 Bundesanstalt für Geowissenschaften und Rohstoffe, Hannover;

20.2 Thomas Schubert, Bundesanstalt für Geowissenschaften und Rohstoffe, Hannover;

20.3 Foto: E.M. Pfeiffer, AWI, Bremerhaven;

20.4 Foto: H. Flüher, ETH, Zürich;

20.5 K. Roth, Institut für Umweltphysik der Universität Heidelberg;

20.6 E. Lück, Institut für Geowissenschaften der Universität Potsdam.

Kapitel 21   Ausblick

21.2 Institut für Geologie, Ruhr-Universität Bochum;

21.3 Foto: L. Stroink, Ruhr-Universität Bochum;

21.4 Foto: L. Stroink, Ruhr-Universität Bochum.

Sachverzeichnis